电气工程、自动化专业规划教材

可编程控制器原理及应用

（第3版）

张 军 胡学林 编著

电子工业出版社

Publishing House of Electronics Industry

北京 · BEIJING

内 容 简 介

本书以我国目前应用非常广泛的 SIMATIC S7-300 系列 PLC 为样机，从工程应用的角度出发，介绍了 PLC 的工作原理和 S7-300 系列 PLC 的应用，突出应用性和实践性。全书共 8 章，分别为：可编程控制器概述、常用控制电器与电气控制线路、可编程控制器的组成和工作原理、S7-300 的指令系统及编程、S7-300 的组织块及中断处理、西门子 PLC 工业通信网络简介、可编程控制器应用系统的设计和 PLC 控制技术课程设计指导。另外，本书配备电子课件和实验指导书。

本书可作为高等院校自动化、电气技术、机电一体化、计算机应用等相关专业的教学用书，也可作为电大、职大相近专业的教材。对于广大的电气工程技术人员，则是一本有价值的参考书。

图书在版编目（CIP）数据

可编程控制器原理及应用 / 张军，胡学林编著. —3 版.—北京：电子工业出版社，2019.3
电气工程、自动化专业规划教材
ISBN 978-7-121-34128-1

Ⅰ. ①可…　Ⅱ. ①张…　②胡…　Ⅲ. ①可编程序控制器－高等学校－教材　Ⅳ. ①TP332.3

中国版本图书馆 CIP 数据核字(2018)第 087102 号

责任编辑：凌　毅
印　　刷：北京捷迅佳彩印刷有限公司
装　　订：北京捷迅佳彩印刷有限公司
出版发行：电子工业出版社
　　　　　北京市海淀区万寿路 173 信箱　邮编　100036
开　　本：787×1092　1/16　印张：17　字数：458 千字
版　　次：2007 年 7 月第 1 版
　　　　　2019 年 3 月第 3 版
印　　次：2025 年 2 月第 10 次印刷
定　　价：45.00 元

凡所购买电子工业出版社图书有缺损问题，请向购买书店调换。若书店售缺，请与本社发行部联系，联系及邮购电话：(010)88254888，88258888。

质量投诉请发邮件至 zlts@phei.com.cn，盗版侵权举报请发邮件至 dbqq@phei.com.cn。

本书咨询联系方式：(010)88254528，lingyi@phei.com.cn。

前　言

可编程控制器（简称 PLC 或 PC）是一种新型的、具有极高可靠性的通用工业自动化控制装置。它以微处理器为核心，将微型计算机技术、自动化控制技术及通信技术有机地融为一体，具有控制能力强、可靠性高、配置灵活、编程简单、使用方便、易于扩展等优点，是当今及今后工业控制的主要手段和重要的自动化控制设备。可以这样说，到目前为止，无论从可靠性上，还是从应用领域的广度和深度上，还没有任何一种控制设备能够与 PLC 相媲美。因此专家认为，PLC 技术、计算机辅助设计/计算机辅助生产（CAD/CAM）以及机器人技术，并列为当代工业生产自动化的三大支柱。

近年来，德国西门子（SIEMENS）公司的 SIMATIC-S7 系列 PLC，在我国已广泛应用于各行各业的生产过程的自动控制中。在我国的大中型企业中，西门子公司的 S7-300/400 系列 PLC 有着非常广泛的应用。为大力普及 S7 系列 PLC 的应用，本次对《可编程控制器原理及应用（第2 版）》进行重新修订，旨在为已经使用或将要使用 S7 系列 PLC 的在校大学生和在职的电气技术人员，进行较为全面系统的介绍。

本书以 SIMATIC S7-300 系列 PLC 为样机，在重新修订过程中，注重从工程应用的角度出发，突出应用性和实践性。本书可作为高等院校自动化、电气技术、机电一体化和计算机应用等相关专业的教学用书，也可作为电大、职大相近专业的教材。对于广大的电气工程技术人员，则是一本有价值的参考书。

本书由辽宁科技学院的张军老师完成全书的重新修订工作，在征求原作者胡学林教授的同意及建议下，做了较大范围的修订。由于编者水平所限，错误和不妥之处在所难免，敬请专家、同仁、读者批评指正。

书中部分内容的编写参照了有关文献，恕不一一列举，谨对书后所有参考文献的作者表示感谢。

编　者
2019 年 2 月

目　录

第1章 可编程控制器概述

可编程控制器（简称 PLC 或 PC），是在继电器-接触器控制的基础上产生的一种新型的工业控制装置，是将微型计算机技术、自动化技术及通信技术融为一体，应用到工业控制领域的一种高可靠性控制器，是当代工业生产自动化的重要支柱。本章主要介绍以下内容：

- PLC 的产生、定义、分类；
- PLC 的特点和主要功能；
- PLC 的应用现状及发展趋势。

本章的重点是掌握 PLC 控制与继电器-接触器控制线路的联系和差别，PLC 与其他通用控制器的异同及适用范围，了解 PLC 的主要功能及发展趋势。

1.1 可编程控制器的产生、控制思想

1.1.1 电气系统的继电器-接触器控制

自 1836 年发明电磁继电器以来，人们就开始用导线把各种继电器、接触器、定时器、计数器及其接点和线圈连接起来，并按一定的逻辑关系控制各种生产机械，这种以硬件接线方式构成的系统称为继电器-接触器控制系统。三相笼型异步电动机正反转控制电气原理图如图 1-1 所示。

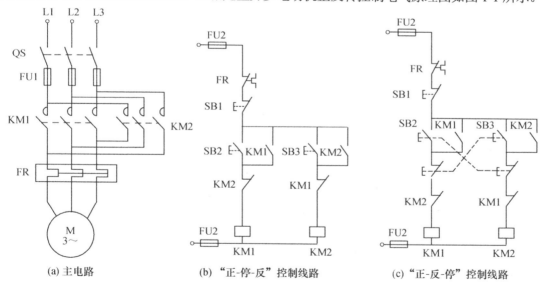

图 1-1 三相笼型异步电动机正反转电气原理图

继电器-接触器控制方式具有控制简单、方便实用、价格低廉、易于维护、抗干扰能力强等优点。以各种继电器为主要元件的电气控制线路，占据着半个多世纪的生产过程自动控制的主导地位。但是，继电器-接触器控制系统的缺点是显而易见的，体积庞大、可靠性差、响应慢、功耗高、噪声大、功能简单、配线复杂而固定，不易检查和维修，这些缺点在 20 世纪 60 年代的汽车生产工业凸显出来，如图 1-2 所示。

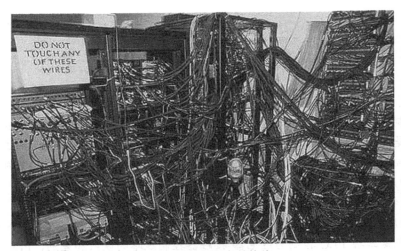

图 1-2　继电器复杂的接线

1.1.2　PLC 的产生

一种新型的控制装置，一项先进的应用技术，总是根据工业生产的实际需要而产生的。

1968 年，美国通用汽车公司（GM）为满足市场需求，适应汽车生产工艺不断更新的需要，将汽车的生产方式由大批量、少品种转变为小批量、多品种。为此要解决因汽车不断改型而重新设计汽车装配线上各种继电器的控制线路问题，寻求一种比继电器更可靠、响应速度更快、功能更强大的通用工业控制器。GM 公司提出了著名的 10 条技术指标在社会上招标，其核心指标为：

① 用计算机代替继电器控制盘；

② 用程序代替硬件接线；

③ 输入/输出电平可与外部装置直接连接；

④ 结构易于扩展。

根据以上指标，美国数字设备公司（DEC）在 1969 年研制出世界上第一台可编程控制器，型号为 PDP-14，并在 GM 公司的汽车生产线上首次应用成功，取得了显著的经济效益。当时人们把它称为可编程序逻辑控制器（Programmable Logic Controller，简称 PLC）。

第一个把 PLC 商品化的是美国的哥德公司（GOULD），时间也是 1969 年。1971 年，日本从美国引进了这项新技术，研制出日本第一台可编程控制器。1973—1974 年，德国和法国也都相继研制出自己的可编程控制器，德国西门子公司（SIEMENS）于 1973 年研制出欧洲第一台 PLC。我国从 1974 年开始研制，1977 年开始工业应用。

随着微电子技术的发展，20 世纪 70 年代中期以来，由于大规模集成电路（LSI）和微处理器在 PLC 中的应用，使得 PLC 的功能不断增强。它不仅能执行逻辑控制、顺序控制、计时及计数控制，还增加了算术运算、数据处理、通信等功能，具有处理分支、中断、自诊断的能力，使得 PLC 更多地具有了计算机的功能。由于 PLC 编程简单、可靠性高、使用方便、维护容易、价格适中等优点，使其得到了迅猛的发展，在冶金、机械、石油、化工、纺织、轻工、建筑、运输、电力等部门都得到了广泛的应用。

1.1.3　PLC 控制的基本思想

PLC 控制系统的等效工作电路可分为三部分，即输入部分、内部控制电路和输出部分。输入部分就是采集输入信号，输出部分就是系统的执行部件。这两部分与继电器-接触器控制电路相同。内部控制电路是通过编程方法实现的控制逻辑，用软件编程代替继电器-接触器电路的功能。

PLC 支持多种编程语言，其中梯形图语言与继电器-接触器控制系统的线路图的基本思想是一致的，只是在使用符号和表达方式上有一定区别，而且各个厂家 PLC 的梯形图的符号还存在着差别，但总体来说大同小异。图 1-1（b）所示的三相异步电动机"正-停-反"控制，采用 S7-300 PLC 控制，其 I/O 接线及程序如图 1-3 所示。

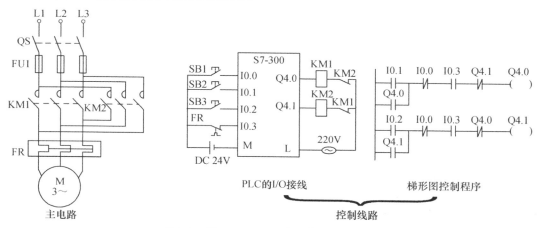

图 1-3　用 S7-300 PLC 实现的正反转控制

由图 1-3 可以看出，采用 PLC 控制方式，保留了原有的继电器-接触器控制方式的主电路部分，只是在控制线路部分用编程取代了各种电器元件的硬接线。而且可以看出，在 PLC 中通用的梯形图语言与继电器-接触器控制线路形式上很相似，基本具有相同的逻辑关系。即 PLC 是在继电器-接触器线路基础上发展起来的新型工业控制装置，并继承了原有的主电路及相关控制思想。所以要在学习 PLC 之前，对继电器-接触器控制线路进行必要的了解和掌握是非常必要的。

1.2　可编程控制器的定义、分类

1.2.1　可编程控制器的定义

可编程序控制器在它发展初期，主要用来取代继电器-接触器控制系统，即用于开关量的逻辑控制系统。后来，随着微电子技术和计算机技术的发展，可编程序控制器已发展成"以微处理器为基础，结合计算机（Computer）技术、自动控制（Control）技术和通信（Communication）技术（简称 3C 技术）的高度集成化的新型工业控制装置"。

由于 PLC 的发展非常快，所以其定义也在随 PLC 功能的发展而不断地改变。直到 1987 年 2 月，国际电工委员会（IEC）对 PLC 做了明确定义："可编程控制器是一种数字运算操作的电子系统，专为在工业环境下应用而设计。它采用可编程序的存储器，用来在其内部存储执行逻辑运算和顺序控制、定时、计数和算术运算等操作的指令，并通过数字的或模拟的输入和输出接口，控制各种类型的机器设备或生产过程。可编程控制器及其有关设备的设计原则是它应按易于与工业控制系统联成一个整体和具有扩充功能而构建。"

1.2.2　可编程控制器的分类

目前，PLC 的品种繁多，型号和规格也不统一，通常只能按照其 I/O 点数、结构形式及功能用途三大方面来大致分类，了解这些分类方式有助于 PLC 的选型及应用。

1. 根据 I/O 点数分类

根据 I/O 点数的多少可将 PLC 分为微型机、小型机、中型机、大型机和超大型机等 5 种类型，其点数的划分见表 1-1。

表 1-1　按 I/O 点数分类 PLC

类型	I/O 点数	存储器容量/KB	机型举例
微型机	64 点以下	0.256～2	三菱 F10、F20；AB Micrologix1000；西门子 S5-90U、95U 及 S7-200
小型机	65～128	2～4	三菱 F-40、F-60，FX 系列；AB SLC-500；西门子 S5-100U
中型机	129～512	4～16	三菱 K 系列；AB SLC-504；西门子 S5-115U、S7-300
大型机	513~8192	16~64	三菱 A 系列；AB PLC-5；西门子 S5-135U、S7-400
超大型机	大于 8192	64~128	AB PLC-3；西门子 S5-155U

2. 根据结构形式分类

从结构上看，PLC 可分为整体式、模板式及分散式三种形式。

（1）整体式 PLC

一般的微型机和小型机多为整体式结构。这种结构的 PLC 将电源、CPU、I/O 部件都集中配置在一个箱体中，有的甚至全部装在一块印制电路板上。图 1-4 所示 SIEMENS 公司的 S7-200 PLC，即为整体式结构。

整体式 PLC 结构紧凑，体积小，重量轻，价格低，容易装配在工业设备的内部，比较适合于生产机械的单机控制。缺点是主机的 I/O 点数固定，使用不够灵活，维修也较麻烦。

（2）模板式 PLC

模板式结构的 PLC 将电源模板、CPU 模板、输入模板、输出模板及其他智能模板等以单独的模板分开设置。这种 PLC（如 S7-400）一般设有机架底板，在底板上有若干插槽，使用时，各种模板直接插入机架底板即可，如图 1-5 所示。也有的 PLC（如 S7-300）为串行连接，没有底板，各个模板安装在机架导轨上，而各个模板之间是通过背板总线连接的。

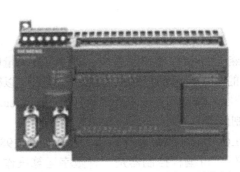

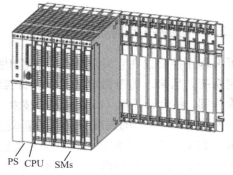

PS　CPU　SMs

图 1-4　整体式 PLC（S7-200）的外观结构图　　　图 1-5　模板式 PLC（S7-400）外观结构图

这种结构的 PLC 配置灵活，装备方便，维修简单，易于扩展，可根据控制要求灵活配置所需模板，构成功能不同的各种控制系统。一般中型机、大型机和超大型机 PLC 均采用这种结构。模板式 PLC 的缺点是结构较复杂，各种插件多，因而增加了造价。

（3）分散式 PLC

所谓分散式的结构就是将 PLC 的 CPU、电源、存储器集中放置在控制室，而将各 I/O 模板分散放置在各个工作站，由通信接口进行通信连接，由 CPU 集中指挥。

3．根据功能用途分类

低档机——有开关量控制、少量的模拟量控制、远程 I/O 和通信功能。

中档机——有开关量控制、较强的模拟量控制、远程 I/O 和较强的通信联网等功能。

高档机——除有中档机的功能外，运算功能更强、特殊功能模块更多，有监视、记录、打印和极强的自诊断功能，通信联网功能更强，能进行智能控制和大规模过程控制，可很方便地构成全厂的综合自动化系统。

1.3　可编程控制器的特点及主要功能

1.3.1　PLC 的一般特点

PLC 能如此迅速发展，除了工业自动化的客观需要外，还因为它具有许多独特的优点。它较好地解决了工业控制领域中普遍关心的可靠、安全、灵活、方便、经济等问题。可编程控制器的种类虽然千差万别，但为了在工业环境中使用，它们都有许多共同的特点：

① 在 PLC 的设计和制造过程中，主要采用隔离和滤波技术，抗干扰能力强；

② 梯形图语言既继承了传统继电器-接触器控制线路的表达形式，编程简单易学；

③ 软/硬件配套齐全，用户使用方便，适应性强；

④ PLC 的操作及维修工作量小，维护方便；

⑤ 系统设计和施工可同时进行，程序可在实验室模拟调试，施工、调试周期短；

⑥ 体积小、能耗低，易于实现机电一体化。

1.3.2　PLC 的主要功能

PLC 在现场的输入信号作用下，按照预先输入的程序，控制现场的执行机构，按照一定规律进行动作。其主要功能体现在以下几个方面。

① 顺序逻辑控制，这是 PLC 最基本最广泛的应用领域，实现逻辑控制和顺序控制。

② 运动控制，PLC 与计算机数控（CNC）集成在一起，用以完成机床的运动控制。已广泛用于控制无心磨削、冲压、复杂零件分段冲裁、滚削等应用中。

③ 定时、计数控制，精度高，设定方便、灵活，同时还提供了高精度的时钟脉冲，用于准确的实时控制。

④ 步进控制，用步进或移位指令方便地完成步进控制功能，使得步进控制更为方便。

⑤ 数据处理，大部分 PLC 都具有不同程度的算术和数据处理功能，便于系统的过程控制。

⑥ A/D 和 D/A 转换，基本所有 PLC 都具有模拟量处理功能，用于过程控制或闭环控制系统中，而且编程和使用都很方便。

⑦ 通信及联网，能够在 PLC 与计算机之间进行同位链接及上位链接，记录和监控有关数据。

1.4　可编程控制器的应用及发展趋势

1.4.1　可编程控制器的应用现状

一方面由于微处理器芯片及有关元件的价格大大下降，使得 PLC 的成本下降；另一方面 PLC 的功能大大增强，它能够解决复杂的计算和通信问题。使得 PLC 作为一种通用的工业控制器，可用于所有的工业领域。目前 PLC 在国内外已广泛地应用到机械、汽车、冶金、石油、化工、轻工、纺织、交通、电力、电信、采矿、建材、食品、造纸、军工、机器人等各个领域。PLC 控制技术代表了当今电气控制技术的世界先进水平，已与 CAD/CAM、工业机器人并列为工业自动化的三大支柱。

全世界约 200 家 PLC 生产厂商中，控制整个市场 60% 以上份额的公司只有 6 家，即美国的 AB 公司和 GE（通用）公司，德国的 SIEMENS（西门子）公司，法国的 SCHNEIDER（施耐德）公司，日本的 MITSUBISHI（三菱）公司和 OMRON（欧姆龙）公司。

从市场份额指标来看，第一位是 SIEMENS 公司，约占 30% 的市场份额；第二位是 AB 公司，约占 18% 的市场份额；第三位是 SCHNEIDER 公司，约占 12% 的市场份额。剩下的被包括 OMRON 公司等近 200 余家 PLC 厂商占领。

1.4.2　可编程控制器的发展趋势

随着 PLC 技术的推广、应用，PLC 将进一步向以下几个方向发展：

① 系列化、模板化，每个厂家几乎都有自己的系列化产品，同一系列的产品指令向上兼容，扩展设备容量，以满足新机型的推广和使用；

② 小型机功能强化，小型机的发展速度大大高于中、大型 PLC；

③ 中、大型机高速度、高功能、大容量，使其能取代工业控制微机（IPC）、集散控制系统的功能；

④ 低成本、多功能，价格的不断降低，使 PLC 真正成为继电器-接触器控制的替代物。计算、处理功能的进一步完善，使 PLC 可以代替计算机进行管理、监控。

本 章 小 结

可编程控制器是"专为在工业环境下应用而设计的"工业控制计算机，是标准的通用工业控制器。它集 3C 技术（Computer、Control、Communication）于一体，功能强大，可靠性高，编程简单，使用方便、维护容易，应用广泛，是当代工业生产自动化的三大支柱之一。

① PLC 的产生是计算机技术与继电器-接触器控制技术相结合的产物，是社会发展和技术进步的必然结果。

② 从结构上，PLC 可分为整体式、模板式和分散式；从控制规模上，PLC 可分为大型、中型和小型，并有向微型和超大型 PLC 发展之势。

③ PLC 总的发展趋势是：高功能、高速度、高集成度、大容量、小体积、低成本、通信组网能力强。

习 题 1

1. 可编程控制器是如何产生的？
2. 整体式 PLC 与模板式 PLC 各有什么特点？
3. 可编程控制器如何分类？
4. 列举可编程控制器可能应用的场合。
5. 说明可编程控制器的发展趋势是什么？

第2章　常用控制电器与电气控制线路

常见的拖动系统有电力拖动、气动、液压驱动等方式。电动机作为原动机拖动生产机械运动的方式称为电力拖动，常用的电气控制方式主要是指继电器-接触器控制方式，电气控制电路是由各种接触器、继电器、按钮、行程开关等电器元件组成的控制电路。本章主要介绍以下内容：

- 常用低压控制电器的结构和工作原理；
- 电气控制图的组成及绘制方法；
- 三相鼠笼式电动机启动控制；
- 三相异步电动机的制动、调速控制。

本章主要通过熟悉常用低压元件结构及工作原理，重点掌握常用的交流电动机启动、制动的继电器-接触器电气控制原理图的组成、绘制及工作过程。

2.1　常用低压控制电器

凡是在电能生产、输送、分配与应用过程中起着控制、调节、检测和保护作用的各种电器元件和设备均称为电器。电器在电力输配电系统和电力拖动自动控制系统中应用极为广泛。

随着科学技术的飞速发展，自动化程度的不断提高，电器的概念在不断拓展，应用范围日益扩大，品种不断增加。按工作电压高低可将电器分为高压电器和低压电器。高压电器是指额定电压为 3kV 及以上的电器，用于电力输配电系统中；低压电器是指工作在交流 1000V 或直流 1500V 以下的电器，它是电力拖动自动控制系统的基本组成元件，也就是说常用电机控制电器即为低压电器。

电机控制电器的种类很多，按其动作方式可分为手动和自动两类。手动电器的动作是由工作人员手动或机械的碰撞操纵，如刀开关、组合开关、按钮、行程开关等。自动电器的动作是根据指令、信号变化自动进行的，如各种继电器、接触器、熔断器等。

2.1.1　手动电器

1. 低压开关

低压开关又称低压隔离器，主要有刀开关、组合开关以及刀开关与熔断器组合成的胶盖瓷底刀开关和熔断器式刀开关，还有转换开关等。

（1）刀开关

刀开关又叫闸刀开关，一般用于不频繁操作的低压电路中，用作接通和切断电源，或用来将电路与电源隔离，有时也用来控制小容量电动机的直接启动与停机。图 2-1 为平板式手柄操作的单极刀开关的结构示意图。

刀开关由闸刀（动触点）、静插座（静触点）、手柄、铰链支座和绝缘底板等组成。刀开关的种类很多。按极数（刀片数）分为单极、双极和三极；按结构分为平板式和条架式；按操作方式分为直接手柄操作式、杠杆操作机构式和电动操作机构式；按转换方向分为单投和双投等。刀开关一般与熔断器串联使用，以便在短路或过负荷时熔断器熔断而自动切断电路。刀开关的额定电压通常为 250V 和 500V，额定电流在 1500A 以下。

安装刀开关时，电源线应接在静触点上，负荷线接在与闸刀相连的端子上。对有熔断丝的刀开关，负荷线应接在闸刀下侧熔断丝的另一端，以确保刀开关切断电源后闸刀和熔断丝不带电。在垂直安装时，手柄向上合为接通电源，向下拉为断开电源，不能反装，否则会因闸刀松动自然落下而误将电源接通。

刀开关的选用主要考虑回路额定电压、长期工作电流及短路电流所产生的动热稳定性等因素。刀开关的额定电流应大于其所控制的最大负荷电流。目前生产的大电流刀开关的额定电流一般分为 100A、200A、400A、600A、1000A、1500A 等 6 级，小电流刀开关的额定电流一般分 10A、15A、20A、30A、60A 等 5 级。

用于直接启停 3kW 及以下的三相异步电动机时，刀开关的额定电流必须大于电动机额定电流的 3 倍。

刀开关的图形符号、文字符号如图 2-2 所示。

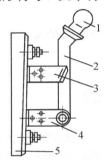

1—手柄；2—闸刀；3—静插座；4—铰链支座；5—绝缘底板

图 2-1　手柄操作式单极刀开关结构示意图　　图 2-2　刀开关的图形符号、文字符号

（2）组合开关

组合开关是一种转动式的闸刀开关，主要用于机床电气设备中用作电源引入开关，也可用来直接控制小型鼠笼型三相异步电动机的启动、停止、非频繁正反转或局部照明。

组合开关结构如图 2-3 所示。组合开关由三个分别装在三层绝缘件内的动触头、与盒外接线柱相连的静触头、绝缘杆、手柄等组成。旋转手柄，动触头随转轴转动，变更与静触头分、合的位置，实现接通和分断电路的目的。

组合开关的图形符号、文字符号如图 2-4 所示。

2．按钮

按钮是一种人工控制的主令电器，主要用于发布操作命令，接通或断开控制电路的继电器、接触器，从而控制电动机或其他电气设备的运行。

按钮一般由按钮帽、复位弹簧、动触头、静触头和外壳等组成，如图 2-5 所示。

通常，按钮的常开触头断开、常闭触头闭合。手指按下 7 时，动触头 5 向下运动使常闭触头（1、2）断开、常开触头（3、4）闭合。松开手之后，在复位弹簧 6 的反作用力下，动触头向上运动，使常开触头断开、常闭触头闭合，按钮回到原态。

按钮的图形符号、文字符号如图 2-6 所示。

3．位置开关

位置开关是利用运动部件的行程位置实现控制的电器元件。位置开关根据其有无触头分为行程开关和接近开关。

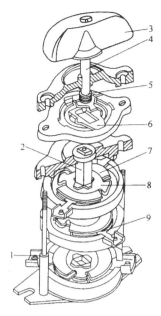

图 2-4　组合开关的图形符号、文字符号

1—接线柱；2—绝缘杆；3—手柄；4—转轴；5—弹簧；
6—凸轮；7—绝缘垫板；8—动触头；9—静触头

图 2-3　组合开关结构图示意图

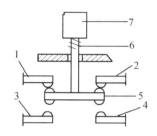

1，2—常闭静触头；3，4—常开静触头；
5—桥式动触头；6—复位弹簧；7—按钮帽

图 2-5　按钮结构原理示意图

(a) 常开按钮　　　　(b) 常闭按钮　　　　(c) 复合按钮

图 2-6　按钮图形符号和文字符号

（1）行程开关

行程开关又称限位开关，是一种利用生产机械某些运动部件的碰撞来发出控制指令的主令电器。用于控制生产机械的运动方向、速度、行程大小或位置的一种自动控制器件。

行程开关按用途不同可分为两类：一类是常用行程开关，主要用于机床、自动生产线及其他生产机械的限位控制；另一类是起重设备行程开关，主要用于限制起重机及各类冶金辅助设备的行程控制。

图 2-7 所示为 JLXK1 系列行程开关结构示意图，它主要由滚轮、杠杆、转轴、凸轮、撞块、调节螺钉、微动开关和复位弹簧等组成。其工作原理是：当运动机械的挡铁撞到行程开关的滚轮上时，行程开关的杠杆连同转轴一起转动，使凸轮推动撞块，当撞块被压到一定位置时，由微动开关（见图 2-8）的推杆带动弓形片状弹簧形成反向压力的作用，微动开关快速动作，使其常闭触头断开、常开触头闭合；当滚轮上的挡铁移开后，复位弹簧就使行程开关的各部件恢复到原始位置。

行程开关的图形符号、文字符号如图 2-9 所示。

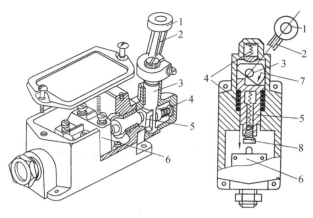

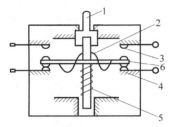

1—滚轮；2—杠杆；3—转轴；4—复位弹簧；

5—撞块；6—微动开关；7—凸轮；8—调节螺钉

图 2-7 JLXK1 系列行程开关结构示意图

1—推杆；2—弓形片状弹簧；3—常开触头；

4—常闭触头；5—恢复弹簧；6—动触头

图 2-8 微动开关结构示意图

（2）接近开关

接近开关又称无触头行程开关，是当某种物体与之接近到一定距离，在无接触情况下，就发出"动作"信号的主令电器，它无须施以机械力。接近开关的用途已经远远超出一般的行程开关的行程和限位保护，它还可以用于高速计数、测速、液面控制、检测金属体的存在、检测零件尺寸及用作计算机或可编程控制器的传感器等。

接近开关按工作原理分：高频振荡型（检测各种金属）、电磁感应型（检测导磁或不导磁金属）、电容型（检测导电或不导电的液体或气体）、光电型（检测不透光物质）和超声波型（检测不透过超声波物质）等。接近开关的图形符号、文字符号如图 2-10 所示。

(a) 行程开关常开触头   (b) 行程开关常闭触头

图 2-9　行程开关图形符号和文字符号

(a) 接近开关常开触头   (b) 接近开关常闭触头

图 2-10　接近开关图形符号和文字符号

2.1.2　自动电器

1．熔断器

熔断器主要作短路或严重过载保护用，串联在被保护的线路中。线路正常工作时如同一根导线，起通路作用；当线路短路或严重过载时，熔断器熔断，起断路作用，从而保护线路上其他电器设备。

熔断器的结构一般由熔断管（或座）、熔断体、填料及导电部件等部分组成。图 2-11 所示为螺旋式熔断器结构示意图。

熔断器的熔体熔化电流与熔断时间关系曲线如图 2-12 所示，I_r 为最小熔化电流，当通过熔体的电流等于或大于这个电流值时，熔体熔断。当通过熔体的电流小于这个电流值时，熔体不会熔断。I_{re} 为熔体的额定电流。I_r 与 I_{re} 的比值称为熔断器的熔化系数。熔化系数越小，对过载保护越有利，但如果太小，接近 1，会使熔体工作温度过高，还有可能造成误熔断，影响熔断器的可靠性。

熔断器的主要元件是熔体，熔断器用于不同性质的负载，其选择熔体额定电流的方法不同。

① 电炉、照明等电阻性负载或单台长期工作的电动机：$I_{re} \geqslant (1.5 \sim 2.5)I_N$。

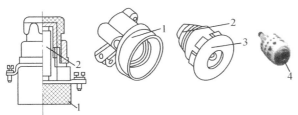 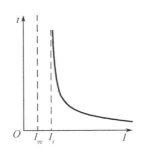

1—瓷座；2—熔体；3—瓷帽；4—熔断指示器

图 2-11　螺旋式熔断器结构示意图　　　　图 2-12　熔断器熔断时间与熔化电流特性

② 单台频繁启动的电动机，选择 $I_{re} \geq (3 \sim 3.5)I_N$。

③ 保护多台电动机时，选择 $I_{re} \geq (1.5 \sim 2.5)I_{N\max} + \sum_1^{n-1} I_N$。式中，$I_{N\max}$ 为 n 台电动机中容量最大的电动机的额定电流；$\sum_1^{n-1} I_N$ 为其余电动机的额定电流之和。

熔断器的图形符号、文字符号如图 2-13 所示。

2. 低压断路器

低压断路器又叫自动空气断路器、自动空气开关或自动开关，是低压配电网中的主要开关电器之一。它既是控制电器，同时又是保护电器。当电路中发生短路、过载、失压等故障时，能自动切断电路。自动开关广泛应用于低压配电线路上，也用于控制电机及其他用电设备。

图 2-13　熔断器的图形符号和文字符号

低压断路器主要由主触头、自由脱扣机构、过电流脱扣器、热脱扣器、欠电压脱扣器、按钮等组成，其结构示意图如图 2-14 所示。

自动空气开关的主触头通常由手动的操作机构（按钮）来闭合，闭合后主触头 2 被锁钩 4 锁住。过电流脱扣器 6 的线圈和热脱扣器的热元件 13 与主电路串联，欠压脱扣器 11 的线圈与电源并联。当电路发生短路或严重过载时，过电流脱扣器的衔铁 8 吸合，使自由脱扣机构动作，主触头断开主电路。当电路过载时，热脱扣器的热元件 13 发热，使双金属片 12 向上弯曲，推动自由脱扣机构动作。当电路欠压时，欠压脱扣器的衔铁 10 释放，也使自由脱扣机构动作。自动空气开关的图形符号、文字符号如图 2-15 所示。

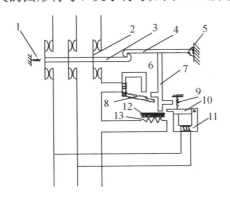 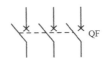

1，9—释放弹簧；2—主触头；3，4—锁钩；5—固定轴；

6—过电流脱扣器；7—推杆；8，10—衔铁；

11—欠压脱扣器；12—双金属片；13—热元件

图 2-14　自动空气开关结构示意图　　　图 2-15　自动空气开关的图形符号和文字符号

3．电磁式低压电器

电磁式低压电器是低压电器中最典型也是应用最广泛的一种电器。控制系统中的接触器和继电器就是两种最常用的电磁式电器。虽然电磁式电器的类型很多，但其工作原理和构造基本相同。其结构大都是由两个主要部分组成，即电磁机构（感应部分）和触头系统（执行部分），还包含灭弧装置和其他辅助部件。

电磁式电器的工作原理是利用电磁铁吸力及弹簧反作用力配合动作，使触头接通或断开。当线圈通电时，铁心被磁化，吸引衔铁向下运动，使得常闭触头断开，常开触头闭合。当线圈断电时，磁力消失，在反力弹簧的作用下，衔铁回到原来位置，也就使触头恢复到原来状态。

（1）电磁机构

电磁机构由线圈、动铁心（衔铁）和静铁心组成，其作用是将电磁能转换成机械能，产生电磁吸力，带动触头动作。

电磁机构根据铁心形状和衔铁运动方式，可分为 3 种，如图 2-16 所示：衔铁直线运动螺旋式（见图（a）～图（c））、衔铁绕棱角转动拍合式（见图（d））、衔铁绕轴转动拍合式（见图（e））。电磁结构按电磁线圈的种类可分为直流线圈和交流线圈两种。

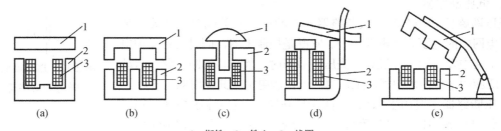

1—衔铁；2—铁心；3—线圈

图 2-16　电磁机构的结构

电磁机构的工作特性常用吸力特性和反力特性来表示。

① 吸力特性

电磁机构的电磁吸力与气隙的关系曲线称为吸力特性，吸力特性随励磁电流的种类（交流或直流）、励磁线圈的连接方式（并联或串联）不同而不同。

交流电磁机构的吸力与气隙 δ 大小无关。实际上，考虑到漏磁的影响，电磁吸力 F 随气隙 δ 的减小略有增加。由于交流电磁机构的气隙磁通 Φ 不变，IN 与气隙 δ 成正比变化，所以 $I \propto \delta$。直流电磁机构的吸力特性如图 2-17 所示。直流电磁机构因线圈外加电压和线圈电阻不变，流过线圈的电流 I 为常数，即不受气隙变化的影响，电磁吸力 F 与气隙 δ 的平方成正比。直流电磁机构的吸力特性如图 2-18 所示。

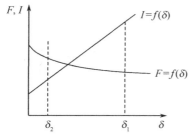

图 2-17　交流电磁机构的吸力特性

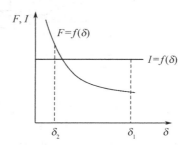

图 2-18　直流电磁机构的吸力特性

在一些要求可靠性较高或操作频繁的场合，一般不采用交流电磁机构而采用直流电磁机构。这是因为一般 U 形铁心的交流电磁机构的励磁线圈通电而衔铁尚未吸合的瞬间，电流将达到衔铁吸合后额定电流的 5～6 倍；E 形铁心电磁机构则将达到额定电流的 10～15 倍。如果衔铁卡住不能吸合或者频繁操作时，交流励磁线圈则可能被烧毁。

② 反力特性

电磁系统的反作用力与气隙的关系曲线称为反力特性。反作用力包括弹簧力、衔铁自身重力、摩擦阻力等，图 2-19 中所示曲线 3 即为反力特性曲线。

为了保证衔铁能牢牢吸合，在整个吸合过程中，吸力都必须大于反作用力，但不能过大或过小。在实际应用中，可调整反力弹簧或触头初压力来改变反力特性，使之与吸力特性有良好配合。

③ 交流电磁机构中短路环的作用

交流电磁机构的磁通是交变的，当磁通为零时，吸力也为零，这时衔铁在弹簧的反力作用下被拉开，磁通过零后吸力再逐渐增大，吸力大过弹簧反力时衔铁又吸合。在如此反复循环的过程中，衔铁产生强烈的振动和噪声，振动使电器寿命缩短；触点接触也会发生抖动，电弧频繁，易烧坏触点；同时衔铁频繁地吸合、断开，造成线圈电流变化很大，线圈也易烧坏。因此，交流电磁机构铁心断面上都安装一个铜制的短路环，短路环包围铁心断面约 2/3 的面积，如图 2-20 所示。

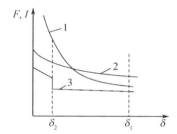

1—直流电磁机构的吸力特性；2—交流电磁机构的吸力特性；
3—反力特性

图 2-19　吸力特性和反力特性

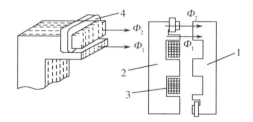

1—衔铁；2—铁心；3—线圈；4—断路环

图 2-20　交流电磁铁的短路环结构

装了短路环后将气隙磁通一分为二，一部分磁通穿过短路环，将在环内产生感应电动势、感应电流，产生磁通 Φ_2。此磁通 Φ_2 与线圈电流产生的磁通 Φ_1 不仅相位不同，幅值也不一样，如图 2-21 所示。由 Φ_1、Φ_2 产生的电磁力为 F_1、F_2，就不再同时过零点，作用在衔铁上的合成磁力是 $F_1 + F_2$，只要合力始终大于其反力，衔铁就不会产生抖动和噪声，上述问题便迎刃而解。

④ 电磁机构的输入/输出特性

当电磁机构的输入值（电压或电流）达到一定值（见图 2-22 中的 x_1）时，衔铁吸合，使常开触点闭合，当输入值逐渐减小到一定值（x_2）时，衔铁释放，常开触点也随之断开，触点回路的电信号呈现阶跃式的变化（0 和 y_1 之间）。这种特性称为电磁机构的输入/输出特性，也称为继电器特性。

$k = x_1 / x_2$ 称为返回系数，是电磁式继电器的重要参数之一。可通过调节释放弹簧的松紧度或调节铁心与衔铁间非磁性垫片的厚薄来调节 k 值。一般控制用继电器 k=0.1～0.4；保护用继电器 k=0.6～1，动作灵敏、不可靠，即返回系数越高，动作越灵敏，但动作不可靠。

（2）触头系统

触头是电磁式低压电器的执行元件，用来接通和分断被控制电路。

触头的结构形式很多，按其所控制电路可分为主触头和辅助触头。通常主触头用于通断电流较大的主电路，辅助触头用于通断小电流的控制电路；按其原始状态可分为常开（动合）触头和常闭（动断）；按其接触形式可分为点接触、线接触和面接触；触头按其结构形态可分为指式触头和桥式触头。如图 2-23 所示。

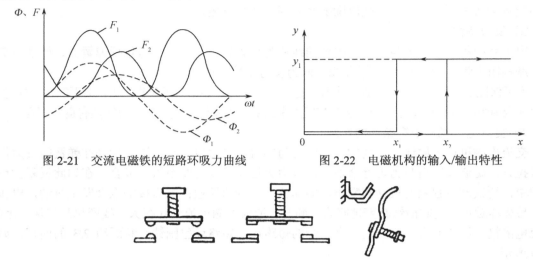

图 2-21　交流电磁铁的短路环吸力曲线　　　图 2-22　电磁机构的输入/输出特性

图 2-23　触头的结构及其接触方式

（3）灭弧装置

当触头断开瞬间，触头间距离极小，电场强度极大，触头产生大量的带电粒子，形成炽热的电子流，产生弧光放电现象，称为电弧。电弧不仅会烧伤触头、延长电路分断时间，严重时还会造成相间短路。因此，在容量较大的电磁机构中，均加装灭弧装置。

一般采用的灭弧方法有：利用触头回路产生的电动力灭弧、灭弧罩、灭弧栅和磁吹式灭弧。如图 2-24 所示。

(a) 触头回路电动力灭弧　　　　　(b) 灭弧栅灭弧　　　　　(c) 磁吹式灭弧

图 2-24　接触器灭弧方法

（4）其他部件

其他部件主要包括复位弹簧、缓冲弹簧、触头压力弹簧、传动机构及外壳等。复位弹簧的作用是当线圈通电时，静铁心被磁化，吸引衔铁将它拉伸；当线圈断电时，其弹力使衔铁、动触头复位。缓冲弹簧的作用是缓冲衔铁在吸引时对静铁心和外壳的冲击碰撞力。触头压力弹簧用以增加动、静触头之间的压力，增大接触面积，减小接触电阻，避免触头由于压力不足造成接触不良而导致触头过热灼伤，甚至烧损。

4．电磁式接触器

电磁式接触器是一种适用于在低压配电系统中远距离控制、频繁通断交、直流主电路及大容量控制电路的自动控制开关电器。主要应用于自动控制交、直流电动机，电热设备，电容器组等设备，应用十分广泛。

接触器具有强大的执行机构，大容量的主触头有迅速熄灭电弧的能力。当系统发生故障时，能根据故障检测元件所给出的动作信号，迅速、可靠地切断电源，并有失压和欠压释放功能。同时与保护电器组合可构成各种电磁启动器，可用于电动机的控制与保护。

（1）工作原理

电磁式接触器主要由电磁系统、触头系统、灭弧装置及其他部件等部分组成。接触器的基本工作原理是利用电磁原理通过控制电路的控制和动铁心的运动来带动触头运动，从而控制主电路通断，其动作原理如图2-25所示。

当接触器线圈5的输入电压大于吸合值时，铁心被磁化，产生的电磁吸力大于反作用力，衔铁6向静铁心4运动。由于接触器的动触头与衔铁6连在一起，所以，当衔铁6被静铁心4吸引向下运动时，动触头也随之向下运动，并与静触头闭合，即常开触头3闭合（常闭触头1这时断开），从而接通电路；反之，当接触器线圈5失电后，磁场消失，衔铁6就会因电磁吸力的消失，在复位弹簧2的反作用力下释放，向上运动，脱离静铁心4，并带动动触头与静触头分离，即常开触头3断开（常闭触头1这时闭合），从而断开电路。当接触器线圈的电压低于一定值（释放值）时，也会因电磁吸力的不足而使其触头系统释放。

（2）主要技术参数

① 额定电压：接触器的额定电压是指主触头的额定电压，应等于负载的额定电压。通常电压等级分为交流接触器380V、660V及1140V；直流接触器220V、440V、660V。

② 额定电流：接触器的额定电流是指主触头的额定电流，应等于或稍大于负载的额定电流。CJ20系列交流接触器额定电流等级有10A、16A、32A、55A、80A、125A、200A、315A、400A、630A。CZ18系列直流接触器额定电流等级有40A、80A、160A、315A、630A、1000A。

③ 电磁线圈的额定电压：电磁线圈的额定电压等于控制回路的电源电压，通常电压等级分为交流线圈36V、127V、220V、380V；直流线圈24V、48V、110V、220V。

使用时，一般交流负载用交流接触器，直流负载用直流接触器，但对于频繁动作的交流负载，可选用带直流电磁线圈的交流接触器。

④ 触头数目：触头数目应能满足控制线路的要求。交流接触器的主触头有三对（常开触头），一般有四对辅助触头（两对常开两对常闭），最多可达六对（三对常开、三对常闭）；直流接触器的主触头一般有两对（常开触头），辅助触头有四对（两对常开两对常闭）。

⑤ 额定操作频率：接触器的额定操作频率是指每小时接通的次数。通常交流接触器为600次/h；直流接触器为1200次/h。

（3）图形符号、文字符号

接触器的图形符号、文字符号如图2-26所示。

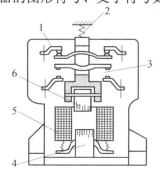

1—常闭触头；2—复位弹簧；3—常开触头；
4—静铁心；5—线圈；6—衔铁（动铁心）

图2-25 接触器动作原理示意图

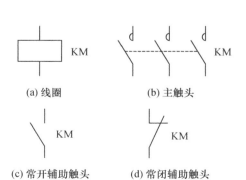

(a) 线圈　　　(b) 主触头

(c) 常开辅助触头　　　(d) 常闭辅助触头

图2-26 接触器的图形符号、文字符号

5．电磁式继电器

继电器主要用于控制和保护电路或作信号转换用。当输入量的某种电量（如电压、电流）或非电量（如温度、压力、转速、时间等）变化到某一定值时，继电器动作，其触头接通或断开交、直流小容量的控制回路，以实现对电路自动控制的功能。

继电器的种类很多，常用的有：电磁式继电器、热继电器、时间继电器、速度继电器、液位继电器、温度继电器、压力继电器等。

常用的电磁式继电器有电压继电器、中间继电器和电流继电器，都是以电磁力为驱动力的继电器。它们的结构、工作原理与接触器相似，只是无灭弧装置。

电磁式继电器主要由电磁系统和触头两部分组成。图 2-27 所示为电磁式继电器的典型结构示意图。其电磁系统由静铁心、动铁心和电磁线圈组成，触头包括常开和常闭触头。触头特点是容量小，但数量多且无主、辅之分。由于继电器用于控制电路，所以流过触头的电流比较小，故不需要灭弧装置。电磁式继电器的图形文字符号如图 2-28 所示。

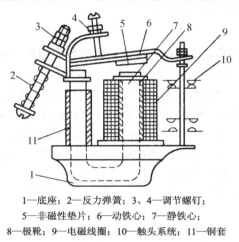

1—底座；2—反力弹簧；3、4—调节螺钉；
5—非磁性垫片；6—动铁心；7—静铁心；
8—极靴；9—电磁线圈；10—触头系统；11—铜套

图 2-27　电磁式继电器的典型结构示意图

(a) 线圈　　(b) 常开触点　　(c) 常闭触点

图 2-28　电磁式继电器的图形符号、文字符号

继电器的主要特性为继电器特性，如图 2-22 所示。另一个重要参数是吸合时间和释放时间，一般继电器的吸合时间与释放时间为 0.05～0.15s，快速继电器为 0.005～0.05s，它的大小影响继电器的操作频率。

（1）电流继电器

电流继电器反映的是电流信号，即触头的动作与否与线圈电流大小直接相关。使用时其线圈与负载串接，因此其线圈匝数少而导线粗。这样，线圈上的压降很小，不会影响负载电路的电流。常用的电流继电器有过电流继电器和欠电流继电器。

过电流继电器在电路正常时不动作，当电路中电流超过某一整定值时，过电流继电器吸合动作，对电路起过电流保护作用。主要用于重载或频繁启动的场合作为电动机主电路的过载和短路保护，一般调整为电动机启动电流的 1.2 倍。

欠电流继电器在电路正常时吸合动作，当电路电流减小到某一整定值时，欠电流继电器释放，对电路起欠电流保护作用。欠电流继电器主要用于直流电动机和电磁吸盘的失磁保护。

（2）电压继电器

电压继电器反映的是电压信号，即触头的动作与否与线圈电压大小直接相关。使用时，其线圈与负载并联，因此其线圈匝数多而线径细。常用的电压继电器有欠（零）电压继电器和过电压继电器。

电路正常时，过电压继电器不动作，当电路中电压超过某一整定值时（一般为（105%～120%）U_N），过电压继电器吸合动作，对电路起过电压保护。

电路正常时，欠电压继电器吸合，当电路电压减小到某一整定值以下时（（30%～50%）U_N），欠电压继电器释放，对电路实现欠电压保护。

中间继电器实质上是一种电压继电器，它在电路中的作用主要是扩展控制触头数和增加触头容量。即触头的额定电流比其线圈电流大得多，故起放大作用。

6. 热继电器

热继电器是一种利用流过继电器的电流所产生的热效应而反时限动作的保护电器，广泛用于三相异步电动机的长期过载保护、断相保护。

电动机在实际运行中，常会遇到过载情况，但只要过载不严重、时间短，绕组不超过允许温升，这种过载是允许的。但如果过载严重、时间长，则会加快电动机绝缘的老化，甚至烧毁电动机，因此必须对电动机进行长期过载保护。

双金属片式热继电器主要由双金属片、热元件和触头系统等组成，如图 2-29 所示。

热继电器中的主双金属片 1 由两种膨胀系数不同的金属片压焊而成，热元件 2 缠绕在双金属片 1 上，它是一段阻值不大的电阻丝，串接在主电路中，热继电器的触点 7、8（常闭触头）通常串接在接触器线圈电路中。当电动机过载时，热元件中通过的电流加大，使双金属片逐渐发生弯曲，经过一定时间后，推动动作机构（导板、推杆等），使常闭触头断开，切断接触器线圈电路，使电动机主电路失电。

故障排除后，经过一段时间的冷却，即能自动或手动复位，热继电器的动作电流的调节可以借助旋转凸轮于不同位置来实现。

由于热惯性，热继电器不会瞬间动作，因此它不能用作短路保护。但也正是这个热惯性，使电动机启动或短时过载时，热继电器不会误动作。热继电器的图形符号、文字符号如图 2-30所示。

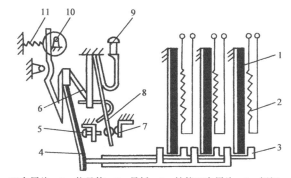

1—双金属片；2—热元件；3—导板；4—补偿双金属片；5—螺钉；
6—推杆；7—静触头；8—动触头；9—复位按钮；10—调节凸轮；11—弹簧

图 2-29 双金属片式热继电器的结构示意图

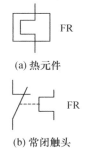

(a) 热元件

(b) 常闭触头

图 2-30 热继电器的
图形符号和文字符号

7. 时间继电器

从得到输入信号（线圈通电或断电）开始，经过一定的延时后才输出信号（触头的闭合或断开）的继电器，称为时间继电器。

时间继电器的延时方式有两种：通电延时和断电延时。时间继电器的种类有很多，常用的有电磁式、空气阻尼式、半导体式等。

图 2-31（a）为空气阻尼式通电延时型时间继电器结构示意图。继电器线圈通电后，瞬时触头迅速动作（推板 5 使微动开关 16 立即动作）。延迟一定时间，活塞杆 6 才逐渐上移，带动杠杆 7 使延时触点 15 动作；当输入信号消失后，延时触点 15 立即复位。

图 2-31（b）为空气阻尼式断电延时型时间继电器结构示意图。断电延时指接收输入信号（线圈通电）后，立即产生输出信号，延时触点立即动作；当输入信号消失（线圈断电）后，延迟一定时间，输出（延时触点 15）才能复位。

无论哪种时间继电器，除了配有延时触点 15 外，还配有立即触点 16，即触点动作和线圈通断电是瞬间完成的。时间继电器的图形符号、文字符号如图 2-32 所示。

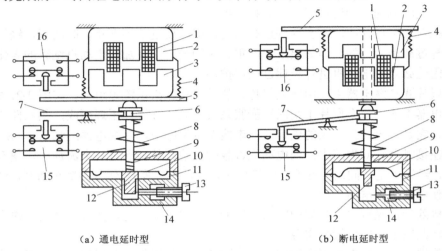

（a）通电延时型　　　　　　　　　　　（b）断电延时型

1—线圈；2—静铁心；3—动铁心；4—反力弹簧；5—推板；6—活塞杆；7—杠杆；8—塔形弹簧；
9—弱弹簧；10—橡皮膜；11—空气室壁；12—活塞；13—调节螺杆；14—进气孔；15-延时触点；16—瞬动触点

图 2-31　时间继电器结构示意图

(a) 通电延时时间继电器线圈　　(b) 延时闭合瞬时断开常开触头　　(c) 延时断开瞬时闭合常闭触头

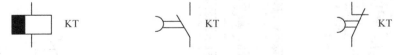

(d) 断电延时时间继电器线圈　　(e) 瞬时闭合延时断开常开触头　　(f) 瞬时断开延时闭合常闭触头

(g) 瞬时动作常开触头　　　　　　(h) 瞬时动作常闭触头

图 2-32　时间继电器图形符号、文字符号

8. 速度继电器

速度继电器主要用于鼠笼式异步电动机的反接制动，也称为反接制动继电器。速度继电器

主要由转子、定子和触头等部分组成，转子是一个圆柱形永久磁铁，定子是一个笼型空心圆环，并装有笼型绕组。其结构原理图如图2-33所示。

速度继电器的转轴和电动机轴通过联轴器相连，当电动机转动时，速度继电器的转子随之转动，绕组切割磁力线产生感应电动势和电流，此电流与转子磁场作用产生转矩，使定子3开始转动。电动机转速达到某一值时，摆杆5推动常闭触头断开、常开触头闭合；当电动机转速下降到低于某一值或停转时，定子产生的转矩会减小或消失，触头在弹簧的作用下复位。同理，电动机反转时，定子会往反方向转过一个角度，使另外一组触头动作。

速度继电器额定工作转速有300～1000r/min与1000～3000r/min两种。速度继电器根据电动机的额定转速进行选择。速度继电器的动作速度一般不低于150r/min，复位速度在100r/min以下。速度继电器的图形符号和文字符号如图2-34所示。

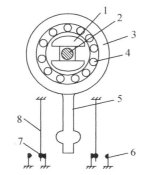

1—转子；2—电动机轴；3—定子；4—绕组；
5—摆杆；6—静触头；7—动触头；8—簧片
图2-33 速度继电器结构示意图

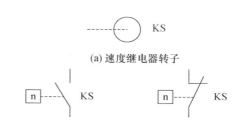

(a) 速度继电器转子

(b) 速度继电器常开触头　　(c) 速度继电器常闭触头

图2-34 速度继电器图形符号和文字符号

2.2 电气控制线路图

由前一节所介绍的按钮、开关、接触器、继电器等有触点的低压控制电器所组成的控制线路，称为电气控制线路。为表达电气控制线路的组成、工作原理及安装、调试、维修等技术要求，电气控制线路的表示方法有：电气原理图、安装接线图和电器元件布置图。

2.2.1 电气控制线路常用图形、文字符号

电气控制线路图是工程技术的通用语言，为了便于交流与沟通，在电气控制线路中，各电器元件的图形、文字符号必须符合国家标准。表2-1列出了常用的电气控制线路常用图形、文字符号，以供参考。

表2-1 常用的电气控制线路常用图形、文字符号表

名　称	图形符号	文字符号	名　称	图形符号	文字符号
三相电源开关		QS	低压断路器		QF

名　称		图形符号	文字符号	名　称		图形符号	文字符号
位置开关	常开触头		SQ	按钮	启动		SB
	常闭触头				停止		
	复合触头				复合		
接触器	线圈		KM	继电器	线圈		KA
	常开触头				常开触头		
	常闭触头				常闭触头		
熔断器			FU	速度继电器	转子		KS
热继电器	热元件		FR		常开触头		
	常闭触头				常闭触头		
时间继电器	通电延时线圈		KT	转换开关			SA
	延时闭合常开触头			制动电磁铁			YB

名 称		图形符号	文字符号	名 称	图形符号	文字符号
时间继电器	延时断开常闭触头		KT	电磁离合器		YC
	断电延时线圈			电磁铁		YA
	延时打开常开触头			电磁吸盘		YH
	延时闭合常闭触头			电阻器	或	R
三相鼠笼式异步异步电动机		M3~	M	电位器		RP
三相绕线式异步异步电动机				插接器		X
串励直流电动机		M		桥式整流装置		VC
并励直流电动机		M		照明灯		EL
他励直流电动机		M		信号灯		HL
复励直流电动机		M		半导体二极管		
直流发电机		G	G	PNP 型三极管		V
变压器			T	PNP 型三极管		
三相自耦变压器				晶闸管		

2.2.2 电气原理图

电气原理图主要表示电气设备和元器件的用途、作用和工作原理，具有结构简单、层次分明、便于研究和分析电路等优点。图 2-35 所示为三相鼠笼式异步电动机正反转控制电气原理图，绘制电气原理图应主要遵循以下原则：

① 电路图通常水平绘制或垂直绘制。水平绘制时，电源线垂直画，其他电路水平画。

② 电气原理图根据电流大小分为主电路和控制电路两部分。主电路指从电源到电动机的强电流电路，绘制于原理图左侧。控制电路由继电器的线圈和触头、接触器的线圈和触头、按钮、照明灯等元件组成，是弱电流电路，绘制于原理图右边。

③ 电器元件采用展开图画法。同一电器元件，如同一接触器的线圈和触头，必须用同一文字符号 KM 标出。相同元器件较多时，通常在文字符号后面加上数字来表示，如 KM1、KM2 等。

④ 按钮、触头应按没有外力作用和没有通电时的原始状态绘制。

⑤ 电路两线有交叉连接时的电气节点用小黑点"·"标出。

⑥ 原理图应分成若干图区，上下方用数字和文字对应说明电路功能；继电器和接触器应用附表来表明线圈和触头的从属关系。

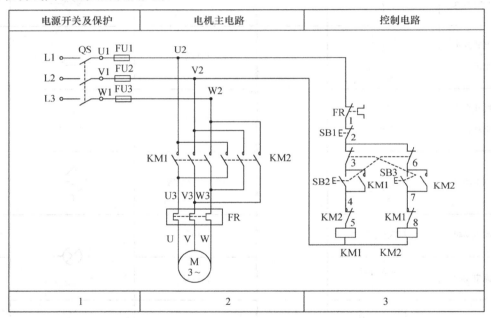

图 2-35　三相鼠笼式异步电动机正反转电气原理图

2.2.3 电器元件布置图

电器元件布置图主要用来表明电气原理图中所有元器件在控制板上的实际安装位置，主要用于安装接线及检修。图 2-36 所示为三相鼠笼式异步电动机正反转的电器元件布置图。绘制电器元件布置图应主要遵循以下原则：

① 按国标规定，控制柜内电器元件必须位于维修台之上 0.4～2m。

② 控制柜内按照用户要求制作的电气装置，最少要留出 10% 的备用面积，以供装置改进或局部修改。

③ 控制柜的门上，除了控制开关、信号和测量部件外，不能安装任何器件。

④ 电源开关最好安装在控制柜内左上方，其操作手柄应装在电气柜前面或侧面。电源开关

上方最好不安装其他电器。

⑤ 发热元件安装在控制柜内的上方,并注意将发热元件和感温元件隔开,以防误动作。

⑥ 应尽量将外形与结构尺寸相同或相近的电器元件安装在一起,这样,既便于安装和布线,又使控制柜内的布置整齐美观。

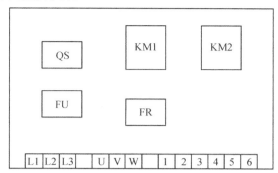

图 2-36 三相鼠笼式异步电动机正反转电器元件布置图

2.2.4 电气安装接线图

电气安装接线图清楚地表明了电气设备的相对位置及它们之间的电气连接关系,在具体施工、设备维护和检修中,能起到原理图起不到的作用。电气安装接线图是为了安装电气设备和电器元件进行配线或检修时服务的,在生产现场被广泛应用。

图 2-37 为三相鼠笼式异步电动机正反转的电气安装接线图。绘制电气安装接线图应遵循以下原则:

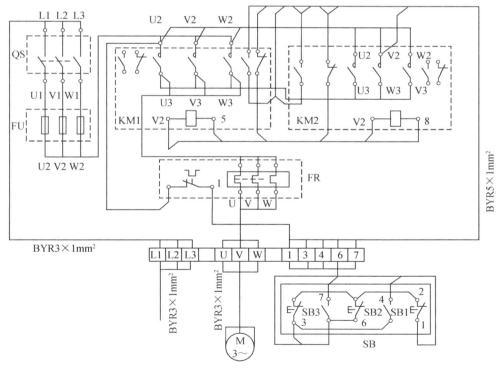

图 2-37 三相鼠笼式异步电动机正反转控制电路电气安装接线图

① 所有电器元件图形,应按实物,依对称原则绘制。各电器元件应按实际位置绘制。

② 在绘制安装接线图时，按照各电器的实际位置，同一电器的各个元器件画在一起，并且常用虚线框起来。如一个接触器，将其线圈、主触点、辅助触点绘制在一起并用虚线框起来。

③ 凡是导线走向相同的，一般合并画成单线。控制板内和板外各元器件之间的电气连接是通过接线端子来进行的。

④ 接线图中各电气元件的图形符号、文字符号以及端子的编号与电路图一致，可以对照查找。线束两端及中间分支出去的每一根导线的若干段标注同一标号。

⑤ 在接线图中应标出项目的相对位置、项目代号、端子间的电连接关系等，按规定清楚标注配线导线的型号、规格、截面积和颜色等。

2.3 三相鼠笼式电动机启动控制

三相异步电动机从接通电源开始运转，转速逐渐上升直到稳定运转状态，这一过程称为启动。启动时，应保证有足够大的启动转矩前提下，启动电流越小越好；启动所需设备简单，操作方便；启动过程中功率损耗越小越好。

按照启动方式不同，三相异步电动机启动可以分为直接启动和降压启动。直接启动的启动电流大，对供电变压器影响较大，容量较大的鼠笼式异步电动机一般都采用降压启动。降压启动就是将电源电压适当降低后，再加到电动机的定子绕组上进行启动，待电动机启动结束或将要结束时，再使电动机的电压恢复到额定值。这样做的目的主要是为了减小启动电流，但是因为降压，电动机的启动转矩也将降低。因此，降压启动仅适用于空载或轻载启动。

2.3.1 直接启动

直接启动即启动时直接将额定电压加在电动机定子绕组上。优点为：所需启动设备简单，启动时间短，启动方式简单、可靠，所需成本低；缺点为：对电动机及电网有一定冲击。允许直接启动的条件（满足一条即可）如下：

● 容量在 7.5kW 以下的电动机均可采用；

● 电动机在启动瞬间造成的电网电压降不大于电源电压正常值的 10%，对于不常启动的电动机可放宽到 15%；

● 可用经验公式粗估电动机是否可直接启动：$\dfrac{I_{\text{st}}}{I_{\text{N}}} < \dfrac{3}{4} + \dfrac{\text{变压器容量（kVA）}}{4 \times \text{电动机功率（kW）}}$

三相异步电动机全压启动控制电路有：单向连续运行控制电路、单向点动与连续运行控制电路、正反转控制电路等。

1. 单向直接启动控制

（1）点动控制

点动控制线路如图 2-38（b）所示，由启动按钮 SB 和接触器线圈 KM 组成。从线路可知，按下启动按钮，电动机转动，松开按钮，电动机停转，这种控制就叫点动控制，常用于机床的对刀调整和电动葫芦等控制线路中。

（2）连续运转

在实际应用中，往往要求电动机实现长时间连续运转，又叫长动控制，主电路与点动线路完全相同，控制电路如图 2-38（c）所示。

线路设有以下保护环节：

● 短路保护——用熔断器 FU 实现。

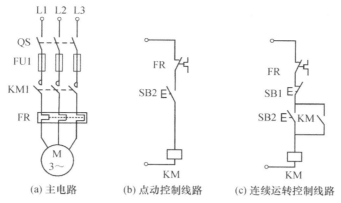

(a) 主电路　　(b) 点动控制线路　　(c) 连续运转控制线路

图 2-38　点动与连续运行线路

启动：按SB2→KM得电吸合 →KM主触点闭合→电动机启动

　　　　　　　　　　　　　 →KM辅助触点闭合→自锁（保）KM持续得电→电动机连续运行

停止：按SB1→KM断电释放 →KM主触点断开→电动机停止

　　　　　　　　　　　　　 →KM辅助触点打开→自锁（保）解除 →为下次启动做准备

● 过载保护——用热继电器 FR 实现。只有在电动机长期过载时，热继电器才会动作，用它的常闭触点使控制线路 KM 断电，最终断开主电路，使电动机断电停机。

● 欠压、失压保护——用 KM 自锁触点和自复位启动按钮 SB2 来实现。当发生严重欠电压或失压（如停电）时，接触器 KM 断电释放，电动机停止运转。当电源恢复正常时，接触器线圈不会自行通电，电动机也不会自行启动，只有主动按下启动按钮 SB2 后，电动机才能启动。

（3）既能点动又能连续运行控制

在生产实践中，机床调整完毕后，需要连续进行切割加工，则要求电动机既能连续运行，又能实现点动控制，以满足生产需求。控制线路如图 2-39 所示。

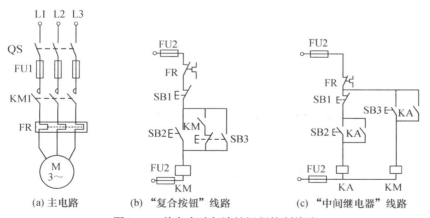

(a) 主电路　　(b) "复合按钮" 线路　　(c) "中间继电器" 线路

图 2-39　单向点动与连续运行控制线路

图 2-39（b）是采用复合按钮 SB3 实现的控制电路。

连续运行：按SB2→KM得电吸合→KM触点闭合→自锁（保）→KM持续得电

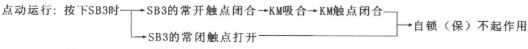

点动运行：按下SB3时 →SB3的常开触点闭合→KM吸合→KM触点闭合 →自锁（保）不起作用

　　　　　　　　　　 →SB3的常闭触点打开

松开SB3时 →KM断电释放

此线路在点动控制时，若 KM 的释放时间大于复合按钮 SB3 的复位时间，即 SB3 的常闭触头闭合时，KM 常开辅助触头还没有释放断开，则 KM 线圈再次得电，会使自锁电路继续通电，则线路不能实现正常的点动控制。

图 2-39（c）是采用中间继电器 KA 实现的控制电路。此电路多了一个中间继电器，但工作可靠性却提高了。

连续运行：按下SB2→KA得电吸合自锁→KA触点闭合→KM持续得电

点动运行：按下SB3时 →KM得电吸合

松开SB3时 →KM断电释放

2．正反转控制电路

在实际生产中，往往要求生产机械改变运动方向，如工作台前进、后退，电梯的上升、下降等，这就要求电动机能实现正、反转。由电动机原理可知，电源的相序决定电动机的运转方向，即将三相电源进线中任意两相对调，电动机即可反向运转。实际应用中，通过两个接触器改变定子绕组相序来实现正、反转控制，如图 2-40（a）所示，KM1 为正向接触器，控制电动机 M 正转；KM2 为反向接触器，控制电动机 M 反转。

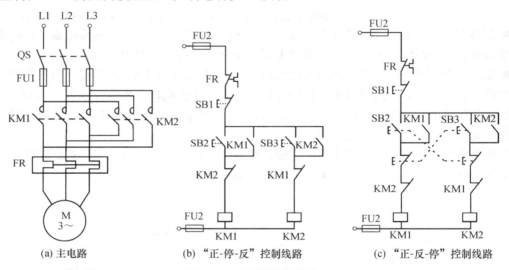

(a) 主电路　　　　(b) "正-停-反" 控制线路　　　　(c) "正-反-停" 控制线路

图 2-40　正反转控制线路

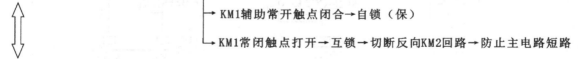

正向启动：按下SB2→KM1得电吸合——→KM1主触点闭合→电动机正转

　　　　　　　　　　　　　　　→ KM1辅助常开触点闭合→自锁（保）

　　　　　　　　　　　　　　　→ KM1常闭触点打开→互锁→切断反向KM2回路→防止主电路短路

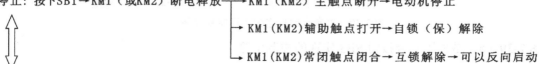

停止：按下SB1→KM1（或KM2）断电释放——→KM1（KM2）主触点断开→电动机停止

　　　　　　　　　　　　　　　→ KM1（KM2)辅助触点打开→自锁（保）解除

　　　　　　　　　　　　　　　→ KM1（KM2)常闭触点闭合→互锁解除→可以反向启动

反向启动：按下SB3→KM2得电吸合——→KM2主触点闭合→电动机反转

　　　　　　　　　　　　　　　→ KM2辅助常开触点闭合→自锁（保）

　　　　　　　　　　　　　　　→ KM2常闭触点打开→互锁→切断反向KM1回路→防止主电路短路

接触器的互锁被称为"电气互锁"，图 2-40（b）称为"正-停-反"控制，显然这种电路的缺点是操作不方便。图 2-40（c）所示的电路中，增加了按钮 SB2、SB3 的互锁（"机械互锁"），即可实现电动机正反转间的直接切换，但较大电动机不可以采用这种电路，易造成短路故障。

3．自动往返运动控制电路

正反转控制电路常被应用于行程控制中，如图 2-41 中要求电动机拖动的小车能够在一定行程内自动往返运行。图中 SQ1、SQ2 为左右行程开关，SQ3、SQ4 为左右极限开关。其工作过程如下：

左行启动：按下SB2→KM1吸合→小车左行→碰撞SQ1 ┬→ SQ1常闭断开KM1→左行停止
　　　　　　　　　　　　　　　　　　　　　　　　　└→ SQ1常开触点闭合→KM2吸合→自锁→持续右行

右行启动：按下SB3→KM2吸合→小车右行→碰撞SQ2 ┬→ SQ2常闭断开KM2→右行停止
　　　　　　　　　　　　　　　　　　　　　　　　　└→ SQ2常开触点闭合→KM1吸合→自锁→持续左行

按钮 SB1 为停止按钮，可根据实际情况随时停车；SQ3、SQ4 为左、右位极限开关，用于防止 SQ1、SQ2 的常闭触头故障，无法断开接触器线路时的二次极限保护。

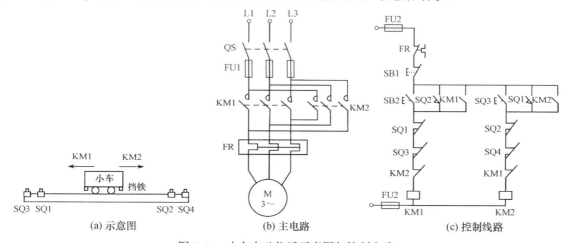

（a）示意图　　　（b）主电路　　　（c）控制线路

图 2-41　小车自动往返示意图与控制电路

4．顺序控制

在多台电动机拖动系统中，有些生产工艺需要电动机顺序启动工作。例如，要求电动机 M1 先启动后，延时 10s 后，电动机 M2 才允许启动，控制线路如图 2-42 所示。

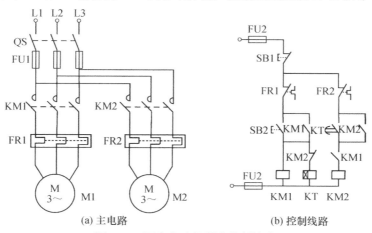

（a）主电路　　　（b）控制线路

图 2-42　两台电动机顺序控制线路

两台电动机按时间原则顺序启动，图中 KT 为通电延时时间继电器。其工作过程如下：

启动：按下SB2 → KM1得电吸合 → KM1主触点闭合 → 电动机M1启动

→ KM1辅助触点闭合 → 自锁（保）→ 电动机M1连续运转

→ KT吸合 → 延时到 → KT延时常开闭合 → KM2吸合 → KM2主触点闭合 → 电动机M2启动

→ KM2辅助常开闭合自锁（保）→ M2连续运转

→ KM2辅助常闭打开 → 切断KT线圈

停止：按下SB1 → KM1断电释放 → KM1主触点断开 → 电动机M1停止

→ KM2断电释放 → KM2主触点断开 → 电动机M2停止

2.3.2　降压启动

降压启动在启动时降低电动机定子或转子绕组上的电压，目的是防止全压启动时产生的过电流对电网及电气设备的危害。启动后，再将电压恢复为电动机的额定电压，使之降压运行。

鼠笼式电动机降压启动控制的原则是启动时降低加在定子绕组上的电压，以限制启动电流。方法主要有 Y-△ 启动、自耦变压器启动、延边三角形启动、定子串电阻启动等，鼠笼式电动机降压启动时转矩小，适用于电动机轻载或空载情况。

1．Y-△启动控制电路

Y-△ 启动只适用于正常额定运行时定子绕组接成三角形的三相鼠笼式异步电动机（额定运行时，定子绕组相电压等于电动机额定电压 380V），而且定子绕组应有 6 个接线端子，在启动时将电动机定子绕组接成星形，每相绕组承受的电压为电源的相电压（220V），限制启动电流，这时电流降为全压启动电流的 1/3，避免启动电流过大对电网的影响；但启动转矩也只有三角形接法的 1/3。所以这种降压启动方法，只适用于轻载或空载下启动。

在启动后，电动机升到一定速度，将定子绕组改接成三角形接法，每相绕组承受的电压为电源的线电压（380V），电动机进入正常额定运行。图 2-43 是用时间继电器完成的自动切换 Y-△ 启动控制电路。Y-△ 启动的全过程为：

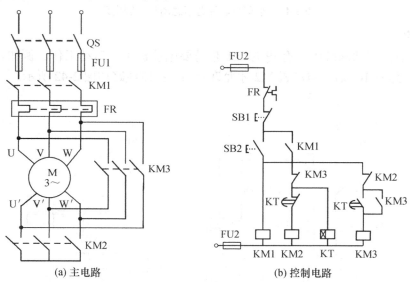

(a) 主电路　　　　　　(b) 控制电路

图 2-43　Y-△启动控制电路

启动:按下SB2→KM1吸合→KM1辅助触点闭合→自锁（保）

　　　　　　　　　　　↳KM1主触点闭合 ────→电动机Y接启动

　　　　↳KM2吸合→KM2主触点闭合 ──┘

　　　　　　　　　↳KM2辅助常闭打开→闭锁KM3→防止KM2、KM3同时接通短路

　　　↳KT吸合→KT延时打开→KM2释放→KM2主触点打开→切除Y连接

　　　　　　　　　　　　　　　　　↳KM2辅助常闭闭合 ──┐

　　　　　　↳KT延时闭合 ──────────────→KM3吸合→Ⓡ

Ⓡ→KM3主触点闭合→电动机△接启动 ──→△正常运转

　↳KM3辅助常开闭合→自锁（保）──┘

　↳KM3辅助常闭打开→闭锁KM2(防短路)、切断KT节能

2．自耦变压器启动控制电路

自耦变压器启动又称为"补偿器降压启动"，图2-44是按时间原则切除所串自耦变压器的启动控制电路。其启动过程为：

启动:按SB2→KM1吸合→KM1辅助触点闭合┬自锁（保）

　　　　　　　　　　　　　　　　↳串入自耦变压器指示灯HL2亮

　　　　　　　　↳KM1主触点闭合、KM2常闭闭合 →电机串自耦变压器启动

　　　↳KT吸合→KT延时闭合→KA吸合┬常闭断开┬切断HL1(停机指示灯)HL2(串入自耦变压器指示灯)

　　　　　　　　　　　　　　　　　　　↳切断KT→节能

　　　　　　　　　　　　　　　　　　　↳断开KM1→切除自耦变压器

　　　　　　　　　　　　　↳常开闭合 ─────→KM2吸合┬KM2常闭断开→断开自耦变压器末端

　　　　　　　　　　　　　　　　　　　　　　　　　↳KM2主触点闭合→电机全压运行

　　　　　　　　　　　　　　　　　　　　　　　　　↳KM2辅助常开闭合→HL3(全压运行指示灯)亮

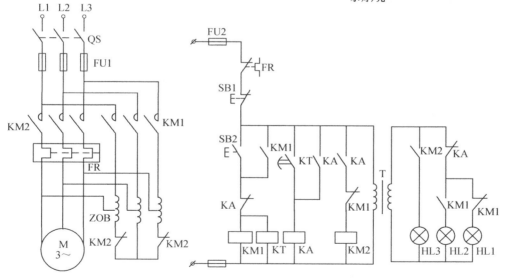

图2-44　自耦变压器启动控制电路

由于接触器 KM2 只有 2 对辅助常闭触点，并将其用于主电路，所以在启动过程中，启用了中间继电器 KA，用其触点完成相关的连锁控制。

3．串电阻（或电抗）降压启动

对鼠笼式异步电动机可采用启动时在定子电路中串联降压电阻（或电抗器）的办法来启动

电动机，待电动机启动结束时再将电阻（或电抗器）短接，控制线路如图 2-45 所示。

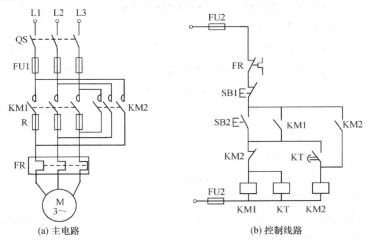

(a) 主电路   (b) 控制线路

图 2-45   定子串电阻降压启动控制线路

这种启动方法简单，但定子串电阻启动耗能多，主要用于低压小功率电动机；定子串电抗启动投资大，主要用于高压大功率电动机。由于电阻上有热能损耗，电抗器则体积、成本较大，此法很少用。

2.4   三相异步电动机的制动控制

电动机在断开电源后，由于机械惯性，不能立即停止转动。生产中，一般要求电动机迅速而准确停转，如生产机械的精确定位，这就需要对电动机进行强迫制动。三相异步电动机的制动方法有机械制动和电气制动两种。

机械制动：采用机械装置使电动机断开电源后迅速停转的制动方法。如电磁抱闸、电磁离合器、电磁铁制动器等。

电气制动：电动机在切断电源的同时给电动机一个和实际转向相反的电磁转矩（制动转矩）而使电动机迅速停止的方法。电气制动方法有反接制动、能耗制动、回馈制动和电容制动等。机床中经常应用的电气制动是反接制动和能耗制动。

在实际应用中，两种制动方法常常配合使用，原则是电气制动先，机械制动后，即电气制动即将结束时，采用机械装置使电动机更可靠地停转。需注意的是，电动机启动时，应先使机械抱闸装置复位松开，以防止电动机堵转，造成更大损害。

2.4.1   机械制动

1．电磁抱闸制动线路

电磁抱闸制动的设计思想是利用外加的机械作用力，使电动机迅速停止转动。由于这个外加的机械作用力，是靠电磁制动闸紧紧抱住与电动机同轴的制动轮来产生的，所以称作电磁抱闸制动。电磁抱闸制动又分为两种，即断电电磁抱闸制动和通电电磁抱闸制动。

（1）断电电磁抱闸制动

断电电磁抱闸制动的制动闸平时（电动机不运行时）一直处于"抱住"状态。制动轮通过联轴器直接或间接与电动机主轴相连，电动机转动时，制动轮也跟着同轴转动，断电电磁抱闸制动的控制线路原理图如图 2-46 所示。

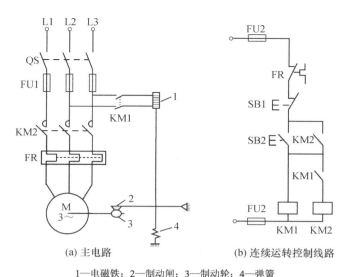

(a) 主电路 (b) 连续运转控制线路

1—电磁铁；2—制动闸；3—制动轮；4—弹簧

图 2-46 断电电磁抱闸制动的控制线路原理图

合上电源开关 QS，按下启动按钮 SB2，接触器 KM1 得电吸合，电磁铁绕组接入电源，电磁铁心向上移动，抬起制动闸，松开制动轮。KM1 得电后，KM2 顺序得电吸合，电动机接入电源，启动运转。

按下停止按钮 SB1，接触器 KM1、KM2 失电释放，电动机和电磁铁绕组均断电，制动闸在弹簧作用下紧压在制动轮上，依靠摩擦力使电动机快速停车。

由于在电路设计时是使接触器 KM1 和 KM2 顺序得电，使得电磁铁线圈先通电，等制动闸松开后，电动机才接通电源。这就避免了电动机在启动前瞬时出现的"电动机定子绕组通电而转子被掣住不转的运行状态"。这种断电抱闸制动的结构形式，在电磁铁线圈一旦断电或未接通时电动机都处于制动状态，故称为断电抱闸制动方式。

这种控制线路不会因电源中断或电气线路故障而使制动的安全性和可靠性受影响。但当电动机正常运转时，KM1 和电磁线圈长期通电，损耗电能。

2. 通电电磁抱闸制动

通电电磁抱闸制动的制动闸平时一直处于"松开"状态，其控制线路原理图如图 2-47 所示。

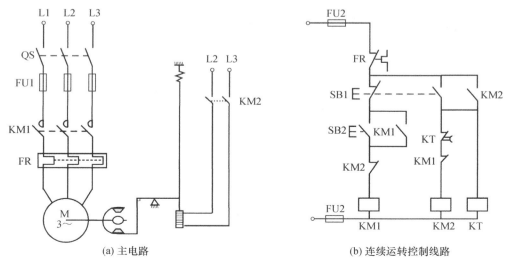

(a) 主电路 (b) 连续运转控制线路

图 2-47 通电电磁抱闸制动的控制线路原理图

启动：按下SB2→KM1得电吸合——→电动机启动运行

停止：按下SB1┬常闭触点打开→KM1断电释放→KM1主触点断开→电动机脱离电源
　　　　　　├常开触点闭合→KM2得电吸合→主电路电磁铁线圈通电→铁心下移→制动闸抱住制动轮 →制动
　　　　　　├KT吸合→KT延时断开→切断KM2→主触点断开————————→电磁线圈断电→制动闸"松开"→制动结束
　　　　　　　　　　　　　　　　　　└辅助常开触点打开→KT断电→触点复位

　　电磁抱闸制动的优点是制动力矩大，制动迅速，安全可靠，停车准确。其缺点是制动愈快，冲击振动就愈大，对机械设备不利。根据生产机械工艺要求选用哪种电磁抱闸制动方式，一般在电梯、吊车、卷扬机等一类升降机械上，应采用断电电磁抱闸制动方式；像机床一类经常需要调整加工件位置的机械设备，往往采用通电电磁抱闸制动方式。

2. 电磁离合器制动线路

　　摩擦片式电磁离合器主要由励磁线圈、铁心、衔铁、摩擦片和连接件等组成，一般采用直流24V作为供电电源，电磁离合器制动线路如图2-48所示。

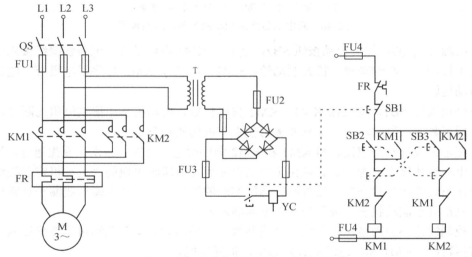

图2-48　电磁离合器制动控制线路

　　当按下SB2或SB3，电动机正向或反向启动，由于电磁离合器的线圈YC没有得电，离合器不工作。

　　按下停止按钮SB1，SB1的常闭触点断开，将电动机定子电源切断，SB1的常开触点闭合，使电磁离合器的线圈YC得电吸合，将摩擦片压紧，实现制动，电动机转速迅速下降。

　　松开按钮SB1时，电磁离合器的线圈断电，结束强迫制动，电动机停转。

　　电磁离合器的优点是体积小，传递转矩大，操作方便，运行可靠，制动方式比较平稳且迅速，并易于安装在机床一类的机械设备内部。

2.4.2　电气制动

　　最常用的电气制动方法有：反接制动和能耗制动。反接制动和能耗制动的优缺点及适用场合如下。

　　反接制动的能耗较大、制动时冲击力大、定位准确度不高，但制动转矩大，制动较快。适用于要求制动迅速、但不频繁制动的场合。

　　能耗制动的制动转矩较小、制动力较弱，制动不快，但能耗较小、制动转矩平滑、定位准确度较高。适用于要求制动平稳、停位准确的场合。

下面以鼠笼式电动机为例介绍三相异步电动机的反接制动和能耗制动的控制线路。

1. 反接制动控制线路

反接制动是将运动中的电动机电源反接（即将任意两根线接法交换）以改变电动机定子绕组中的电源相序，从而使定子绕组的旋转磁场反向，转子受到与原旋转方向相反的制动力矩而迅速停转。

在这种制动方式中，有一个问题值得注意：当电动机转速接近零时，如不及时切断电源，则电动机将会反向旋转。为此必须采取相应措施保证当电动机转速被制动到接近零时迅速切断电源防止其反转。一般的反接制动控制线路中常利用速度继电器进行自动控制。

速度继电器与被测电动机同轴运转，当电动机转速上升到150r/min时，速度继电器动作，即常开触头吸合；电动机转速低于100r/min，其触头复位断开，可用于切除电动机的反向制动电源。

（1）单向运行反接制动控制电路

单向运行反接制动控制电路如图2-49所示，其工作过程如下：

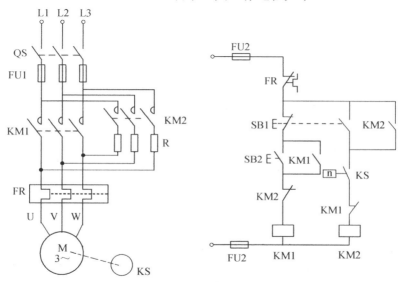

图2-49 单向运行反接制动控制电路

启动：按下SB2→KM1吸合→电动机启动→转速大于150r/min时KS常开闭合→为反接制动准备

停止：按下SB1→常闭打开→KM1断电释放→KM1主触点断开→电动机脱离动力电源

　　　　　　└→常开闭合→KM2吸合→主触点闭合→电动机串入电阻反接制动→转速降低→Ⓡ

　　　　　　　　　　　　　　└→辅助触点闭合→自锁

　　　　Ⓡ→ 低于100r/min时KS常开触点打开→断开KM2线圈→断开电动机制动电源→制动结束

反接制动时，转子与旋转磁场的相对转速较高，感应电动势很大，所以转子电流比直接启动时的电流还大。反接制动电流一般为电动机额定电流的 10 倍左右，故在电路中串联电阻 R 以限制反接制动电流。一般制动电阻常用对称接法，即三相分别串接相同的制动电阻。

（2）可逆运行电动机的反接制动

可逆运行电动机的反接制动控制电路如图 2-50 所示。图中 R 既是反接制动电阻，又是降压启动中限流的启动电阻；KS 为速度继电器常开触头；KM1、KM2 为反接制动接触器；KA1～

KA4 为中间继电器；SB2、SB3 为正、反转控制复合启动按钮；SB1 为停止按钮。其工作过程如下：

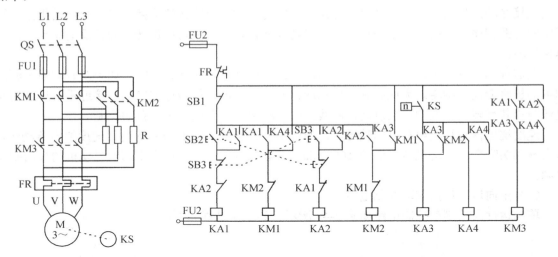

图 2-50　双向启动反接制动控制线路

　　启动时，合上刀开关 QS，按下正转启动按钮 SB2，中间继电器 KA1 得电吸合并自锁，其常闭触头断开，KA2 线圈不能得电，KA1 常开触头闭合，KM1 线圈得电，KM1 主触头闭合，电源 L1、L2、L3 经 KM1 主触头、电阻 R 降压限流后加到电动机定子绕组 U、V、W 上，电动机串电阻降压启动。当电动机转速达到一定值时，KS 闭合，KA3 得电自锁。这时由于 KA1、KA3 的常开触头闭合，KM3 得电，KM3 主触头闭合，电阻 R 被短接，电源 L1、L2、L3 经 KM1 与 KM3 主触头直接加到电动机定子绕组 U、V、W 上，电动机完成定子绕组串电阻降压启动过程，进入正常运行。

　　在电动机正常运转过程中，若按停止按钮 SB1，则 KA1、KM1、KM3 的线圈相继失电，由于惯性这时 KS 仍处于闭合（尚未复位），KA3 线圈仍处于得电状态，所以在 KM1 常闭触头复位后，KM2 线圈便得电，其常开触头闭合，电源 L1、L2、L3 经 KM2 主触头、电阻 R 降压限流后加到电动机定子绕组 W、V、U 上，即电动机得到相反的制动转矩，此刻，电动机进行反接制动，电动机转速迅速下降。当电动机转速低于速度继电器动作值时，速度继电器常开触头复位，KA3 线圈失电，KM2 释放，反接制动结束，电动机停转。

　　电动机反向启动和制动停车过程与正转时相同，这里不再阐述。

　　电路中复合启动按钮 SB2、SB3 起机械互锁作用，中间继电器 KA1、KA2 常闭触头起电气互锁作用，防止因误操作引起电源短路。

　　2．能耗制动控制线路

　　能耗制动控制线路是当电动机停车后，立即在电动机定子绕组中通入两相直流电源，使之产生一个恒定的静止磁场，由运动的转子切割该磁场后，在转子绕组中产生感应电流。这个电流又受到静止磁场的作用产生电磁力矩，产生的电磁力矩的方向正好与电动机的转向相反，从而使电动机迅速停转。

　　图 2-51 所示为能耗制动控制线路，以速度原则进行的控制线路工作过程与单向运行反接制动完全相同，以时间为原则的控制线路工作过程如下：

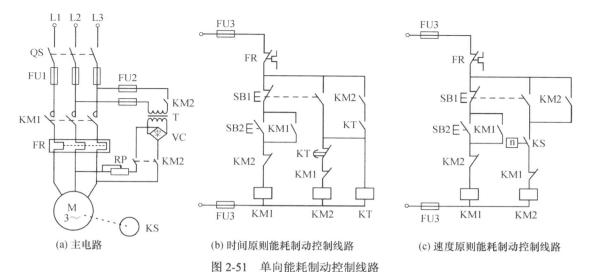

(a) 主电路　　　　　　　(b) 时间原则能耗制动控制线路　　　　　(c) 速度原则能耗制动控制线路

图 2-51　单向能耗制动控制线路

启动：按下SB2→KM1吸合自锁→电动机启动运行

停止：按下SB1┬常闭打开→KM1断电释放→KM1主触点断开→电动机脱离动力电源

　　　　　　├常开闭合→KM2吸合→主触点闭合→电动机接入直流电→能耗制动

　　　　　　│　　　　　　　　├辅助触点闭合────────→自锁

　　　　　　└KT得电吸合→瞬动常开触点闭合┘

　　　　　　　　　　　　　└常闭触点延时打开→切断KM2线圈→能耗制动结束

　　图中 KT 的瞬时常开触头的作用是当出现时间继电器 KT 线圈断线或机械卡住故障时，即使按下 SB1 后，接触器 KM2 不能自锁长期得电，避免了出现电动机定子绕组中长期流过直流电流的现象。变阻器 RP 的作用是限流和消耗能耗制动时由机械转化来的电能。

本 章 小 结

　　本章在熟悉常用低压电器的结构、工作原理的基础上，重点讲解电动机启停、点动、正反转、顺序控制等基本控制环节，就鼠笼式三相异步电动机的各种启动、制动电路的工作原理进行深入讨论。在分析控制电路时需要"化整为零"，按照主电路、控制电路和其他辅助电路等逐一分析，各个击破，最终掌握拥有独立分析、绘制较复杂的电气控制原理图方法和能力。

习 题 2

　　1. QS、FU、KM、FR、KT、SB、SQ 是什么电器元件？画出这些电器元件的图形符号，并写出中文名称。

　　2. 熔断器有哪些主要参数？熔断器的额定电流与熔体的额定电流是不是一样？

　　3. 交流接触器主要由哪几部分组成？简述其工作原理。

　　4. 设计一个小车控制电路，画出主电路和控制电路，具体要求如下：

　　（1）用启动按钮控制小车启动从 A 点前进，到达 B 点后自动停止，经过 40s 后自动后退，回到 A 点后停止；

（2）在小车来回过程中可以随时控制小车的停止；

（3）用行程开关作 A、B 点限位保护。

5．设计一个两地控制一台电动机启动和停止的控制线路，画出主电路和控制电路，并作出必要的说明。具体要求如下：

（1）电动机只实现单向旋转，直接启动；

（2）断电自然停机，无制动措施；

（3）有过载、短路保护环节。

4．试设计带有短路、过载、失压保护的三相鼠笼式异步电动机全压启动的主电路和控制电路。

5．两台电动机 M1 和 M2，试按如下要求设计控制电路：

（1）M1 启动后，M2 才能启动；

（2）M2 要求实现正反转控制，并能单独停车；

（3）有短路、过载、欠压保护。

6．设计一个三台电动机的控制线路，要求：第一台电动机启动 10s 后，第二台电动机自行启动，运行 5s 后，第一台电动机停止，同时使第三台电动机自行启动，再运行 10s，电动机全部停止。

第3章 可编程控制器的组成和工作原理

PLC 的品牌和种类繁多，但其结构和工作原理却是大同小异的，本章主要介绍以下内容：
● PLC 的基本结构及工作原理；
● PLC 的编程语言和程序结构；
● S7-300 PLC 的硬件组成及硬件组态；
● S7-300 的编程软件 STEP 7。

本章的重点是掌握 PLC 的硬件组成及其作用，掌握 S7-300 PLC 的工作原理以便于阅读程序、编辑程序，重点掌握 S7-300 PLC 系统的硬件组态方法、系统分配地址原则及方法。

3.1 可编程控制器的基本结构

可编程控制器（PLC）是微机技术和继电常规控制技术相结合的产物。从广义上讲，PLC 是一种计算机系统，只不过它比一般计算机具有更强的与工业过程相连接的输入/输出接口，具有更直接的适应控制要求的编程语言，具有更适应于工业环境的抗干扰性能。因此，PLC 是一种工业控制用的专用计算机，它的实际组成与一般微型计算机系统基本相同，也是由硬件系统和软件系统两大部分组成的。

3.1.1 可编程控制器的硬件系统

整体式 PLC 的基本结构如图 3-1 所示。整体式 PLC 是将中央处理器（CPU）、存储器、输入接口、输出接口、I/O 扩展接口、通信接口和电源等组装在一个机箱内构成主机。用户通过按钮等开关设备或各种传感器就能够将开关量或模拟量由输入接口输入主机存储器的输入映像寄存区；而后经过运算或处理得到的开关量或模拟量的控制信号经由输出接口输出到用户的被控设备；配合编程器就组成了最小的 PLC 控制系统。当本机的 I/O 点数不够时，可以连接扩展 I/O 接口，但能够扩展的模块的数量是很有限的。

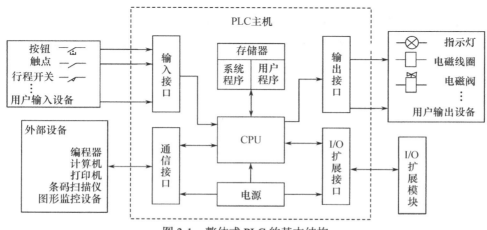

图 3-1 整体式 PLC 的基本结构

模块式 PLC 的基本结构如图 3-2 所示。模块式的 PLC 是将整体式 PLC 主机内的各个部分制成单独的模块，如 CPU 模块、输入模块、输出模块、通信模块、各种智能模块及电源模块等。这些模块通过总线连接，安装在基架或导轨上。由此可见，模块式 PLC 比整体式 PLC 配置更加灵活，输入和输出的点数能够自由选择。

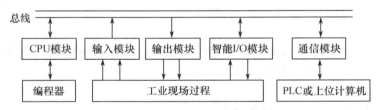

图 3-2 模块式 PLC 的结构示意图

总之，整体式 PLC 和模块式 PLC 虽然基本结构有所不同，但其基本组成部分是相同的，下面就分别简单介绍 PLC 的各个组成部分。

1. 中央处理单元 CPU

CPU 是 PLC 的核心部分，是整个 PLC 系统的中枢，其功能是：读入现场状态、控制信息存储、解读和执行用户程序、输出运算结果、执行系统自诊断程序以及与计算机等外部设备通信。

中央处理单元（CPU）由大规模或超大规模集成电路微处理器构成，PLC 常用的微处理器主要有通用微处理器、单片机或双极型位片式微处理器。一般在低档 PLC 中普遍采用如 Z80 这样的通用微处理器作为 CPU。通用微处理器按其处理数据的位数可分为 4 位、8 位、16 位和 32 位等。PLC 大多用 8 位和 16 位微处理器。目前 PLC 更广泛使用的是单片机作为 CPU（如 MCS-48 系列单片机）。单片机是将 CPU、部分 ROM 和 RAM、I/O 接口、时钟电路、A/D 和 D/A 电路以及连接它们的控制接口电路等集成在一块芯片上的处理器，具有高集成度、高可靠性、高功能、高速度、低成本等优点，同时增强了 PLC 逻辑处理能力和通信能力，便于实现机电一体化。

2. 存储器

存储器是 PLC 存放系统程序、用户程序和运行数据的单元。它包括只读存储器 ROM、随机存取存储器 RAM、可编程只读存储器 PROM、可擦写只读存储器 EPROM、电可擦写只读存储器 EEPROM。只读存储器 ROM 在使用过程中只能读取不能存储，而随机存取存储器 RAM 在使用过程中能随时读取和存储。

PLC 中的存储器根据用途不同分为系统程序存储器、用户程序存储器和工作数据存储器。系统程序存储器用于存放系统程序，为只读存储器，用户不能更改其中的内容；用户程序存储器用于存放用户程序，是用户根据自己的控制要求而编写的应用程序。一般用户程序存放在带有后备电池掉电保护的 RAM 和 EEPROM 中；工作数据存储器是用来存放工作数据的存储器区域，工作数据是随着程序的运行和控制过程的进行而随机变化的，因此，这种存储器也是采用 RAM 和 EEPROM 存储器。

3. 输入/输出（信号）模块

PLC 的对外功能主要是通过各类 I/O 接口模块的外接线，实现对工业设备和生产过程的检测与控制。通过各种 I/O 接口模块，PLC 既可检测到所需的过程信息，又可将处理结果传送给外部过程，驱动各种执行机构，实现工业生产过程的控制。这里主要从应用的角度对 PLC 常用的 I/O 接口模块的功能、类型、原理电路及外接线等进行重点介绍，为正确选用各种 I/O 接口模块奠定基础。

（1）数字量输入（DI）模块

它的作用是接收现场输入电器的数字量输入信号、隔离并通过电平转换成 PLC 所需的标准信号，如图 3-3 所示，图中只画出了一路输入电路，M、N 分别为直流和交流输入模块的同一组的各输入信号的公共点。根据电源不同，输入模块有以下几种形式：

● 直流输入模块——外接直流 12V、24V、48V 电源；

● 交流输入模块——外接交流 110V、220V 电源；

● 交、直流输入模块——外接交直流电源，即交、直流电源都能用；

● 无源输入模块（干接触型）——由 PLC 内部提供电源，无须外接电源。

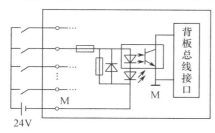
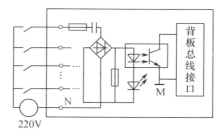

(a) 数字量直流输入模块   (b) 数字量交流输入模块

图 3-3　数字量输入模块电路

（2）数字量输出（DO）模块

通过光电隔离、电平转换并进行功率放大输出（或驱动）去控制现场的执行电器，如图 3-4 所示，图中只画出了一路输出电路，根据输出负载要求，输出模块有以下几种形式：

● 继电器输出（交、直流输出模块）——输出电流大（3～5A），交、直流两用，适应性强，但动作速度慢（10～12ms），工作频率低；

● 晶体管输出（直流输出模块）——外接直流电源，动作速度快（≤2ms），工作频率高，但输出电流小（≤1A）；

● 晶闸管（双向的）或固态继电器输出（交流输出模块）——外接交流电源，输出电流较大，动作速度快，工作频率高。

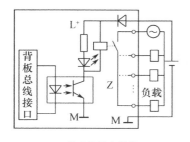
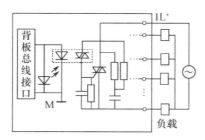
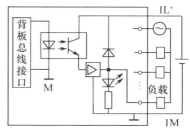

(a) 继电器输出模块   (b) 晶闸管输出模块   (c) 晶体管输出模块

图 3-4　数字量输出模块电路

在选择数字量输出模块时，应注意负载电压的种类和大小、工作频率和负载类型（如电阻、电感性负载、白炽灯等）；除了每一点的输出电流外，还应注意每一组的最大输出电流不要超过允许值，否则，输出模块会烧坏。

（3）模拟量输入模块

PLC 控制系统所控制的信号中有许多是模拟量，如常用的温度、压力、速度、流量、酸碱度、位移的各种工业检测都是对应于电压、电流的模拟量值。模拟量输入电平大多是从传感器通过变换后得到的，模拟量的输入信号为 4～20mA 的电流信号或 1～5V、-10～10V、0～10V 的直流电压信号。模拟量输入模块接收这种模拟信号之后，将其转换为 8 位、10 位、12 位或 16 位等精度的数字量信号并传送给 PLC 进行处理，因此模拟量输入模块又叫 A/D 转换输入模块。其原理框图如图 3-5 所示。

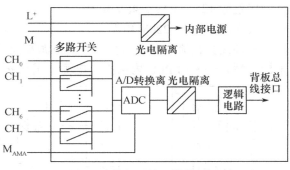

图 3-5　模拟量输入模块框图

（4）模拟量输出模块

模拟量输出模块是将中央处理器的二进制数字信号转换成 4～20mA 的电流输出信号或 0～10V、1～5V 的电压输出信号，提供给执行机构，满足生产现场连续信号的控制要求。模拟量输出单元一般由光耦合器隔离、D/A 转换器和信号转换等部分组成，其原理框图如图 3-6 所示。

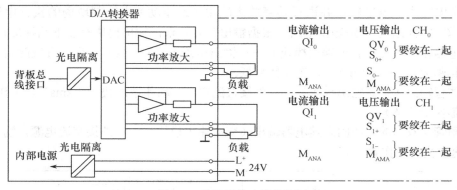

图 3-6　模拟量输出模块框图

模拟量输出模块为负载执行器提供控制电流或控制电压。若使用电压输出，输出模块与负载连接一般采用四线制接线，即用 QV_0、S_{0+}、S_{0-}、M_{ANA} 接线端子，其中接线端子 QV_0 与 S_{0+} 要绞在一起与负载一端相连，接线端子 S_{0-} 与 M_{ANA} 要绞在一起与负载另一端相连。S_{0+} 和 S_{0-} 叫输出检测端子，QV_0 和 M_{ANA} 端子与负载连接是为了实时检测负载电压并进行修正，以实现高精度输出。若使用电流输出，输出模块与负载的连接只能采用两线制接线，即使用 QI_0 和 M_{ANA} 接线端子。

4. 电源

PLC 的外部工作电源一般为单相 85～260V 50/60Hz 交流电源，也有采用 24～26V 直流电源的。使用单相交流电源的 PLC，往往还能同时提供 24V 直流电源，供直流输入使用。PLC 对其外部工作电源的稳定度要求不高，一般可允许±15%左右。

对于在 PLC 的输出端子上接的负载所需工作电源，必须由用户提供。

PLC 的内部电源系统一般有三类：一类是供 PLC 中的 TTL 芯片和集成运算放大器使用的基本电源（+5V 和±15V 直流电源）；第二类电源是供输出接口使用的高压大电流的功率电源；第三类电源是锂电池及其充电电源。考虑到系统的可靠性及光电隔离器的使用，不同类电源具有不同的地线。此外，根据 PLC 的规模及所允许扩展的接口模板数，各种 PLC 的电源种类和容量往往是不同的。

5. I/O 扩展接口

I/O 扩展接口是 PLC 主机为了弥补原系统中 I/O 口有限而设置的，用于扩展输入、输出点数。当用户的 PLC 控制系统所需的输入、输出点数超过主机的输入、输出点数时，就要通过 I/O 扩展接口将主机与 I/O 扩展单元连接起来。I/O 扩展接口有并行接口、串行接口等多种形式。

6. 外部设备

（1）编程器

它是编制、调试 PLC 用户程序的外部设备，是人机交互的窗口。通过编程器，可以把新的用户程序输入 PLC 的 RAM 中，或者对 RAM 中已有程序进行编辑。通过编程器还可以对 PLC 的工作状态进行监视和跟踪，这对调试和试运行用户程序是非常有用的。编程器分为简易型和智能型两类。简易型的编程器只能联机编程，且往往需要将梯形图转化为机器语言助记符（指令表）后才能输入。一般由简易键盘和发光二极管或其他显示器件组成。智能型的编程器又称图形编程器，它可以联机编程，也可以脱机编程，具有 LCD 或 CRT 图形显示功能，可以直接输入梯形图和通过屏幕进行人机对话。

除了上述专用的编程器外，还可以利用微机配上 PLC 生产厂家提供的相应的软件包来作为编程器，这种编程方式已成为 PLC 发展的趋势。现在，大部分 PLC 不再提供编程器，而只提供微机编程软件，并且配有相应的通信连接电缆。

（2）上位机组态画面

大中型 PLC 通常配接上位机组态画面，通过组态过程在彩色图形显示器上显示模拟生产过程的流程图、实时过程参数、趋势参数及报警参数等过程信息，使得现场控制情况在显示屏上一目了然。

（3）打印机

PLC 也可以配接打印机等外部设备，用以打印记录过程参数、系统参数以及报警事故记录表等。

PLC 还可以配置其他外部设备，例如，配置存储器卡、盒式磁带机或磁盘驱动器，用于存储用户的应用程序和数据；配置 EPROM 写入器，用于将程序写入 EPROM 中。

3.1.2 可编程序控制器的软件系统

可编程控制器是微型计算机技术在工业控制领域的重要应用，而计算机是离不开软件的，可编程控制器的软件可分为系统软件和应用软件。

1. 系统软件

所谓可编程控制器的系统软件就是 PLC 的系统监控程序，也有人称之为可编程控制器的操作系统。它是每台可编程控制器都必须包括的部分，一般来说，系统软件对用户是不透明的。

系统程序由 PLC 的制造企业编制，固化在 PROM 或 EPROM 中，安装在 PLC 上，随产品提供给用户。系统程序包括系统管理程序、用户指令解释程序和系统调用的标准程序模块及系统调用程序等。

系统管理程序主要负责程序运行中各环节的时间分配、用户程序存储空间的分配管理、系统自检等；用户指令解释程序可将用户用各种编程语言（梯形图、语句表等）编制的一条条应用程序翻译成 CPU 能执行的一串串机器语言；系统调用的标准程序模块由许多独立的程序块组成，各自完成包括输入、输出、特殊运算等不同的功能，PLC 的各种具体工作都由这部分来完成。

整个系统监控程序是一个整体，其质量的好坏，很大程度上决定了可编程控制器的性能。

如果能够改进系统的监控程序，就可以在不增加任何硬件设备的条件下，大大改善可编程控制器的性能。

2. 应用软件

可编程控制器的应用软件是指用户根据自己的控制要求编写的用户程序。由于可编程控制器的应用场合是工业现场，主要用户是电气技术人员，所以其编程语言与通用的计算机相比，具有明显的特点，它既不同于高级语言，又不同于汇编语言，它既要满足易于编写和易于调试的要求，还要考虑现场电气技术人员的接受水平和应用习惯。因此，可编程控制器通常使用梯形图语言，又叫继电器语言，更有人称之为电工语言。另外，为满足各种不同形式的编程需要，根据不同的编程器和支持软件，还可以采用指令语句表、逻辑功能图、顺序功能图、流程图及高级语言进行编程。

用户程序由主程序、子程序和中断程序三个基本元素组成。其中，主程序是程序的主体部分，由许多指令组成，主程序中的指令按顺序在 CPU 的每个扫描周期执行一次。子程序是程序的可选部分，只有当主程序调用它们时才被执行。中断程序也是程序的可选部分，只有当编辑中断且对应中断事件发生时才能被执行。

3.2 可编程控制器的工作原理

可编程控制器是一种专用的工业控制计算机，因此，其工作原理是建立在计算机控制系统工作原理的基础上。但为了可靠地应用在工业环境下，便于现场电气技术人员的使用和维护，它有着大量的接口器件、特定的监控软件、专用的编程器件。所以，不但其外观不像计算机，它的操作使用方法、编程语言及工作过程与计算机控制系统也是有区别的。

3.2.1 可编程控制器的等效工作电路

PLC 控制系统的等效工作电路可分为三部分，即输入部分、内部控制电路和输出部分。输入部分就是采集输入信号，输出部分就是系统的执行部件。这两部分与继电器控制电路相同。内部控制电路是通过编程方法实现的控制逻辑，用软件编程代替继电器电路的功能。其等效工作电路如图 3-7 所示。

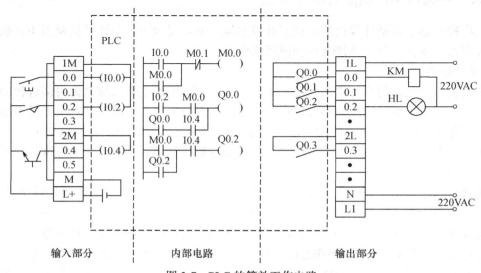

图 3-7 PLC 的等效工作电路

1. 输入部分

输入部分由外部输入电路、PLC 输入接线端子和输入继电器组成。外部输入信号经 PLC 输入接线端子去驱动输入继电器的线圈。当外部的输入元件处于接通状态时，对应的输入继电器逻辑为 1，对应的输入继电器线圈"得电"（注意：这个输入继电器是 PLC 内部的"软继电器"，就是存储器基本单元中的某一位，它可以提供任意多个常开接点或常闭接点供 PLC 内部控制电路编程使用）。输入回路所使用的电源，可以用 PLC 内部提供的 24V 直流电源（其带负载能力有限），也可由 PLC 外部的独立的交流或直流电源供电。

需要强调的是，输入继电器的线圈只能由来自现场的输入元件（如控制按钮、行程开关的触点、各种检测及保护器件的触点或动作信号等）来驱动，而不能用编程的方式去控制。因此，在梯形图程序中，只能使用输入继电器的触点，不能使用输入继电器的线圈。

2. 内部控制电路

所谓内部控制电路是由用户程序来代替硬继电器的控制逻辑。它的作用是按照用户程序规定的逻辑关系，对输入信号和输出信号的状态进行检测、判断、运算和处理，然后得到相应的输出。

一般用户程序是用梯形图语言编制的，它看起来很像继电器控制线路图。在继电器控制线路中，继电器的接点可瞬时动作，也可延时动作，而 PLC 梯形图中的接点是瞬时动作的。如果需要延时，可由 PLC 提供的定时器来完成。延时时间可根据需要在编程时设定，其定时精度及范围远远高于时间继电器。在 PLC 中还提供了计数器、辅助继电器（相当于继电器控制线路中的中间继电器）及某些特殊功能的继电器。PLC 的这些器件所提供的逻辑控制功能，可在编程时根据需要选用，且只能在 PLC 的内部控制电路中使用。

3. 输出部分

输出部分是由在 PLC 内部且与内部控制电路隔离的输出继电器常开接点、输出接线端子和外部驱动电路组成，用来驱动外部负载。

PLC 的内部控制电路中有许多输出继电器，每个输出继电器除了有为内部控制电路提供编程用的任意多个常开、常闭接点外，还为外部输出电路提供了一个实际的常开接点与输出接线端子相连。

驱动外部负载电路的电源必须由外部电源提供，电源种类及规格可根据负载要求去配备，只要在 PLC 允许的电压范围内工作即可。

综上所述，可对 PLC 的等效电路做进一步简化。即将输入等效为一个继电器的线圈，将输出等效为继电器的一个常开接点。

3.2.2 可编程控制器的工作过程

虽然可编程控制器的基本组成及工作原理与一般微型计算机相同，但它的工作过程与微型计算机有很大差异（这主要是由操作系统和系统软件的差异造成的）。

小型 PLC 的工作过程有两个显著特点：一个是周期性扫描，一个是集中批处理。

周期性扫描是可编程控制器特有的工作方式，PLC 在运行过程中，总是处在不断循环的顺序扫描过程中。每次扫描所用的时间称为扫描时间，又称为扫描周期或工作周期。

由于可编程控制器的 I/O 点数较多，采用集中批处理的方法，可以简化操作过程，便于控制，提高系统可靠性。因此可编程控制器的另一个主要特点就是对输入采样、执行用户程序、输出刷新实施集中批处理。这同样是为了提高系统的可靠性。

当 PLC 启动后，先进行初始化操作，包括对工作内存的初始化、复位所有的定时器、将输入/输出继电器清零，检查 I/O 单元连接是否完好，如有异常则发出报警信号。初始化之后，PLC 就进入周期性扫描过程中。

小型 PLC 的工作过程流程如图 3-8 所示。

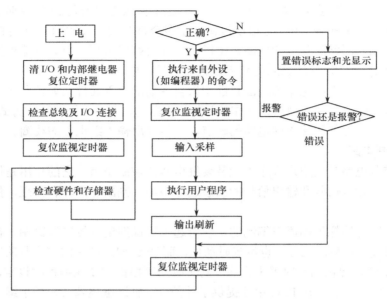

图 3-8 小型 PLC 的工作过程流程图

根据图 3-8，可将 PLC 的工作过程（周期性扫描过程）分为 4 个扫描阶段。

1. 公共处理扫描阶段

公共处理包括 PLC 自检、执行来自外设命令、对警戒时钟又称监视定时器或看门狗定时器 WDT（WatchDog Timer）清零等。

PLC 自检就是 CPU 检测 PLC 各器件的状态，如出现异常再进行诊断，并给出故障信号，或自行进行相应处理，这将有助于及时发现或提前预报系统的故障，提高系统的可靠性。

在 CPU 对 PLC 自检结束后，就检查是否有外设请求，如是否需要进入编程状态、是否需要通信服务、是否需要启动磁带机或打印机等。

采用 WDT 技术也是提高系统可靠性的一个有效措施，它是在 PLC 内部设置一个监视定时器。这是一个硬件时钟，是为了监视 PLC 的每次扫描时间而设置的，对它预先设定好规定时间，每个扫描周期都要监视扫描时间是否超过规定值。如果程序运行正常，则在每次扫描周期的公共处理阶段对 WDT 进行清零（复位），避免由于 PLC 在执行程序的过程中进入死循环，或者由于 PLC 执行非预定的程序而造成系统故障，从而导致系统瘫痪。如果程序运行失常进入死循环，则 WDT 得不到按时清零而造成超时溢出，从而给出报警信号或停止 PLC 工作。

2. 输入采样扫描阶段

这是第一个集中批处理过程。在这个阶段中，PLC 按顺序逐个采集所有输入端子上的信号，不论输入端子上是否接线，CPU 顺序读取全部输入端，将所有采集到的一批输入信号写到输入映像寄存器中。在当前的扫描周期内，用户程序依据的输入信号的状态（ON 或 OFF）均从输入映像寄存器中去取，而不管此时外部输入信号的状态是否变化。即使此时外部输入信号的状态发生了变化，也只能在下一个扫描周期的输入采样扫描阶段去读取。对于这种采集输入信号的批处理，虽然严格上说每个信号被采集的时间有先有后，但由于 PLC 的扫描周期很短，这个差异对一般工程应用可忽略，所以可认为这些采集到的输入信息是同时的。

3．执行用户程序扫描阶段

这是第二个集中批处理过程。在执行用户程序阶段，CPU 对用户程序按顺序进行扫描。如果程序用梯形图表示，则总是按先上后下、从左至右的顺序进行扫描。每扫描到一条指令，所需要的输入信息的状态均从输入映像寄存器中去读取，而不是直接使用现场的立即输入信号。对其他信息，则是从 PLC 的元件映像寄存器中读取。在执行用户程序中，每一次运算的中间结果都立即写入元件映像寄存器中，这样该状态马上就可以被后面将要扫描到的指令所利用。对输出继电器的扫描结果，也不是马上去驱动外部负载，而是将其结果写入输出映像寄存器中，待输出刷新阶段集中进行批处理，所以执行用户程序阶段也是集中批处理过程。

在这个阶段，除了输入映像寄存器外，各个元件映像寄存器的内容是随着程序的执行而不断更新的。

4．输出刷新扫描阶段

这是第三个集中批处理过程。当 CPU 对全部用户程序扫描结束后，将元件映像寄存器中各输出继电器的状态同时送到输出锁存器中，再由输出锁存器经输出端子去驱动各输出继电器所带的负载。

在输出刷新阶段结束后，CPU 进入下一个扫描周期。

上述的三个批处理过程如图 3-9 所示。

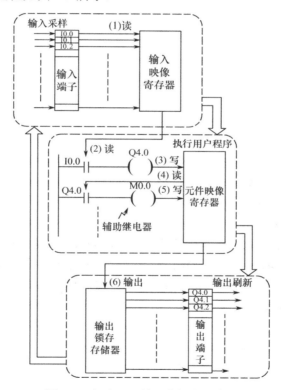

图 3-9　小型 PLC 的三个批处理过程

顺序扫描的工作方式简单直观，简化了程序设计，并为 PLC 的可靠运行提供了保证。因为程序的顺序执行将触发看门狗定时器，以监视每一次扫描是否超过了规定的时间，从而避免了由于 CPU 内部故障使程序执行进入死循环所造成的影响。

3.2.3　PLC 对输入/输出的处理规则

通过对 PLC 的用户程序执行过程的分析,可总结出 PLC 对输入/输出的处理规则,如图 3-10 所示。

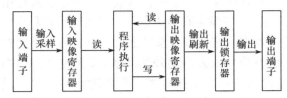

图 3-10　PLC 对输入/输出的处理规则

① 输入映像寄存器中的数据,是在输入采样阶段扫描到的输入信号的状态集中写进去的,在本扫描周期中,它不随外部输入信号的变化而变化。

② 输出映像寄存器(它包含在元件映像寄存器中)的状态,是由用户程序中输出指令的执行结果来决定的。

③ 输出锁存器中的数据是在输出刷新阶段,从输出映像寄存器中集中写进去的。

④ 输出端子的输出状态,是由输出锁存器中的数据确定的。

⑤ 执行用户程序时所需的输入、输出状态,是从输入映像寄存器和输出映像寄存器中读出的。

3.2.4　PLC 的扫描周期及滞后响应

PLC 的扫描周期与 PLC 的时钟频率、用户程序的长短及系统配置有关。一般 PLC 的扫描时间为几十毫秒,在输入采样和输出刷新阶段只需 1～2ms。进行公共处理也是在瞬间完成的,所以扫描时间的长短主要由用户程序来决定。

从 PLC 的输入端有一个输入信号发生变化到 PLC 的输出端对该输入变化作出反应,需要一段时间,这段时间称为响应时间或滞后时间。这种输出对输入在时间上的滞后现象,严格地说,影响了控制的实时性,但对于一般的工业控制,这种滞后是完全允许的。如果需要快速响应,可选用快速响应模板、高速计数模板及采用中断处理功能来缩短滞后时间。

响应时间的快慢与以下因素有关。

1．输入滤波器的时间常数(输入延迟)

因为 PLC 的输入滤波器是一个积分环节,因此,输入滤波器的输出电压(即 CPU 模板的输入信号)相对现场实际输入元件的变化信号有一个时间延迟,这就导致了实际输入信号在进入输入映像寄存器前就有一个滞后时间。另外,如果输入导线很长,由于分布参数的影响,也会产生一个"隐形"滤波器的效果。在对实时性要求很高的情况下,可考虑采用快速响应输入模板。

2．输出继电器的机械滞后(输出延迟)

因为 PLC 的数字量输出经常采用继电器触点的形式输出,由于继电器固有的动作时间,导致继电器的实际动作相对线圈的输入电压有滞后效应。如果采用双向可控硅(双向晶闸管)或晶体管的输出方式,则可减少滞后时间。

3．PLC 的循环扫描工作方式

这是由 PLC 的工作方式决定的,要想减少程序扫描时间,必须优化程序结构,在可能的情况下,应采用跳转指令。

4．PLC 对输入采样、输出刷新的集中批处理方式

这也是由 PLC 的工作方式决定的。为加快响应,目前有的 PLC 的工作方式采取直接控制方式，这种工作方式的特点是：遇到输入便立即读取进行处理，遇到输出则把结果予以输出。还有的 PLC 采取混合工作方式，这种工作方式的特点是：它只是在输入采样阶段进行集中读取（批处理），而在执行程序时，遇到输出时便直接输出。这种方式由于对输入采用的是集中读取，所以在一个扫描周期内，同一个输入即使在程序中有多处出现，也不会像直接控制方式那样，可能出现不同的值；又由于这种方式的程序执行与输出采用直接控制方式，所以又具有直接控制方式输出响应快的优点。

为便于比较，将以上几种输入/输出控制方式用图 3-11 表示。

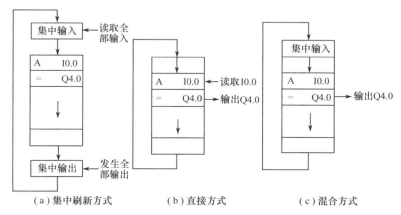

图 3-11 输入/输出控制方式

5．用户程序中语句顺序安排不当

用户程序中语句顺序安排不当导致响应滞后如图 3-12 所示。

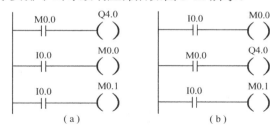

图 3-12 语句顺序安排不当导致响应滞后的示例

在图 3-12（a）中，假定在当前的扫描周期内，I0.0 的闭合信号已经在输入采样阶段送到了输入映像寄存器，在程序执行时，M0.0 为"1"，M0.1 也为"1"，而 Q4.0 则要等到下一个扫描周期才变为"1"。相对于 I0.0 的闭合信号，滞后了一个扫描周期。如果 I0.0 的闭合信号是在当前扫描周期的输入采样阶段后发出的，则 M0.0、M0.1 都要等到下一个扫描周期才变为"1"，而 Q4.0 还要等一个扫描周期后才能变为"1"，相比 I0.0 的闭合信号，滞后了两个扫描周期。

在图 3-12（b）中，只是把图 3-12（a）中的第一行与第二行交换位置，就可使 M0.0、M0.1、Q4.0 在同一个扫描周期内同时为"1"。

由于 PLC 是循环扫描工作方式，因此响应时间与收到输入信号的时刻有关。下面对采用三个批处理工作方式的 PLC，分析一下最短响应时间和最长响应时间。

最短响应时间：在一个扫描周期刚结束时就收到了有关输入信号的变化状态，则下一扫描周期一开始这个变化信号就可以被采样到，使输入更新，这时响应时间最短。如图 3-13 所示。

由图 3-13 可见，最短响应时间为：

$$最短响应时间＝输入延迟时间＋一个扫描周期＋输出延迟时间$$

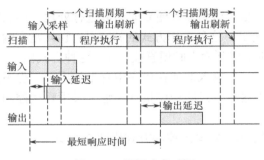

图 3-13　最短响应时间

最长响应时间：如果在一个扫描周期刚开始收到一个输入信号的变化状态，由于存在输入延迟，则在当前扫描周期内这个输入信号对输出不会起作用，要到下一个扫描周期快结束时的输出刷新阶段，输出才会作出反应，这个响应时间最长。如果用户程序中的指令语句安排得不合理，则响应时间还要增大。

3.3　可编程控制器的编程语言和程序结构

由于可编程控制器的应用场合是工业现场，主要用户是电气技术人员，所以其编程语言，既要易于编写和易于调试，还要考虑现场电气技术人员的接受水平和应用习惯。

3.3.1　可编程控制器的编程语言

可编程控制器通常使用梯形图语言，又叫继电器语言，更有人称之为电工语言。另外，为满足各种不同形式的编程需要，根据不同的编程器和支持软件，还可以采用指令语句表、逻辑功能图、顺序功能图、流程图以及高级语言进行编程。

1. 梯形图（LAD）

梯形图（LAD）是一种图形化的编程语言，是由传统的继电器-接触器控制线路原理图的基础上演变而来的，是目前使用得最普遍的一种 PLC 编程语言。

PLC 的梯形图与继电器-接触器控制系统的线路图的基本思想是一致的，只是在使用符号和表达方式上有一定区别，而且各个厂家 PLC 的梯形图的符号还存在着差别，但总体来说大同小异。图 3-14 所示为一个能够实现电动机正反转直接切换的控制线路图。其中，图 3-14（a）采用继电器-接触器硬接线方式；图 3-14（b）采用 OMRON C40 PLC 实现控制；图 3-14（c）采用 S7-300 PLC 实现控制。

由图 3-14 可以看出，梯形图与继电器-接触器控制线路形式上很相似，但是梯形图上的触点不是常规意义上的触点，而是 PLC 内部的软继电器的触点。所谓软继电器，实质上是内部存储器的存储一位二进制数码的存储单元，当存储值为 1 时，表示线圈"通电"，否则"断电"。而软继电器的触点的数量是无限的，每使用一次触点就相当于读取一次存储单元的状态。这些软继电器常常被称之为编程元件。

梯形图语言简单明了，易于理解，且与继电器线路非常相似，尤其对有一定继电器控制基础的工程技术人员是所有编程语言的首选。

2. 指令表（STL）

指令表（STL）编程语言类似于计算机中的助记符语言，它是可编程控制器最基础的编程语言。有些小型 PLC 只能通过指令表来输入程序并监控程序的运行。各厂家的指令表语言也不相同，如图 3-15 所示，OMRON 与 S7-300 的梯形图和语句表在形式和结构上都具有不同之处，但大同小异。

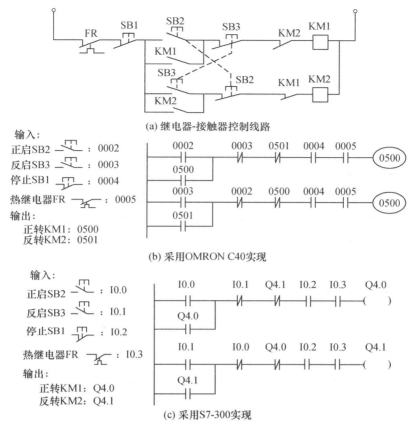

图 3-14　能够实现电动机正反转直接切换的控制线路图

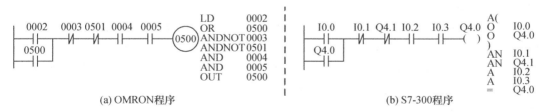

图 3-15　不同机型的语句表对照

3. 功能块图（FBD）

功能块图编程语言是使用类似于数字电路中的逻辑门电路的 PLC 图形编程语言。它没有梯形图中的触点和线圈，但有与之等价的指令，由各种方框图表达运算功能。FBD 编程语言有利于程序流的跟踪，但在目前使用较少。图 3-16 为 S7-200 PLC 通电延时控制的三种编程语言对照实例。

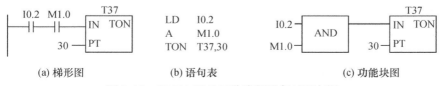

图 3-16　S7-200 PLC 三种编程语言对照实例

4．顺序功能图（SFC）

顺序功能图编程方式采用画工艺流程图的方法编程，只要在每一个工艺方框的输入和输出端标上特定的符号即可。对于在工厂中做工艺设计的人来说，用这种方法编程不需要很多的电气知识，非常方便。

不少 PLC 的新产品拥有顺序功能图编程方式，有的公司已生产出系列的、可供不同的 PLC 使用的 SFC 编程器，原来十几页的梯形图程序，SFC 只用一页就可完成。这种编程语言最适合从事工艺设计的工程技术人员，是一种效果显著、深受欢迎的编程语言。

5．高级语言

在一些大型 PLC 中，为了完成一些较为复杂的控制，采用功能很强的微处理器和大容量存储器，将逻辑控制、模拟控制、数值计算与通信功能结合在一起，配备 BASIC、PASCAL、C 等计算机语言，从而可像使用通用计算机那样进行结构化编程，使 PLC 具有更强的功能。

目前，各种类型的 PLC 基本上都同时具备两种以上的编程语言。其中，以同时使用梯形图和指令语句表的占大多数。不同厂家、不同型号的 PLC，其梯形图及指令语句表都有些差异，使用符号也不尽相同，配置的功能各有千秋。因此，各个厂家不同系列、不同型号的可编程控制器是互不兼容的，但编程的思想方法和原理是一致的。

3.3.2　可编程控制器的程序结构

以 S7-300 的编程软件 STEP 7 编写的 PLC 控制程序，可以选择 3 种编程结构：线性编程、分部式编程和结构化编程。

1．线性编程

线性编程就是将用户程序连续放置在一个指令块内，通常为 OB1，程序按线性的或者按顺序执行每条指令。这种结构最初是 PLC 模拟继电器电路的逻辑模型，具有简单、直接的结构。由于所有的指令都放置在一个指令块内，所以只有一个程序文件，其软件的管理功能非常简单。这种编程方法适用于由一个人来编写小型控制程序。

2．分部式编程

分部式编程是将一项控制任务分解成若干个独立的子任务，如一套设备的控制或者一系列相似工作，每个子任务由一个功能块 FB 或 FC 完成，而这些功能的运行是靠组织块 OB1 内的指令来调用的。在进行分部式程序设计时，既无数据交换，也无重复利用的代码。所以这种编程方法允许多个设计人员同时编程，而不必考虑因设计同一内容可能出现的冲突。

3．结构化编程

结构化编程是指对系统中控制过程和控制要求相近或类似的功能进行分类，编写通用的指令模块，通过向这些指令模块以参数形式提供有关信息，使得结构化程序可以重复利用这些通用的指令模块。采用结构化编程，可以优化程序结构，减少指令存储空间，缩短程序执行时间。

结构化编程使程序结构层次清晰，部分程序通用化、标准化，程序修改简单，调试方便。

为支持结构化程序设计，STEP 7 用户程序通常由组织块（OB）、带背景数据的功能块（FB）、功能块（FC）等三种类型的逻辑块和数据块（DB）组成。S7 CPU 还提供标准系统功能块（SFB、SFC），集成在 S7 CPU 功能程序库中。用户可以直接调用，直接高效地应用到用户程序中。

组织块（OB）是系统操作程序与用户应用程序在各种条件下的接口界面，用于控制程序的运行。其中，OB1 是主程序循环块，在任何情况下，它都是需要的。根据过程控制的复杂程度，可将所有程序放入 OB1 中进行线性编程，或将程序用不同的逻辑块加以结构化，通过 OB1 调用这些逻辑块（FB、FC），并允许块间的相互调用。其他 OB 块为不同事件触发的中断组织块（如时间中断、报警中断等），STEP 7 典型的程序结构如图 3-17 所示。

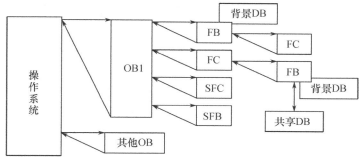

图 3-17　STEP 7 的典型程序结构

（1）组织块（OB）

组织块是操作系统与用户程序的接口，用于控制用户程序的运行。其中，组织块 OB1 为循环运行组织块，相当于 C 语言的主函数 main()，来调用并控制程序的循环，其他 OB 块负责管理各种中断程序的执行、PLC 的启动方式及对诊断错误的响应方式。

有关组织块的内容将在本书第 5 章中介绍。

（2）带背景数据的功能块（FB）

FB 实际上就是通常意义的用户子程序。每个功能块 FB 由两部分组成：

● 变量声明表，用于说明当前功能块中的局部数据；

● 逻辑指令组成的程序（在程序中要用到变量声明表中的局部变量，尽量不用物理变量编程），用于完成指定的控制任务。

功能块 FB 有一个数据结构与功能块的参数完全相同的数据块 DB，附属于该功能块，并随功能块的调用而打开，随该功能块的结束而关闭，这个附属的数据块被称为背景数据块。存放在背景数据块中的数据在功能块 FB 结束时继续保持。

（3）功能块（FC）

功能块 FC 的作用与功能块 FB 非常相似，都是用户子程序，但功能块 FC 不需要背景数据块，完成操作后数据不能保持，因此，在调用功能块 FC 后必须立即处理所有的初始值。

（4）数据块（DB）

数据块用于存储用户程序所需的数据或变量，是各个逻辑块之间进行交换、传递和共享数据的重要途径。在数据块中只有变量声明部分，没有程序段。

数据块定义在 S7-300 CPU 存储器中，用户可在存储区建立一个或多个数据块，每个数据块的大小无限制，但 CPU 对数据块及数据总量有限制。

数据块必须遵循先定义、后使用的原则，否则将造成系统错误。

（5）系统功能块（SFB）

系统功能块 SFB 是集成到 CPU 操作系统中的功能块，如 SEND、RECEIVE 和控制器等。SFB 的各种变量也存储在背景数据块（IDB）中。是由生产厂家编写好并已固化在 CPU 中的各种功能子程序。

（6）系统功能（SFC）

系统功能 SFC 是集成到 CPU 操作系统中的功能块，如时间功能、块传送器等。SFC 不需要背景数据块。也是由生产厂家编写好并已固化在 CPU 中的各种功能子程序。

（7）系统数据块（SDB）

系统数据块 SDB 用于存储 CPU 操作系统的数据，包含系统的设定值，如硬件模板参数等。

3.4　SIMATIC S7-300 PLC 的硬件组成及硬件组态

西门子公司的 PLC 产品有 SIMATIC S7、M7、C7 等几大系列，S7 系列是传统意义的 PLC 产品。其中，SIMATIC S7-200 系列是针对低性能要求的小型 PLC，最小配置为 8DI/6DO，可扩展 2～7 个模板，最大 I/O 点数为 64 DI/DO、12 AI/4 AO，编程软件为 STEP 7-Micro/WIN32；SIMATIC S7-300/400PLC 的前身是西门子公司的 S5 系列 PLC，其编程软件为 STEP 7。S7-200 和 S7-300/400PLC 虽然有许多共同之处，但是在指令系统、程序结构和编程软件等方面均有相当大的差异。

S7-300PLC（以下简称 S7-300）是一种通用型的中小型 PLC，最多可以扩展 32 个模块；S7-400 系列适用于中、高级性能要求的大型 PLC，可以扩展 300 多个模块。S7-300/400PLC 可以接入 MPI（多点接口）、工业以太网、现场总线 AS-I 和 Profibus 等通信网络。

西门子公司的大、中型 PLC 在我国自动化领域中占有重要的地位，因此，本书重点学习 S7-300 机型。

3.4.1　S7-300 系列 PLC 系统硬件组成

SIMATIC S7-300 系列 PLC 采用紧凑的、无槽位限制的模块化结构，各种单独模块之间可进行广泛组合和扩展。其系统构成如图 3-18 所示。它的主要组成部分有导轨（RACK）、电源模板（PS）、中央处理单元模板（CPU）、接口模板（IM）、信号模板（SM）、通信模板（CP）和功能模板（FM）等。它通过 MPI 网的接口直接与编程器 PG、操作员面板 OP 和其他 S7 PLC 相连。

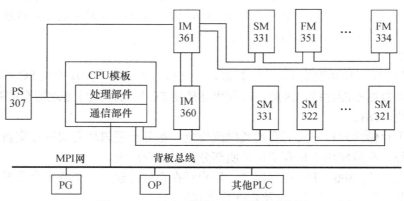

图 3-18　S7-300 系列 PLC 系统构成框图

电源模块总是安装在机架的最左边，CPU 模块紧靠电源模块，如果有接口（IM）模块，可以放在 CPU 模块的右侧。余下的位置可任意安装信号（SM）模块、功能模块和通信模块等，S7-300 用背板总线将除电源模块之外的各个模块连接起来。背板总线集成在各个模块上。各个模块都通过 U 形总线连接器相连，每个模块都有一个总线连接器，总线连接器插在模块的背后，如图 3-19 所示。

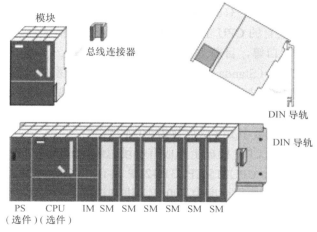

图 3-19 S7-300 PLC 的硬件结构

3.4.2 S7-300 的模块简介

1. 电源模块（PS）

S7-300 有多种电源模板（Power Supply）可供选择，其中，PS305 为户外型电源模板，采用直流供电，输入电压分别为直流 24V、48V、72V、96V、110V，输出为 DC 24V；PS307 为普通型电源模块，采用 AC 120/230V 供电，输出 DC 24V，比较适合大多数应用场合。PS307 可安装在 S7-300 的专用导轨上，除了给 CPU 供电外，也可给 I/O 模板提供负载电源，同时负担 CPU 及其他信号模板的部分电源。它与 CPU 模块、信号模块之间通过电缆连接，而不是通过背板总线连接。根据电源模板输出电流的不同，有三种规格的电源模板可选：2A、5A、10A。它们除了额定电流不同外，其工作原理及接线端子完全相同，如图 3-20 所示。

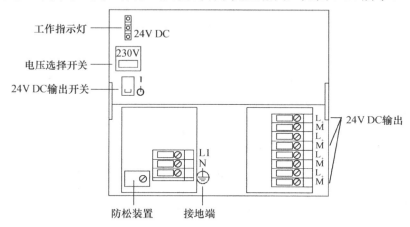

图 3-20　PS307 接线端子

一个实际的 S7-300 PLC 系统，在确定所有的模块后，要选择合适的电源模块。所选定的电源模块的输出功率必须大于 CPU 模块、所有 I/O 模块、各种智能模块等消耗功率之和，并且要留有 30%左右的裕量。当同一电源模块既要为主机单元供电又要为扩展单元供电时，从主机单元到最远一个扩展单元的线路压降必须小于 0.25V。

2. CPU 模板

（1）CPU 模板简介

S7-300 PLC 的 CPU 型号有 CPU312IFM、CPU313、CPU314、CPU314IFM、CPU315、

CPU315-2DP、CPU316-2DP、CPU318-2DP 等 20 多种且不断更新，以满足不同的需要。有的 CPU 上集成有输入/输出点，有的 CPU 上集成有 Profibus-DP 通信接口，有的 CPU 上集成有 PtP（Point to Point，点对点）接口等，目前主要有 4 个系列。

① 标准型。标准型 CPU（Standard CPU）模板为 CPU31x 系列，都没有集成 I/O 点，其中 CPU312 模块不可以连接扩展机架，其余 CPU 均可以连接最多 3 个扩展机架，每个机架的安装模块数均为 8 个，连同主机架的最大安装模块数为 32 个，每个模块的最大数字 I/O 点数为 32 点，因此 CPU31x 系列的最大数字 I/O 总点数为 1024 点。

CPU315-2DP 则表示在该 CPU 模板上集成有现场总线 Profibus-DP 通信接口，可用于包括分布式及集中式 I/O 的任务中。CPU315/CPU315-2DP 具有 48KB/64KB RAM，内置 80KB/96KB 的装载存储器（RAM），指令执行速度为 300ns/二进制指令，最大可扩展 1024/2048 点数字量或 128/256 个模拟量通道。

② 集成型。集成性 CPU 为 CPU31x IFM 系列，目前有两种型号：CPU312IFM 和 CPU314IFM，是在标准型 CPU 上同时集成了部分 I/O 点、高速计数器及某些控制功能。

③ 紧凑型。紧凑型 CPU 为 CPU31xC 系列，是在 CPU31x IFM 系列的基础上推出的功能更强、结构更紧凑的 CPU 模板，它们均配置了 MMC（Micro Memory Card，微存储卡）和 9 针 MPI（Multi Point Interface，多点通信接口），有的还配置了 9 针的 DP（Decentralized Peripherals，分散外围设备）接口，有的则配置了 15 针的 PtP 接口。

④ 故障安全型。故障安全型 CPU 的型号为 CPU31xF 系列，在 S7-300 系列中主要有 CPU315F 和 CPU317F-2DP，在 S7-400 系列中有 CPU416F。它是 SIEMENS 公司最新推出的具有更高可靠性的 CPU 模板，可用于锅炉、索道以及安全型要求极高的特殊控制场合，它可以在系统出现故障时立即进入安全状态或安全模式，以确保人身和设备的安全。

（2）CPU 模板的方式选择和状态指示

S7-300 CPU 前面板如图 3-21 所示。需要说明的是，S7-300 系列有 20 种不同的 CPU，每种 CPU 的前面板是不同的，但也是大同小异。下面以 CPU31xC 为例分别说明如下。

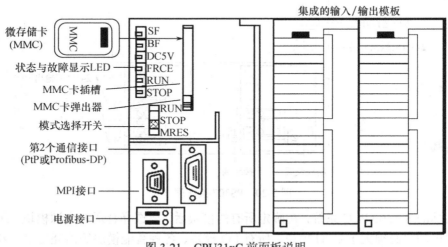

图 3-21　CPU31xC 前面板说明

① 存储器卡。用于在断电时保存用户程序和一些数据，可以扩展 CPU 的存储容量，新型号的 CPU 必须有微存储卡 MMC 才能运行。

② 状态和故障指示灯 LED。CPU 模块上的 LED（发光二极管）的意义见表 3-1。

表 3-1　用于状态和故障显示 LED 的含义

发光二极管 LED	含　义	说　明
SF（红色）	系统错误/故障	下列事件引起灯亮： ● 硬件故障 ● 编程出错 ● 参数设置出错 ● 算术运算出错 ● 定时器出错 ● 存储器卡故障（只在 CPU313 和 CPU314 上） ● 电池故障或电源接通时无后备电池（只用于 CPU313 和 CPU314 上） ● 输入/输出的故障或错误（只对外部 I/O）
BF（BATF，红色，只在 CPU313 和 314 上有）	电池故障	如果电池有下列情况，则灯亮：①电池电压低或失效；②未装入
DC 5V（绿色）	用于 CPU 和 S7-300 的 5V DC 电源	如果内部的 5V 直流电源正常，则灯亮
FRCE（黄色）	强制指示	至少有一个 I/O 被强制时常亮
RUN（绿色）	运行指示	CPU 处于 RUN 运行方式时常亮，重启动时以 2Hz 的频率闪亮，HOLD 状态时以 0.5Hz 的频率闪亮
STOP（黄色）	停机指示	CPU 处于 STOP、HOLD（挂起冻结）状态时常亮；请求存储器复位时以 0.5Hz 的频率闪烁；正在复位时以 2Hz 的频率闪烁
BUSF（红色）	总线故障指示	Profibus-DP 接口硬件或软件故障时常亮

③ 模式选择开关，用来选择 CPU 的运行方式。有的开关是一种钥匙开关，改变运行方式需要插入钥匙，用来防止未经授权的人改变 CPU 的运行方式。模式选择开关各位置的含义如下：

● RUN-P（运行-编程）位置：CPU 不仅执行程序，还可以在线读出和修改程序及改变运行方式；

● RUN（运行）位置：CPU 执行程序，可以读出程序，但不能修改程序；

● STOP（停机）位置：CPU 不执行程序，可以读出和修改程序；

● MRES（清除存储器）位置：可以复位存储器，使 CPU 回到初始状态。此位置不能保持，当松开后，又会回到 STOP 的位置。

④ 通信接口。所有的 CPU 模块都有一个多点接口 MPI，有的 CPU 模块有一个 MPI 和一个 Profibus-DP，有的 CPU 模块有一个 MPI/DP 接口和一个 DP 接口。MPI 用于 CPU 与其他 PLC、PG/PC（编程器/个人计算机）、OP（操作员接口）间的网络通信。

⑤ 电源接线端子。电源模块的 L1、N 端接 AC 220V 电源，电源模块的接地端子和 M 端子一般用短路片短接后接地，机架的导轨也应接地。CPU 输出一个 DC 24V，L+和 M 分别是 DC 24V 的正极和负极，可用作 CPU 开关信号输入或外部元器件的电源。

⑥ CPU 模块上的集成 I/O。某些 CPU 模块上有集成的数字量 I/O，有的还有集成的模拟量 I/O，便于较小系统的构成。

3. 接口模块 IM

接口模板（Interface Module）用于 S7-300 系列 PLC 的中央机架到扩展机架的连接，主要有 3 种规格：IM365、IM360、IM361。

IM365 用于连接中央机架与 1 个扩展机架，由两块模板组成，将 IM365 的发送模板插在中央机架（0 号机架的 3 号槽位）；将 IM365 的接收模板插在扩展机架（1 号机架的 3 号槽位）；通过 1m 长的连接电缆将两块 IM365 固定连接，这种机架扩展只能用于扩展 1 个机架时使用。

当扩展机架超过 1 个时，必须采用 IM360/IM361 接口模板配合使用。将接口模板 IM360 插在中央机架（0 号机架的 3 号槽位），在扩展机架中插入接口模板 IM361（1～3 号机架的 3 号槽位），S7-300 系列的最大配置为 1 个中央机架和 3 个扩展机架，每个机架上最多可安装 8 个信号模板，相邻机架的间隔为 4cm～10m。

4. 信号模板（SM）

S7-300 的信号模板（Signal Module）有：数字量输入/输出模板，模拟量输入/输出模板，位置输入模板，用于连接有爆炸危险场合的输入/输出模板。

（1）数字量输入/输出（DI/DO）模板

S7-300 有多种数字量输入/输出模板。

① 数字量输入（DI）模板 SM321

数字量输入模板将现场过程送来的数字信号电平转换成 S7-300 内部信号电平。数字量输入模板有直流输入方式和交流输入方式。对现场输入元件，仅要求提供开关触点即可。输入信号进入模板后，一般都经过光电隔离和滤波，然后才送至输入缓冲器等待 CPU 采样。采样时，信号经过背板总线进入到输入映像区。

数字量输入模板 SM321 共有 14 种数字量输入模块，常用的 4 种输入模块特性见表 3-2。

表 3-2　常用 SM321 数字量输入模块技术特性

技术特性	直流 16 点输入模块	直流 32 点输入模块	交流 8 点输入模块	交流 32 点输入模块
输入端子数	16	32	8	32
额定负载电压/V	DC24	DC24	—	—
负载电压范围/V	20.4～28.8	20.4～28.8	—	—
额定输入电压/V	DC24	DC24	AC20	AC120
输入电压为 1 的范围	13～30	13～30	79～132	79～132
输入电压为 0 的范围	−3～+5	−3～+5	0～20	0～20
输入电压频率/Hz	—	—	47～63	47～63
隔离（与背板总线）方式	光电耦合	光电耦合	光电耦合	光电耦合
输入电流为 1 的信号	7	7.5	6	21
最大允许静态电流/mA	1.5	1.5	1	4
典型输入延迟/ms	1.2～4.8	1.2～4.8	25	25
背板总线最大消耗电流/mA	25	25	16	29
功率损耗/W	3.5	4	4.1	4.0

② 数字量输出模板 SM322

数字量输出模板 SM322 将 S7-300 内部信号电平转换成现场所要求的外部信号电平，可直接用于驱动电磁阀、接触器、小型电动机、指示灯和电动机启动器等。根据负载回路使用电源的要求，数字量输出模板有：

● 直流输出模板（晶体管输出方式）；

● 交流输出模板（晶闸管输出方式）；

● 交直流两用输出模板（继电器触点输出方式）。

从响应速度上看，晶体管响应最快，继电器响应最慢；从安全隔离效果及应用灵活性角度来看，以继电器触点输出型最佳。SM322 有 7 种输出模块，其技术特性见表 3-3。

表 3-3　SM322 数字量输出模块技术特性

技术特性	8 点 晶体管	16 点 晶体管	32 点 晶体管	16 点 晶闸管	32 点 晶闸管	8 点 继电器	16 点 继电器
输出点数	8	16	32	16	32	8	16
额定电压/V	DC24	DC24V	DC24	AC120	AC120	AC120	AC230
与总线隔离方式	光耦合器						
输出组数	4	8	8	8	8	2	8
最大输出电流/A	0.5	0.5	0.5	0.5	1	2	2
短路保护	电子保护				熔断保护		
最大消耗电流/mA	60	120	200	184	275	40	100
功率损耗/W	6.8	4.9	5	9	25	2.2	4.5

③ 数字量 I/O 模板 SM323

SM323 数字量输入/输出模板是在一块模板上同时具有数字量输入点和数字量输出点，有两种类型：一种是带有 8 个共地输入端和 8 个共地输出端，另一种是带有 16 个共地输入端和 16 个共地输出端，这两种模板的输入/输出特性相同。I/O 额定负载电压 DC24V，输入电压："1"信号电平为 11～30V，"0"信号电平为-3～+5V，通过光耦合器与背板总线隔离。在额定输入电压下，输入延迟为 1.2～4.8ms。输出具有短路保护功能。

（2）模拟量输入/输出（AI/AO）模板

① 模拟量值的表示方法

S7-300 的 CPU 用 16 位的二进制补码表示模拟量值。其中最高位为符号位 S，"0"表示正值，"1"表示负值，被测值的精度可以调整，取决于模拟量模板的性能及其设定参数，对于精度小于 15 位的模拟量值，低位不用。

S7-300 模拟量输入模板可以直接输入电压、电流、电阻、热电偶等信号，而模拟量输出模板可以输出 0～10V，1～5V，-10V～10V，0～20mA，4～20mA，-20～20mA 等模拟信号。

② 模拟量输入（AI）模块 SM331

SM331 模板主要由 A/D 转换器、切换开关、恒流源、补偿电路、光隔离器及逻辑电路组成。它将控制过程中的模拟信号转换为 PLC 内部处理用的数字信号。其主要功能有：

● 分辨率可调，可以从 9～15 位加符号位；

● A/D 转换器采用积分法，4 挡积分时间分别为 2.5、16.7、20 和 100ms；

● 测量范围广，电压和电流传感器、热电偶、电阻和电阻式温度计均可作为传感器与之连接；

● 具有极限值诊断和中断诊断。

在实际应用中，应当用 STEP 7 的组态工具对未使用的模拟量通道进行屏蔽。

SM331 模拟量输入模板目前有 8 种规格，常用模拟量输入模板的主要技术特性见表 3-4。

表 3-4　常用模拟量输入模板的主要技术特性

技术特性	AI 8×16	AI 8×12	AI 8×RTD	AI 8×TC	AI 2×12
通道组数	4	4	4	4	1
输入点数	8	8	8	8	2
分辨率	15 位＋符号	9 位＋符号 12 位＋符号 14 位＋符号	15 位＋符号	15 位＋符号	9 位＋符号 12 位＋符号 14 位＋符号
测量方式	电流 电压	电流、电压 电阻器、温度计	电阻器 温度计	温度计	电流、电压 电阻器、温度计
测量范围选择	任意	任意	任意	任意	任意
可编程诊断	√	√	√	√	√
中断诊断	可调整	可调整	可调整	可调整	可调整
极限值监测	2 通道可调	2 通道可调	8 通道可调	8 通道可调	1 通道可调
隔离方式	光电隔离 CPU	光电隔离 CPU 负载电压	光电隔离 CPU 负载电压	光电隔离 CPU	光电隔离 CPU

SM331 与各种传感器、变送器的连接方式主要有以下几种。

● 与电压型传感器的连接如图 3-22 所示。

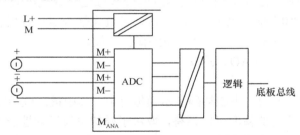

图 3-22　SM331 与电压型传感器的连接图

● 与 2 线变送器的连接如图 3-23 所示。

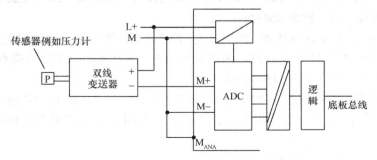

图 3-23　SM331 与 2 线变送器的连接图

● 与 4 线变送器连接的端子接线图如图 3-24 所示。

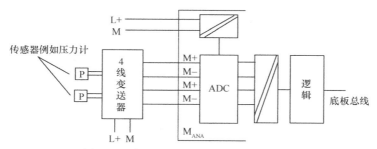

图 3-24　与 4 线变送器连接的端子接线图

● 与热电阻的连接如图 3-25 所示。

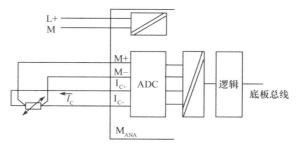

图 3-25　SM331 与热电阻的连接图

● 与热电偶的连接如图 3-26 所示。

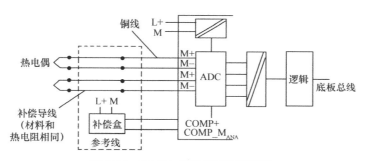

图 3-26　SM331 与热电偶的连接图

③ 模拟量输出（AO）模板 SM332

SM332 用于将 S7-300 的数字信号转换成系统所需的模拟量信号，控制模拟量调节器或执行机构。SM332 目前有 4 种规格：AO 8×12 位、AO 4×12 位、AO 2×12 位和 AO 4×16 位。其主要功能如下所述。

● 分辨率：从 12 位到 15 位。

● 模拟量输出通道的转换时间和模板的循环时间：每个通道的最大转换时间为 0.8～1.5ms，处理时间（电阻测试和断线监控）为 0.1～0.5ms。模板的循环时间为所有激活的 AO 通道的转换时间与处理时间的总和。

● 输出的电流和电压范围可调，用参数化软件可以为每个通道设定独立的调节范围。

● 具有诊断能力，可将大量的诊断信息送到 CPU 中。

● 具有中断能力，当发生错误时，可将诊断信息和极限中断值传送到 CPU 中。

模拟量输出（AO）模板 SM332 的主要技术特性见表 3-5。

表 3-5　模拟量输出模板的主要技术特性

技术特性	AO 8×12	AO 4×12	AO 2×12	AO 4×16
输出点数	8	4	2	4
分辨率	12 位	12 位	12 位	16 位
输出方式及输出范围选择	电压：1～5V，0～10V，±10V 电流：0～20mA，4～20mA，±20 mA			
转换精度	11 位+符号位：在 1～5V，±10V，4～20mA，±20 mA 时 12 位：在 0～20mA，0～10V 时			15 位+符号位
每通道转换时间	最大 0.8ms			最大 1.5ms
与背板总线隔离	光电隔离	光电隔离	光电隔离	光电隔离

SM332 与负载/执行机构的连接：可以输出电压或者电流。在输出电压时，与负载的连接可采用 2 线回路或 4 线回路，4 线回路的输出精度较高，如图 3-27 所示。采用 2 线回路时，S+ 和 S- 可以保持开路。在输出电流时，将负载连接到 QI 及 MANA 即可。

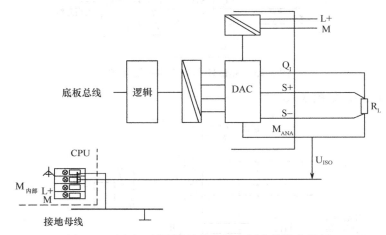

图 3-27　通过 4 线回路连接负载和隔离的输出模板

④ 模拟量输入/输出（AI/AO）模板 SM334

模拟量 I/O 模块有 SM334 和 SM335 两个子系列，SM334 为通用型模拟量 I/O 模块，SM335 为高速模拟量 I/O 模块，并具有一些特殊功能。SM334 和 SM335 模块的主要技术参数见表 3-6。

表 3-6　模拟量 I/O 模板的技术特性

模块型号订货号	输入通道及组数	输出通道及组数	精度	测量方法	输出方式	可编程诊断	诊断中断	测量范围	输出范围
SM334 AI 4/AO2×8/8bit 6ES7 334-0CE01-0AA0	4 输入 1 组	2 输出 1 组	8bit	电压 电流	电压 电流	×	×	0～10V 0～20mA	0～10V 0～20mA
SM334 AI 4/AO2×12bit 6ES7 334-0KE00-0AB0	4 输入 2 组	2 输出 1 组	12bit+ 符号	电压 电阻 温度	电压	×	×	0～10V 10kΩ Pt100	0～10V
SM335 AI 4/AO4× 14bit/12bit 6ES7 335-7HG01-0AB0	4 输入	4 输出	输入 14bit 输出 12bit	具有 1 路脉冲输入和编码器电源					
SM335 AI 4/AO4× 14bit/12bit 6ES7 335-7HG00-0AB0	4 输入	4 输出	输入 14bit 输出 12bit	具有噪声滤波器					

注："×"表示不具有此功能。

5．功能（FM）模板

S7-300 PLC 有大量的功能模板（Function Module），这些功能模板都是智能模板（模板自身带有 CPU），在执行这些功能时，为 PLC 的 CPU 模板分担了大量的任务。功能模板主要有：

- 单通道高速智能计数器模板 FM350-1，8 通道高速智能计数器模板 FM350-2；
- 快速进给/慢速驱动定位模板 FM351，电子凸轮控制器 FM352，步进电机定位模板 FM353，伺服电机定位模板 FM354；
- 闭环控制模板 FM355；
- 定位和连续路径控制模板 FM357。

6．通信处理器（CP）模板

S7-300 系统拥有多种通信模板，可以实现点对点 PtP（Point to Point）、AS-I、Profibus-DP、Profibus-FMS、TCP/IP、工业以太网等通信连接。由于这些模板均带有处理器，因此称为通信处理器（Communications Processor，CP）模板。

CP340 是一种经济型低速串行通信处理器模板，用于建立点对点 PtP 的低速连接，最大传输速率为 19.2kbps，有 3 种通信接口，即 RS-232、RS-422、RS-485，可通过 ASCII、3964（R）通信协议及打印机驱动软件，实现 S7-300 系列 PLC 与其他厂商的控制系统、机器人控制器、条形码阅读器、扫描仪等设备的通信连接。

CP341 可实现点对点 PtP 的高速通信连接，最大传输速率为 76.8kbps。

CP342-2 和 CP343-2 为 AS-I 主站模板，用来实现执行器传感器接口（Actuator Sensor Interface，AS-I），最多可以连接 31 个 AS-I 从站（如支持 B 从站，可连接 62 个从站），具有检测 AS-I 电缆电源电压的功能和许多诊断功能。

CP342-5 用于实现 S7-300 到现场总线 Profibus-DP 的连接，分担 CPU 的通信任务，为用户提供各种 Profibus 总线系统服务，通过现场总线 Profibus-DP 进行远程组态和远程编程。

CP343-1 用于实现 S7-300 到工业以太网总线的连接，它自身具有处理器，在工业互联网上独立处理数据通信并允许进一步连接，以便完成与编程器、个人计算机、人机界面装置和其他 PLC 之间的数据通信。

CP343-1、TCP 使用标准的 TCP/IP 通信协议，实现 S7-300（只限服务器）到工业互联网的连接。

CP343-5 用于实现 S7-300 到 Profibus-DP 现场总线的连接，分担 CPU 的通信任务，为用户提供各种 Profibus 总线系统服务，通过 Profibus-FMS 对系统进行远程组态和远程编程。

7．编程设备 PG/PC

① 便携式图形编程器（PG）

SIEMENS 公司为 S7-300 系列 PLC 生产的便携式图形编程器主要有：

- PG720，80486 DX2/50，16MB，540MB HD。
- PG720C，80486 DX2/100，16MB，540MB HD。
- PG740，80486 DX4/100，8MB，85MB HD。
- Field PG，PⅢ 700，64MB，14.1″ TFT，20GB。

② 个人计算机（PC）

由于 SIEMENS 公司生产的专用编程器非常昂贵，为减少编程器的投资，目前在不需要用编程器进行实时监控的场合，经常采用能够运行 STEP 7 编程软件的个人计算机（台式 PC 或便携式 PC）作为编程器。

为解决编程设备与 PLC 的通信问题，在 PG/PC 机内的 PCI 总线插槽上安装 CP 5611-MPI

卡，或者通过串行通信口连接 PC-Adapter，使得编程设备能够与 PLC 的 Profibus 接口、MPI 接口连接起来。

8．人机操作界面 HMI

① 为机床操作而设计的按钮面板 PP7 和 PP17；

② 用于显示操作信息文本显示器 TDI7；

③ 为机床操作和监控设计的操作面板 OP3、OP7、OP17、OP27、OP37、OP37/Pro；

④ 触摸屏 TP27、TP37，可以对要监控的机器和生产过程进行实时的图形显示；

⑤ 用于过程、机床和工厂的监控及操作的组态软件 SIMATIC WinCC，适用于所有自动化领域。

3.4.3　S7-300 系列 PLC 的编程元件

与其他型号的 PLC 一样，S7-300 PLC 的用户程序存储器被分为若干个区，由于系统赋予的功能不同，构成了各种内部器件，又称为编程元件。S7-300 的主要编程元件如下所述，具体信息见第 4 章表 4-4。

1．输入映像寄存器（输入继电器）I

输入映像寄存器的作用是接收来自现场的控制按钮、行程开关及各种传感器等的输入信号，是接收外部信号的窗口，通过输入映像寄存器，将 PLC 的存储系统与外部输入端子（输入点）建立起明确对应的连接关系，其每 1 位对应 1 个数字量输入模板的输入端子。输入映像寄存器的状态为在每个扫描周期的采样阶段接收到的由现场送来的输入信号的状态（"1"或"0"）。

由于 S7-300 PLC 的存储单元是以字节为单位存储的寄存器，输入映像寄存器一般按"字节.位"的编制方式来读取一个数字量信号，例如 I0.7；也可以按字节（8 位）来读取相邻的一组 8 个输入点的状态，例如 IB2；按字（IW2）或双字（ID2）来读取相邻的 16 个或 32 个输入继电器的状态。实际可使用的输入继电器的数量取决于 CPU 模板的型号及数字量输入模板的配置。

2．输出映像寄存器（输出继电器）Q

输出继电器就是 PLC 存储系统中的输出映像寄存器。通过输出继电器，将 PLC 的存储系统与外部输出端子（输出点）建立起明确对应的连接关系。S7-300 的输出继电器也是以字节为单位的寄存器，它的每 1 位对应 1 个数字量输出点，一般采用"字节.位"的编址方法。也可以按字节（8 位）来读取相邻一组 8 个输出继电器的状态，或者按字（2 字节、16 位）及按双字（4 字节、32 位）来读取相邻 16 个或 32 个输出继电器的状态。输出继电器的状态可以由输入继电器的触点、其他内部器件的触点以及它自己的触点来驱动，即它完全是由编程的方式决定其状态。可以像使用输入继电器触点那样，通过使用输出继电器的触点，无限制地使用输出继电器的状态。

输出继电器与其他内部器件的一个显著不同在于，它有一个，且仅有一个实实在在的物理动合触点，用来接通负载。这个动合触点可以是有触点的（继电器输出型），或者是无触点的（晶体管输出型或双向晶闸管输出型）。实际可使用的输出继电器的数量取决于 CPU 模板的型号及数字量输出模板的配置。

3．位存储区（辅助继电器）M

位存储区又被称为中间寄存器，用于存储程序运行的中间操作状态或控制信息，不能直接驱动外部负载。借助于辅助继电器的编程，可使输入/输出之间建立复杂的逻辑关系和联锁关系，以满足不同的控制要求。在 S7-300 中，有时也称辅助继电器为位存储区的内部标志位（Marker），所以辅助继电器一般以位为单位使用，采用"字节.位"的编址方式，每 1 位相当于 1 个中间继电器，S7-300 的辅助继电器的数量为 2048 个（256 字节，2048 位），即 M0.0～M255.7。辅助继电器也可以字节、字、双字为单位，作存储数据用。

4．外设输入/输出 PI/PQ

外设存储区允许直接访问现场设备（物理的或外部的输入和输出），主要用于模拟量的访问，S7-300 CPU 将用一个字（16 位）来存放一个模拟量。由于模拟量数据均为 1 个字长，即 2 字节，故其地址均为偶数字节开始，如 PIW288、PQW304 等，模拟量数据的存放规律仍然是数据的高位存放在低地址单元中，而低位存放在高地址单元中。

外设存储区可以以字节、字和双字格式访问，但不可以以位方式访问。由于主要用于模拟量的访问，故一般采用字的访问格式。

5．定时器 T、计数器 C

每个定时器、计数器都是由当前值寄存器（1 个字）和状态位（1 位）来组成的，因此对于定时器和计数器的寻址都有两种含义，一是寻址当前值寄存器（存放剩余时间或当前计数值），二是寻址定时器或计数器的状态位，两种寻址采用同样的地址格式，例如 T10，C20。那么，究竟是寻址哪一个数据，取决于所使用的具体指令。

6．数据块寄存器 DB

数据块寄存器用于存储所有数据块的数据，可以同时打开一个共享数据块 DB 和一个背景数据块 DI。可以按字节、字、双字访问数据块寄存器。

7．本地数据寄存器 L

本地数据寄存器用于存储逻辑块中使用的临时数据，可以按位、字节、字、双字访问本地数据存储器。

3.4.4　S7-300 的组态

1．S7-300 的插槽地址

S7-300 的各个模板安装在机架的插槽上，不同的模板在插槽的安装位置是固定的。

● 如果选择了电源模板 PS307，必须安装在 1 号槽位上。
● CPU 模板的安装位置紧挨着电源模板，安装在 2 号槽位上。
● 用于连接扩展机架的接口模板 IM，安装在 3 号槽位上。
● 各种信号模板 SM，安装在 4～11 号槽位上。从 4 号槽位开始，CPU 为信号模板分配 I/O 地址，且根据信号模板的类型递增 I/O 地址。

S7-300 的插槽地址如图 3-28 所示。

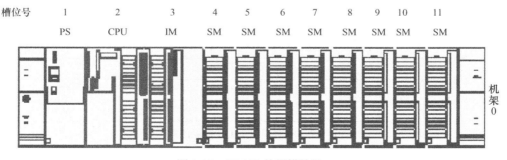

图 3-28　S7-300 的插槽地址

2．S7-300 数字量 I/O 地址组态

在机架 SM 区的插槽上安装的数字量 I/O 模板，可以是数字量输入模板 DI，也可以是数字

量输出模板 DO，CPU 可自动识别模板的类型。但是 CPU 为每个插槽分配的地址范围是固定的，对于 SM 区的插槽上安装的 DI/DO 模板，S7-300 默认地址如图 3-29 所示。

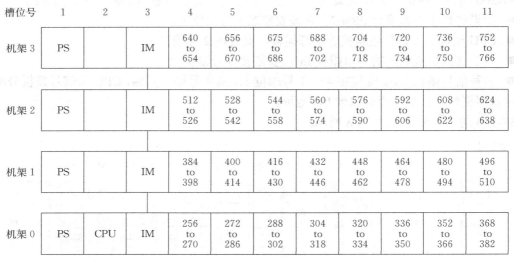

图 3-29　S7-300 数字量 I/O 模板的默认地址

CPU 为数字量 I/O 的每个槽位分配了 4 字节（32 个 I/O 点）的地址范围，实际使用中要根据具体的模板确定实际的地址范围。如果在机架 0 的 4 号槽位安装的是 8 点的数字量输入模板，则实际使用的地址范围为 I0.0～I0.7，地址 I1.0～I3.7 不能使用；如果在机架 0 的 4 号槽位安装的是 16 点的数字量输出模板，则实际使用的地址范围为 Q0.0～Q1.7，地址 Q2.0～Q3.7 不能使用。

3．S7-300 模拟量 I/O 地址组态

对于在机架的 SM 区安装的模拟量 I/O 模板，CPU 为每个槽位分配了 16 字节（8 个模拟量通道）的地址，每个模拟量 I/O 通道占用一个字地址（2 字节）。S7-300 对模拟量 I/O 模板默认的地址范围如图 3-30 所示。

槽位号	1	2	3	4	5	6	7	8	9	10	11
机架 3	PS		IM	640 to 654	656 to 670	675 to 686	688 to 702	704 to 718	720 to 734	736 to 750	752 to 766
机架 2	PS		IM	512 to 526	528 to 542	544 to 558	560 to 574	576 to 590	592 to 606	608 to 622	624 to 638
机架 1	PS		IM	384 to 398	400 to 414	416 to 430	432 to 446	448 to 462	464 to 478	480 to 494	496 to 510
机架 0	PS	CPU	IM	256 to 270	272 to 286	288 to 302	304 to 318	320 to 334	336 to 350	352 to 366	368 to 382

图 3-30　S7-300 对模拟量 I/O 模板的默认地址

在实际使用中，要根据具体的模板确定实际的地址范围。如果在机架 0 的 4 号槽位安装的是 4 通道的模拟量输入模板，则实际使用的地址范围为 PIW256、PIW258、PIW260 和 PIW262；如果在机架 0 的 4 号槽位安装的是 2 通道的模拟量输出模板，则实际使用的地址范围为 PQW256 和 PQW258。

4．S7-300 的地址编写方法

S7-300 对编程元件的地址编写方法有两种：绝对地址编写方法和符号地址编写方法。

（1）绝对地址编写方法

绝对地址是根据编程元件在存储区的位置，用编程元件的类型、字节地址和位地址来表示，或者用字地址及双字地址表示，使得 CPU 能够按照绝对地址访问各个编程元件。如 I1.2，表示要访问的编程元件的状态是机架 0 的 4 号槽位上的数字量输入模板的字节 1 的第 2 位的状态信息。

（2）符号地址编写方法

符号地址是用符号名表示特定的绝对地址。可利用 STEP 7 的符号编辑器（Symbol Editer），建立一个符号名数据库，使程序中的所有指令都可以访问由符号名表示的编程元件。采用符号地址使得程序的可读性强，有益于程序归档，有助于故障寻踪。

5．S7-300 的机架组态

所谓机架组态包含两个问题：一个是各个模板应当安装在哪个槽位上；另一个是合理选择电源模板，使之满足各模块所需电流和功率的要求。

S7-300 模板所需电流一部分是由 S7-300 的背板总线提供的，这部分电流由 CPU 提供。所有 S7-300 模板使用的从背板总线提供的总电流一般不能超过 1.2A，如果选用 CPU 312IFM，则不能超过 0.8A。另一部分电流从 L+/L-吸取，这部分电流由电源模块提供。所有模块所需电流和必须小于 CPU 和电源模块所提供的电流，并考虑 30%裕量。

S7-300 PLC 系统模块所需背板总线电流及功耗见表 3-7。

表 3-7　S7-300 PLC 系统模块所需背板总线电流及功耗

模 块 类 型		订 货 号	从 L+/L-吸取的电流/mA	所需背板总线电流/mA	功耗/W
电源模块	PS307-2A	6ES7 307-1BA00-0AA0	—	—	10
	PS307-5A	6ES7 307-1EA80-0AA0	—	—	18
	PS307-10A	6ES7 307-1KA00-0AA0	—	—	30
接口模块	IM360（中央机架）	6ES7 360-3AA01-0AA0	—	350	2
	IM361（扩展机架）	6ES7 361-3CA01-0AA0	500	800[①]	5
	IM365（中央机架）	6ES7 365-0BA01-0AA0	800[②]	100	0.5
	IM365（扩展机架）	6ES7 365-0BA01-0AA0	800[③]	100	0.5
数字量输入模块	SM321 DI8×120/230 VAC ISOL	6ES7 321-1FF10-0AA0	—	100	4.9
	SM321 DI8×120/230 VAC	6ES7 321-1FF01-0AA0	—	29	4.9
	SM321 DI16×24 VDC	6ES7 321-1BH02-0AA0	25	25	3.5
	SM321 DI16×24 VDC	6ES7 321-7BH00-0AB0	40	35	3.5
	SM321 DI16×24 VDC 高速模块	6ES7 321-1BH10-0AA0	—	110	3.8
	SM321 DI16×24 VDC 带硬件和诊断中断及时钟功能	6ES7 321-7BH01-0AB0	90	130	4
	SM321 DI16×24 VDC 源输入	6ES7 321-1BH50-0AA0	—	10	3.5
	SM321 DI16×24 /48 VDC	6ES7 321-1CH00-0AA0	—	100	15./2.8
	SM321 DI16×48-125 VDC	6ES7 321-1CH20-0AA0	—	40	4.3
	SM321 DI16×120/230 VAC	6ES7 321-1FH00-0AA0	—	29	4.9
	SM321 DI16×120 VAC	6ES7 321-1EH01-0AA0	—	16	—

模块类型		订货号	从L+/L-吸取的电流/mA	所需背板总线电流/mA	功耗/W
数字量输入模块	SM321 DI32×24 VDC	6ES7 321-1BL00-0AA0	—	15	6.5
	SM321 DI32×120 VAC	6ES7 321-1EL00-0AA0	—	16	4
数字量输出模块	SM322 DO8×24 VDC/2A	6ES7 322-1BF01-0AA0	60	40	6.8
	SM322 DO8×24 VDC/0.5A 带诊断中断	6ES7 322-8BF00-0AB0	90	70	5
	SM322 DO8×48-125 VDC/1.5A	6ES7 322-1CF00-0AA0	40	100	7.2
	SM322 DO8×120/230 VAC /2A 晶闸管	6ES7 322-1FF01-0AA0	2④	100	8.6
	SM322 DO8×120/230 VAC /2A ISOL	6ES7 322-5FF00-0AA0	2	100	8.6
	SM322 DO8×230 VAC 继电器	6ES7 322-1HF01-0AA0	160	40	3.2
	SM322 DO8×230 VAC /5A 继电器	6ES7 322-5HF00-0AA0	160	100	3.5
	SM322 DO8×230 VAC /5A 继电器	6ES7 322-1HF10-0AA0	125	40	4.2
	SM322 DO16×120/230 VAC /1A 晶闸管	6ES7 322-1FF00-0AA0	2	200	8.6
	SM322 DO16×24/48 VDC/0.5A	6ES7 322-5GH00-0AA0	200	100	2.8
	SM322 DO16×24 VDC/0.5A 高速模块	6ES7 322-1BH10-0AA0	110	70	5
	SM322 DO16×24 VDC/0.5A	6ES7 322-1BH01-0AA0	120	80	4.9
	SM322 DO16×120/230 VAC 继电器	6ES7 322-1HH01-0AA0	250	100	4.5
	SM322 DO32×24 VDC/0.5A	6ES7 322-1BL00-0AA0	160	110	6.6
	SM322 DO32×120/230 VAC /1A 晶闸管	6ES7 322-1FL00-0AA0	10	190	25
数字量I/O模块	SM323 DI 8/DO 8×24 VDC/0.5A	6ES7 323-1BH01-0AA0	40	40	3.6
	SM323 DI 8/DO 8×24 VDC/0.5A	6ES7 323-1BH00-0AB0	20	60	3
	SM323 DI 16/DO 16×24 VDC/0.5A	6ES7 323-1BH01-0AA0	80	80	6.5
模拟量输入模块	SM331 AI 8×RTD	6ES7 331-7PF00-0AB0	240	100	4.6
	SM331 AI 8×TC	6ES7 331-7PF10-0AB0	240	100	3
	SM331 AI 2×12bit	6ES7 331-7KB02-0AB0	30②	50	1.3
	SM331 AI 8×12bit	6ES7 331-7KF02-0AB0	30②	50	1
	SM331 AI 8×13bit	6ES7 331-1KF01-0AB0	—	90	0.4
	SM331 AI 8×14bit 高速，带时钟功能	6ES7 331-7HF00-0AB0	50	100	1.5
	SM331 AI 8×16bit	6ES7 331-7NF10-0AB0	200	100	3
	SM331 AI 8×16bit	6ES7 331-7NF00-0AB0	—	130	0.6
模拟量输出模块	SM332 AI 2×12bit	6ES7 332-5HB01-0AB0	135	60	3
	SM332 AI 4×12bit	6ES7 332-5HD01-0AB0	240	60	3
	SM332 AI 8×12bit	6ES7 332-5HF00-0AB0	340	100	6
	SM332 AI 4×16bit 带时钟功能	6ES7 332-7ND01-0AB0	240	100	3
模拟量I/O模块	SM334 AI 4/AO 2×8bit	6ES7 334-0CE01-0AA0	110	55	3
	SM334 AI 4/AO 2×12bit	6ES7 334-0KE00-0AB0	80	60	2
	SM334 AI 4/AO 4×12bit	6ES7 334-7HG01-0AB0	150	75	—
占位模块	DM370	6ES7 370-0AA01-0AA0	—	5	0.03

模 块 类 型		订 货 号	从 L+/L-吸取的电流/mA	所需背板总线电流/mA	功耗/W
通信模块	CP340,RS-232C	6ES7 340-1AH01-0AE0	—	160	—
	CP340,20mA	6ES7 340-1BH01-0AE0	—	220	—
	CP340,RS-422/485	6ES7 340-1CH01-0AE0	—	160	—
	CP341,RS-232C	6ES7 341-1AH01-0AE0	200	220	—
	CP341,20 mA	6ES7 341-1BH01-0AE0	200	165	—
	CP341,RS-422/485	6ES7 341-1CH01-0AE0	240	70	—
	CP342-5	6ES7 342-5DA02-0XE0	250	70	—
	CP343-1	6ES7 343-1EX10-0XE0	600	70	—
	CP343-1 IT	6ES7 343-1GX00-0XE0	600	70	—
	CP343-2	6ES7 343-2AH00-0XA0	—	200	—
	CP343-5	6ES7 340-5FA00-0XE0	250	70	—

注: ① 通过背板总线的最大输出电流;

② 不包括 2 线变送器;

③ 1.2A 总电流, 每个机架最多使用 800mA;

④ 从 L1 吸收的电流。

6. S7-300 组态实例

一个实际的 S7-300 PLC 系统, 在确定所有的模块后, 要选择合适的电源模块。所选定的电源模块的输出功率必须大于 CPU 模块所有 I/O 模块、各种智能模块等消耗功率之和, 并且要留有 30%左右的裕量。当同一电源模块既要为主机单元供电又要为扩展单元供电时, 从主机单元到最远一个扩展单元的线路压降必须小于 0.25V。

【例 3-1】某 PLC 控制系统, 采用 S7-300 控制, 系统要求如下:

CPU 模板: CPU314; 数字量输入: 24 VDC 36 点; 数字量输出: 24VDC 25 点, 继电器输出 15 点; 模拟量输入: 4 个通道; 模拟量输出: 2 个通道。

根据控制系统的要求选择所需信号模块, 通过表 3-7, 将所组成的 S7-300 PLC 控制系统汇总见表 3-8。

表 3-8 PLC 控制系统硬件组成表

模 块 类 型		订 货 号	数量	从 L+/L-吸收的电流（mA）	从背板总线吸收的电流（mA）	功耗（W）
CPU 模块	CPU314	6ES7 314-1AE10-0AB0	1	1000		8
DI 模块	SM321 DI16×24VDC	6ES7 321-1BH02-0AA0	3	25	25	3.5
DO 模块	SM322 DO32×24 VDC/0.5A	6ES7 322-1BL00-0AA0	1	160	110	6.6
DO 模块	SM322 DO16×120/230 VAC 继电器	6ES7 322-1HH01-0AA0	1	250	100	4.5
AI/AO 模块	SM334 AI 4/AO 2×8bit	6ES7 334-0CE01-0AA0	1	110	55	3

所有信号模板和功能模板从背板总线吸收的电流为：

$$25\times3+110+100+55=340mA$$

所有模板从电源吸收的电流为：

$$1000+25\times3+160+250+110=1955mA$$

通过计算可知,所有模板从背板总线吸取的电流为 0.34A，没有超过 CPU314 所能提供的最大电流 1.2A。所有模板从电源吸取的电流为 1.555A，在考虑裕量的基础上，应选择 PS307 5A 的电源模板。

机架上各槽位号数字量及模拟量信号模块的起始地址见图 3-29 和图 3-30，机架组态见表 3-9。

表 3-9   PLC 机架组态表

槽位号	1	2	3	4	5	6	7	8	9
模板	PS307 5A	CPU 314		SM321 16×24VDC	SM321 16×24VDC	SM321 16×24VDC	SM322 32×24VDC	SM322 16×继电器	SM334 4AI/2AO
地址				I0.0～I1.7	I4.0～I5.7	I8.0～I9.7	Q12.0～Q15.7	Q16.0～Q17.7	PIW336～PIW342 PQW336、PQW338

注意：对于 S7-300 PLC 来说，当输入/输出模板地址大于 128 时，必须通过外设输入/输出（PI/PQ）寄存器来访问。由于输入/输出不统一编址，而通过 I/Q 来标示分别进行编址，所以当信号模板为输入/输出混合模板时，其输入/输出信号的起始地址均从所在槽位的起始地址开始编址。如 9 号槽位的 SM334 所示。

3.5   S7-300 的编程软件 STEP 7

STEP 7 是用于 SIMATIC PLC 组态和编程的标准软件包,是 SIMATIC 工业软件的重要组成部分，开发或设计一个 S7-300 或 S7-400 应用系统，必须基于 STEP 7 软件包进行组态和编程。

3.5.1   STEP 7 的组成及功能

1. STEP 7 版本

STEP 7 是在 STEP 5 基础上推出的，为适应不同的应用对象，可选择不同的应用版本。

- STEP 7 Micro/DOS，STEP 7 Micro/WIN：适用于 SIMATIC S7-200 的简单单站应用。
- STEP 7 Mini：适用于 SIMATIC S7-300 的简单单站应用。
- STEP 7 标准软件包：适用于使用各种功能的 SIMATIC S7-300/400，SIMATIC M7-300/400，SIMATIC C7。

图 3-31   STEP 7 标准软件包的主要应用工具

2. STEP 7 标准软件包组成和功能

STEP 7v5.2 安装在 Windows 95/98/2000/NT 环境下，v5.3/v5.4 安装在 Windows 2000/XP 环境下，v5.5 安装在 Windows XP/7 环境下。与 Windows 的图形和面向对象的操作原则相匹配，支持自动控制任务创建过程的各个阶段。STEP 7 标准软件包提供的主要应用工具如图 3-31 所示。

（1）SIMATIC 管理器

SIMATIC 管理器是 STEP 7 的窗口，在 SIMATIC 管理器中可进行项目设置、配置硬件并为其分配参数、组态硬件网络、对程序进行调试（离线方式或在线方式）等操作，操作过程中所用到的各种 STEP 7 工具，会自动在 SIMATIC 管理器环境下启动。

（2）符号编辑器

Symbol Table（符号表）是符号地址的汇集，可以被不同的工具利用，通过编辑符号表可以完成对象的符号定义。符号编辑器用于定义符号名称、数据类型和注释全局变量，管理所有的共享符号。

（3）硬件组态工具

用于在编程环境中从编程元素目录中选择硬件模板对自动化工程系统进行硬件配置、地址设置和分配；同时可以对 CPU 参数的属性、硬件模板的参数、功能模板（FM）和通信处理器（CP）的参数进行设置和参数赋值。

（4）通信组态

用于定义经 MPI 连接的自动化组件之间，使用 NetPro 时间驱动的周期性数据传送，或定义用 MPI、Profibus、工业以太网进行的事件驱动数据传送。

（5）硬件诊断

用于提供 PLC 的工作状态概况，快速浏览 CPU 数据和用户程序在运行中的故障原因，显示硬件故障信息。

（6）编程语言

可以使用梯形图（LAD）、语句表（STL）、功能块图（FBD）编程语言。还可以根据控制任务的需要，选择其他的编程语言和组态工具，如连续功能图 CFC、标准控制语言 SCL、顺序控制流程图 S7-Graph、状态图 S7-HiGraph、高级语言 S7 SLC 和 M7-Pro/C++等。

3.5.2 启动 STEP 7 并创建一个项目

1. 项目创建

STEP 7 可以安装在编程设备或 PC 上，安装成功后，将在 Windows 桌面上出现 SIMATIC Manager（SIMATIC 管理器）图标，双击该图标后，激活 STEP 7 助手，出现如图 3-32 所示的界面。

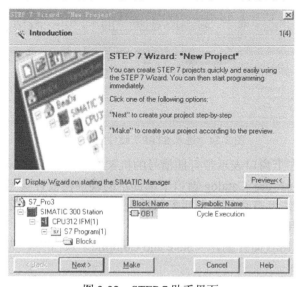

图 3-32　STEP 7 助手界面

在创建项目的过程中，可以按照项目助手的提示一步一步地完成 CPU 型号的设定、组织块 OB 的选择、编程语言的选择和项目名称的确定。注意：CPU 型号设定必须完全和系统实际 CPU 型号完全一致。同时还需要确定项目名称，如图 3-33 所示。至此，创建项目的设定工作结束，单击"Make"按钮，完成项目的基本框架创建工作。

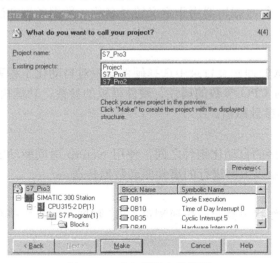

图 3-33　确定项目名称界面

2．系统硬件组态

（1）组态中央机架

某个 S7-300 系统硬件配置如下：CPU315-2 DP，SM321，SM322，SM334，SM342-2。这些硬件可以通过 STEP 7 进行组态，然后下载到 PLC 的存储器中。组态过程如下：

① 打开 S7_Pro3 项目窗口，单击 SIMATIC 300 Station 文件夹，双击 Hardware 符号，如图 3-34 所示，进入硬件组态界面，如图 3-35 所示。

图 3-34　进入 STEP 7 硬件组态界面

② 在图 3-35 中，左上窗口表示带有插槽号的机架组态，在 Hardware Catalog 窗口中查找所需要的模板，根据 Hardware Catalog 窗口下部提示的硬件模板订货号确定需要（双击）配置的硬件模板，注意：软件组态必须完全匹配系统硬件设置及硬件模板订货号。下部窗口表示 MPI 地址和 I/O 地址的组态。

③ 组态结束后，单击存储并编译（Save and Compile）按钮，为下载做好准备。

（2）组成分布式 I/O

当现场（安装传感器和执行器的地点）较多且距离控制室较远时，为减少大量的接线，可以采用分布式组态，即通过现场总线 Profibus-DP 将 PLC、I/O 模板及现有设备连接起来，组成如图 3-36 所示的控制系统。

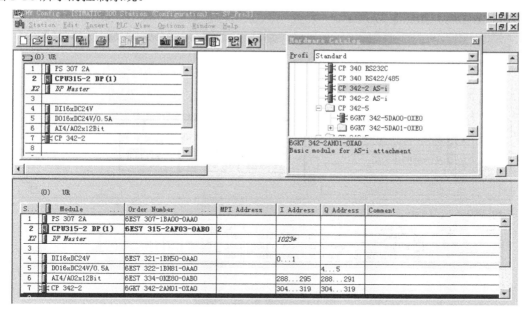

图 3-35 硬件组态窗口

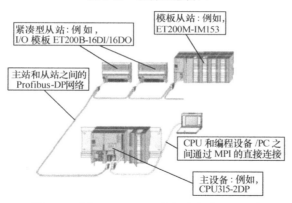

图 3-36 用 Profibus-DP 进行分布式 I/O 组态

在图 3-36 中，带有 Profibus-DP 接口的主设备为 CPU315-2DP，通过 Profibus-DP 网络连接紧凑型从站和模板从站。在紧凑型从站中组态连接 ET200B-16DI 和 ET200B-16DO，在模板从站 ET200M-IM153 中组态连接 SM331 AI2×12bit、SM331 AI8×16bit、SM332 AO4×12bit、SM332 AO4×16bit。

① 组态 S7-300 站的 Profibus 网络主站

组态 S7-300 主站就是如前所述的组态中央机架，只是在选择 CPU 模板时，要选择支持分布式 I/O（带有 Profibus-DP 接口）的 CPU 模板，如 CPU315-2DP。与机架中的其他模板构成了 S7-300 站，如图 3-37 中左上部所示。组态 Profibus-DP 主站，在 S7-300 站窗口中，右击 DP Master，选择 Insert DP Master System（插入 DP 主站系统）。

② 组态 Profibus-DP 从站

●在 DP Master System 总线上，单击硬件目录按钮 ，在 Profibus DP 文件夹下打开 ET 200B，找到 B-16DI 模板，将紧凑型从站 ET200B-16DI 连接到 DP 主站系统；找到 B-16DO 模板，将紧凑型从站 ET200B-16DO 连接到 DP 主站系统。打开 ET200M，找到总线接口模板 IM153，用鼠标拖动该模板到 DP 主站系统，直至光标变为"+"时放开该模板，将模板从站 IM153 连接到 DP 主站系统。如图 3-37 所示。

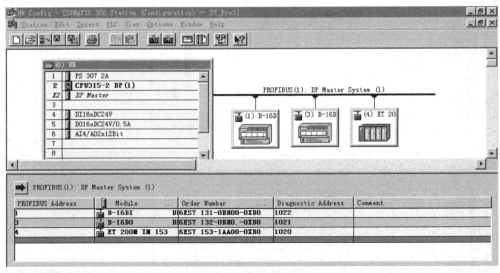

图 3-37　组态 Profibus 网络

● 组态模板从站 IM153，在 ET200M 文件夹下，找到总线接口模板 IM153，找到相应的硬件模块，插到对应的插槽内，组态后的窗口如图 3-38 所示。

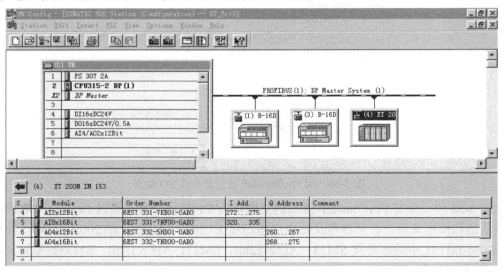

图 3-38　组态 IM153

③ 修改 DP 从站地址

DP 从站地址可以采用系统默认值，也可以根据需要进行修改，如修改 ET200M 的站地址，由 4 该为 5，双击 ET200M 站图标，在出现的对话框中，单击 Profibus 标签，设定新的地址 5。

（3）存盘并编译

组态完成后，单击保存并编译按钮，如果编译正确，则生成系统数据，组态结束后可以单击下载按钮。如果组态过程正确无误，则 CPU 的运行指示灯亮，否则 CPU 的故障指示灯亮，仔细检查计算机组态界面的模块型号是否与 PLC 实际的模块型号相符，修改后继续重复下载，直到正确为止。

3．创建 OB1 程序

（1）打开 LAD/STL/FBD 编辑器窗口

在 STEP 7 中，允许使用梯形图（LAD）、语句表（STL）或功能块图（FBD）编辑器，生成 S7 应用程序，设定方法已在创建项目时设定，也可以在 LAD/STL/FBD 编辑器窗口的 View 菜单中进行选择设定。

（2）用梯形图（LAD）编辑 OB1

利用编程工具条上的按钮，按照如图 3-39 所示的快捷键按钮功能，将能很快地绘制出梯形图程序。

图 3-39　编程工具条

（3）用语句表（STL）编辑 OB1

在 LAD/STL/FBD 窗口中，打开 View 菜单，设定编程语言为 STL 后，根据语句表逐条输入和编辑程序。如果使用符号表中不存在的符号地址，或者出现语法错误，则会显示为红色。

（4）用功能块图（FBD）编辑 OB1

在 LAD/STL/FBD 窗口中，打开 View 菜单，设定编程语言为 FBD 后，单击"选择编程元件"按钮，与编程工具条配合，再输入编程元件地址。如果是符号地址，可通过 Options 菜单，选择 LAD/FBD 标签中的"Width of address field"，设定每行符号地址的最大字符数（10～24 个）。

4．编辑符号表

STEP 7 允许采用符号地址编程，以增加程序的可读性。用符号编辑器编写符号表的方法是在 S7_Pro3 项目窗口中，选择 S7 Program（1），在随后出现的窗口中双击 Symbols，显示出符号表，可对此符号表进行编辑。图 3-40 所示为一个用符号表编辑器编辑好的符号表。

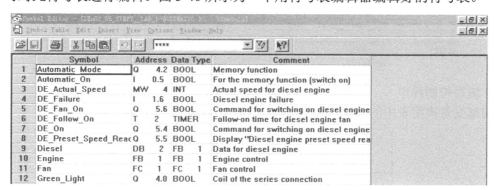

图 3-40　STEP 7 符号表编辑器

无论采用哪种编程语言，每个 S7 程序只生成一个符号表。

5．对功能块 FB、FC 的编程

（1）创建并打开功能块 FB

在 S7_Pro3 项目窗口右击 Blocks，在出现的下拉菜单中选择 Insert New Object，单击 Function Block（FB）或 Function（FC），如图 3-41 所示，则在项目中插入所需的功能块。在 STEP 7 中，

功能 FC 与功能块 FB 都可以接受组织块的调用，但是 FC 不需要数据块 DB，而 FB 必须与指定的数据块相联系。

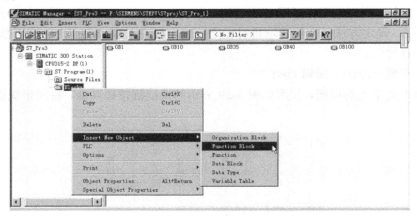

图 3-41　创建 FB1

（2）填写局部变量声明表

所有功能块的参数，必须作为输入/输出参数在变量声明表中列出（in 或 out）。变量声明表的格式如图 3-42 所示。在变量声明表中，变量名称（Name）只能使用字母、数字和下画线，不能使用汉字；在注释（Comment）中可以用汉字注释。只在当前块（如 FB1）中使用的局部变量，用#标记，对于在整个程序中都可调用的全局变量，用" "标记。在变量声明表的声明（Decl.）栏中，in 为输入参数，out 为输出参数，in_out 为输入/输出参数，stat 静态参数，temp 为临时参数。

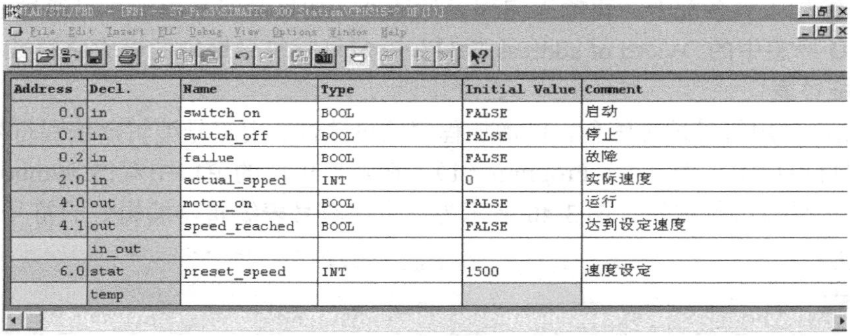

Address	Decl.	Name	Type	Initial Value	Comment
0.0	in	switch_on	BOOL	FALSE	启动
0.1	in	switch_off	BOOL	FALSE	停止
0.2	in	failue	BOOL	FALSE	故障
2.0	in	actual_spped	INT	0	实际速度
4.0	out	motor_on	BOOL	FALSE	运行
4.1	out	speed_reached	BOOL	FALSE	达到设定速度
	in_out				
6.0	stat	preset_speed	INT	1500	速度设定
	temp				

图 3-42　变量声明表的格式

（3）编写控制程序

用局部变量声明表中的变量名称生成的梯形图控制程序如图 3-43 所示。

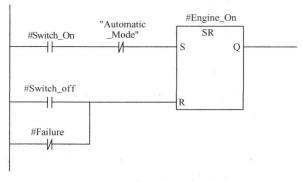

图 3-43　梯形图控制程序

（4）生成背景数据块和修改实际值

在 STEP 7 中，如果几个不同的控制设备具有不同的预设参数，但是控制任务相似，就可以只编写一个功能块 FB，而将不同的预设参数分别存储在不同的数据块 DB 中，通过 FB 的变量声明表的数据"Preset_Speed（预设值）"，写入各自不同的预设值，从而大幅度减少编程工作量。

（5）编辑组织块（主程序）OB1 的控制程序

组织块 OB1、功能块 FB1 和数据块 DB1、DB2 之间的关系如图 3-44 所示。打开 OB1，在 FB Blocks 文件夹中双击 FB1 Engine，将 FB1 插到梯形图中，为功能块的所有输入/输出填上对应符号地址和对应 DB。

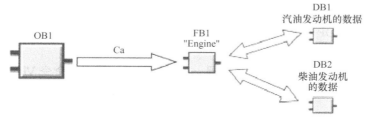

图 3-44　OB1、FB1 与 DB1、DB2 的关系

3.5.3　STEP 7 的下载和程序调试

1．建立在线连接

S7-300 系统的硬件在线连接：将模板与总线连接器相连，将模板挂在导轨上并向下摆动，固定模板位置；组装其余的模板；完成所有的模板组装后，将钥匙开关插在 CPU 上。一个硬件在线连接完成后的系统如图 3-45 所示。

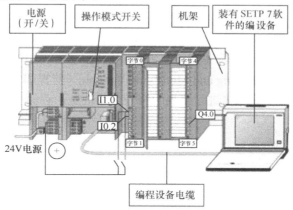

图 3-45　一个硬件在线连接系统

2．下载程序到 CPU

（1）建立在线连接

接通 PS307 的开关，CPU 上的 DC5V 指示灯亮，将操作模式开关转到 STOP 位置。

（2）复位 CPU

① 将操作模式开关转到 MRES 位置，最少保持 3s，直至红色的 STOP 灯开始慢闪。

② 放开操作模式开关，并且最多在 3s 之内将操作模式开关再次转到 MRES 位置，当 STOP 灯快闪时，CPU 被复位。

（3）下载程序到 CPU

① 启动 SIMATIC Manager，打开项目窗口，如 S7-Pro3。

② 在菜单命令 View 中选择离线（Offline）。

③ 在菜单命令 PLC 中选择下载命令（Download），也可以在弹出的下拉菜单中右击选择下载命令，单击"OK"按钮确认，将编程设备上 Blocks 中的各种块下载到 CPU 中。

④ 也可以下载单个的块到 PLC 的 CPU 中，但是要注意下载顺序：首先是子程序块，然后是更高一级的块，最后是 OB1。如果下载块的顺序不对，CPU 将进入 STOP 模式。为避免出现这种情况，可以采用将全部程序都下载到 CPU 中。

（4）接通 CPU 并检查操作模式

① 将操作模式开关转为 RUN-P，如果绿色的 RUN 灯亮，黄色的 STOP 灯灭，可以开始进行程序测试。

② 如果黄色的 STOP 灯仍亮着，说明有错误出现，需要评估缓存区来诊断错误。

3. 用程序状态测试程序

当操作模式开关在 RUN 或 RUN-P 位置，在项目窗口使用菜单命令 View，选择 Online（在线），打开 OB1，在 LAD/STL/FBD 窗口使用菜单命令 Debug，选择 Monitor，就可以对一个块进行程序测试。

① 用梯形图编辑器进行程序调试。以绿色的实线表示接通状态，灰色虚线表示信号断开状态，同时能实时显示定时器、计数器等数据处理器的当前值。这些状态和当前值都能有效地辅助系统程序的调试运行。

② 用语句表进行程序调试。以表格的形式显示逻辑操作结果（RLO）、状态位（STA）和标准状态（Standard）。

③ 使用功能块图进行程序调试。信号状态由"0"和"1"表示，点虚线表示没有操作结果。

4. 用变量表测试程序

（1）创建变量表

① 在离线状态下，打开项目窗口，右击 Blocks 文件夹，在弹出的菜单中，选择 Insert New→Object，Variable Table（变量表），生成一个新的变量表 VAT1，添加到 Blocks 文件夹中。

② 双击 VAT1，打开 Monitoring and Modifying Variable（监视和修改变量）窗口。

③ 在这个空的变量表中输入要进行监视的符号名或地址，存储变量表，如图 3-46 所示。

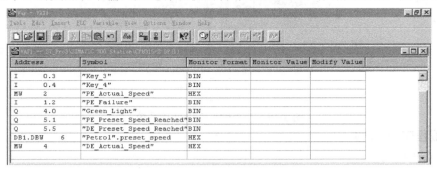

图 3-46　创建变量表

（2）将变量表切换到在线状态监视变量

① 单击 Monitoring and Modifying Variable（监视和修改变量）窗口工具栏上的按钮。

② 将 CPU 的操作模式开关转到 RUN-P 位置。单击工具栏中的监视按钮（眼镜图标），对所设置的变量进行监视。

（3）修改变量

在修改值栏中，输入修改值，单击传送修改值按钮，将修改值传送到 CPU 中。

5．评估诊断缓存区

如果在处理一个 S7 程序时 CPU 进入 STOP，或者在下载程序后无法将 CPU 切换为 RUN，可以根据诊断缓存区的事件列表中判断错误的原因。

① 将 CPU 的操作模式开关转为 STOP。

② 在离线状态下打开项目窗口，选择 Blocks 文件夹。

③ 判定是哪个 CPU 进入了 STOP（如果在该项目中应用了多个 CPU）。使用菜单命令 PLC，选择 Diagnose Hardware（诊断硬件），所有可访问的 CPU 都列在 Diagnose Hardware（诊断硬件）对话框中，处于 STOP 操作模式的 CPU 被点亮。

④ 单击 Module Information（模板信息），对该 CPU 诊断缓存区进行评估。在 Module Information（模板信息）窗口中选择 Diagnostic Buffer 标签，判断造成 CPU 进入 STOP 的原因。

⑤ 如果在项目中只使用了一个 CPU，可直接使用菜单命令 PLC，选择 Module Information（模板信息）后进行评估。

3.5.4　S7-PLC 模拟软件 S7-PLCSIM 简介

S7-PLCSIM 模拟软件是在 STEP-7 环境下，不用连接任何 S7 系列的 PLC（CPU 或 I/O 模板），而是通过仿真的方法运行和测试用户的应用程序。S7-PLCSIM 提供了简单的界面，可以用编程的方法（如改变输入的通/断状态、输入值的变化）来监控和修改不同的参数，也可以使用变量表（VAT）进行监控和修改变量。

1．S7-PLCSIM 的特性简介

S7-PLCSIM 的功能很强，可以使用 STEP-7 的所有工具监控和调整模拟 PLC 的性能，通过 S7-PLCSIM，STEP-7 的工作过程与真实的 PLC 相比，差别很小。

① 在 SIMATIC Manager 中的按钮 🖼 可以自动接通或断开模拟过程。

② 单击模拟按钮 🖼，可打开 S7-PLCSIM 软件及模拟的 CPU，当 S7-PLCSIM 软件运行时，可自动连接到模拟的 CPU 上。

③ 在模拟的 CPU 上运行程序，可代替 S7-300 或 S7-400 的 CPU 模板。

④ 通过创建变量表，可以存取模拟 PLC 的输入/输出存储器、累加器和寄存器中的数据，也可以通过符号地址存取存储器数据。

⑤ 可以选择定时器自动运行，或者手动置位/复位，可以对各个定时器进行单独复位或一起复位。

⑥ 同真实的 CPU 模板一样，在 S7-PLCSIM 中可以改变 CPU 的操作方式（STOP、RUN、RUN-P）。另外，在 S7-PLCSIM 中还提供了一个暂停（Pause）功能，允许用户暂停 CPU 工作，而不影响程序的状态。

⑦ 可以利用模拟 PLC 的中断组织块 OB 的功能测试程序特性。

⑧ 通过对输入/输出存储器、位存储器、定时器和计数器的操作，可以记录一系列的事件，并且可以回放使之自动进行程序测试。

2．S7-PLCSIM 的使用方法

① 打开 SIMATIC Manager，选择菜单命令 Options→Simulate Modules，以启动 S7-PLCSIM（默认的 MPI 地址为 2）。S7-PLCSIM 的窗口画面如图 3-47 所示。

② 打开要模拟的项目和程序，选择菜单命令 PLC→Download，将要模拟的程序块和系统数据下载到模拟的 PLC 中进行程序运行调试。

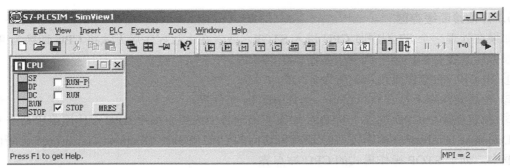

图 3-47　S7-PLCSIM 的窗口画面

3．S7-PLCSIM 工具栏

在 S7-PLCSIM 的窗口中，工具栏由标准工具栏、观察对象工具栏和 CPU 模式工具栏三部分组成。

（1）标准工具栏

在 S7-PLCSIM 的标准工具栏（见图 3-48）中，🖻 表示将插入画面中的各个观察对象层叠排列；⊞表示将插入画面中的各个观察对象密集（一个挨一个）排列。

图 3-48　S7-PLCSIM 的标准工具栏

（2）观察对象工具栏

S7-PLCSIM 的观察对象工具栏的各个图标及意义如图 3-49 所示，可以根据调试及运行程序的需要插入所需要观察的对象。对于 I/O/M，可以选择显示的数据格式，如位（bits）、二进制（binary）、十进制（decimal）等；对于定时器，还可以选择时基单位，如 10ms、100ms、1s、10s 等；对累加器，可以监测 CPU 累加器中的内容，对 S7-400，显示 4 个累加器的内容，对 S7-300 仅使用两个累加器；对状态字，可以监测状态字的各个位；对地址寄存器，可以监测两个地址寄存器（AR1 和 AR2）的内容。

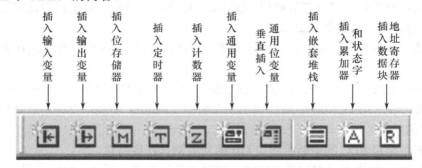

图 3-49　S7-PLCSIM 的观察对象工具栏的各个图标及意义

（3）CPU 模式工具栏

CPU 模式工具栏及 CPU 状态设置如图 3-50 所示，可以根据调试程序的需要设置所需模式及状态。

4．程序测试记录和回放

可以通过插入程序测试记录和回放对话框 🔦，记录和回放一系列的数据变化，并可以对所需记录和回放的事件作出多种设置。

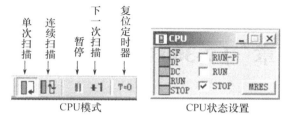

图 3-50   S7-PLCSIM 的 CPU 模式工具栏的各个图标及意义

本 章 小 结

PLC 作为一种工业标准设备，虽然生产厂家众多，产品种类层出不穷，但它们都具有相同的工作原理，使用方法也大同小异。

（1）SIMATIC S7-300 PLC 是基于模板化设计的中型可编程控制器，具有各种性能的 CPU、信号模板、功能模板和通信模板，适用于中等性能要求的控制任务。

（2）PLC 采用集中采样、集中输出、按顺序循环扫描用户程序的方式工作。

（3）PLC 是为取代继电器-接触器控制系统而产生的，因而两者存在着一定的联系。PLC 与继电器-接触器控制方式具有相同的逻辑关系，但 PLC 使用的是计算机技术，其逻辑关系用程序来实现，而不是实际的电路。

（4）S7-300 的标准编程软件为 STEP 7，可选择梯形图 LAD、语句表 STL 或功能块图 FBD 进行程序的编制、调试和监控。

（5）S7-300 的 I/O 地址组态与 I/O 模板安装的槽位有关，要在 CPU 默认的地址范围内，根据实际的 I/O 模板型号，确定具体的 I/O 地址。

（6）S7-300 的编程软件 STEP 7 功能介绍，以及 S7-PLC 模拟软件 S7-PLCSIM 简介。

习 题 3

1．S7-300 的结构特点是什么？

2．PLC 最常用的编程语言是什么？

3．试说明可编程控制器的工作过程。

4．什么是扫描周期？它主要受什么影响？

5．可编程控制器的数字量输出有几种输出形式？各有什么特点？都适用于什么场合？

6． S7-300 的编程元件有哪些？

7． STEP 7 的程序类型有几种？各有什么特点？

8．在状态字中 RLO 的作用是什么？

9．某 PLC 控制系统，采用 PLC-300 完成控制，系统组成如下：

CPU 模板：CPU315；

数字量输入：24VDC 20 点；

数字量输出：24VDC 26 点，继电器输出 6 点。

模拟量输入：4 点；

模拟量输出：3 点；

请选择相应的信号模块的安放机架号，并确定具体的地址范围。

第4章 S7-300的指令系统及编程

S7-300 的指令系统非常丰富，通过编程软件 STEP 7 的有机组织和调用，形成用户文件，以实现各种控制功能。S7-300 的指令系统包括逻辑指令和功能指令两大类。

● 逻辑指令包含：位逻辑运算指令、定时器指令、计数器指令和字逻辑指令；

● 功能指令包含：数据传送类指令、转换指令、运算指令、移位指令和控制指令等。

本章的重点是位逻辑指令，位逻辑指令是运算指令、数据处理指令等功能类指令的基础。用心学通一种 PLC 的编程思想与方法，其他 PLC 的编程就容易多了，可以做到触类旁通。

4.1 STEP 7 的数据类型和指令结构

4.1.1 STEP 7 的数据类型

在 STEP 7 中，大多数指令要与具有一定大小的数据对象一起操作，不同的数据类型具有不同的格式选择和数制。编程所用的数据要指定数据类型，用以确定数据大小和数据的位结构。数据类型分为三大类。

1. 基本数据类型

基本数据类型有很多种，用于定义不超过 32 位的数据，每种数据类型在分配存储空间时有确定的位数。基本数据类型见表 4-1。

表 4-1 STEP 7 的基本数据类型说明

数 据 类 型	位数	格 式 选 择	数 制 与 范 围	应 用 举 例
布尔（BOOL）	1	布尔量	0，1	A I0.0
字节（B）	8	十六进制数	B#16# 00～B#16#FF	L B#16#11
字（W）	16	二进制数	2# 0～2#1111 1111 1111 1111	L 2#0000 0001 0011 1011
		十六进制数	W#16# 0～W#16# FFFF	L W#16#0ABC
		BCD 码	C#0～C#999	L C#128
		无符号十进制数	B#（0,0）～B#（255，255）	L B#（25,200）
双字（DW）	32	十六进制数	DW#16# 0～DW#16# FFFF_FFFF	L DW#16#1243 0ABC
		无符号十进制数	B#（0,0,0,0）～B#（255,255,255,255）	L B#（2,25 ,100, 200）
字符（CHAR）	8	ASCII 字符	可打印 ASCII 字符	'A'
整型（INT）	16	有符号十进制数	−32768～+32767	L 20
双整型（DINT）	32	有符号十进制数	L# −214783648～L# 21783647	L L#45678
实型（REAL）	32	浮点数	±1.175495e −38～±3.402823e +38	L 1.23456e +20
时间（TIME）	32	带符号 IEC 时间	T# −24D20H31M23S648MS～T#24D20H31M23S647MS	L T#2H2M
日期（DATE）	32	IEC 日期	D#1990-1-1～D#2168-12-31	L D#2009-1-8
实时时间（TOD）	32	实时时间	TOD#0: 0: 0.0～TOD#23: 59: 59.99	L TOD#2:30: 0.0
系统时间（S5TIME）	32	S5 时间	S5T#0H0M0S0MS～2H46M30S0MS	L S5T#5M

2．复式数据类型

超过 32 位或由其他数据类型组成的数据为复式数据类型。STEP 7 允许 4 种复式数据类型，见表 4-2。

表 4-2　STEP 7 复式数据类型说明

数据类型	说　明
日期_时间　DT DATE_AND_TIME	定义 64 位区域（8 字节）。用 BCD 码存储时间信息：字节 0，年；字节 1，月；字节 2，日；字节 3，小时；字节 4，分；字节 5，秒；字节 6 和字节 7 的高位，毫秒；字节 7 的低位，星期几
字符串　STRING	可定义 254 个字符。字符串的默认大小为 256 字节（存放 254 个字符，外加双字节字头）。可以通过定义字符串的实际数目来减少预留值，如：STRING[7]'SIEMENS'
数组　ARRAY	定义一种数据格式的多维数组。如：ARRAY [1..2, 1..3]OF INT 表示 2×3 的整数数组
构造　STRUCT	定义多种数据类型组合的数组，可以定义构造中的数组，也可以是构造中的组合数组

3．参数类型

参数类型用于向 FB 和 FC 传送参数。STEP 7 提供的参数类型见表 4-3。

表 4-3　参数类型表

参　　数	大　小	说　明
定时器（Timer）	2 字节	指定执行逻辑块时要使用的定时器，如 T 41
计数器（Counter）	2 字节	指定执行逻辑块时要使用的计数器，如 C 4
块：FB、FC、DB、SDB	2 字节	如：FB20、FC101、DB12、SDB11
指针（Pointer）	6 字节	定义内存单元，如：P#M30.0
ANY	10 字节	如果实参的数据类型未知，或可以使用任何数据类型时，如：P#M30.0, byte 10 P#M60.0, word 5

4.1.2　STEP 7 的指令结构

指令是程序的最小单位，指令的有序排列就构成用户程序。STEP 7 编程语言是在 STEP 5 编程语言基础上发展起来的，其指令功能非常丰富。利用程序编辑器，可以进行离线编程，即把程序存储在编程器中，也可以进行在线编程，将程序存储在 CPU 中。

1．指令组成

在 STEP 7 中，根据采用的程序编辑器（LAD/STL/FBD）不同，有梯形逻辑指令 LAD、语句指令 STL 和功能块图指令 FBD。

（1）梯形逻辑指令

梯形图指令用图形元素表示 PLC 要完成的操作。在梯形逻辑指令中，其操作码是用图素表示的，该图素形象地表明 CPU 做什么，其操作数的表示方法与语句指令相同。如：──( )。该指令中：──( )可认为是操作码，表示一个二进制赋值操作；M1.1 是操作数，表示赋值的对象。

梯形逻辑指令也可不带操作数。如：──|NOT|──，是对逻辑操作结果（RLO）取反的操作。

（2）语句指令

一条指令由一个操作码和一个操作数组成，操作数由标识符和参数组成。操作码定义要执行的功能，它告诉 CPU 该做什么；操作数为执行该操作所需要的信息，它告诉 CPU 用什么去做，即 S7-300 的编程元件的有效地址。例如："A　I 1.0"，该指令是一条位逻辑操作指令，其中："A"是操作码，它表示执行"与"操作；"I1.0"是操作数，它指出这是对输入映像寄存器

I 1.0 进行的操作。即将 I0.0 单元的值（0 或 1）与逻辑操作结果（RLO）进行"逻辑与"操作并将运算结果存放于 RLO。

有些语句指令不带操作数。它们操作的对象是唯一的，故为简便起见，不再特别说明。例如："NOT"，是对逻辑操作结果（RLO）取反。

（3）功能块图指令

功能块图指令的表示方法与梯形逻辑指令有很多相似的地方，但是它用逻辑运算方块图表示编程元素的逻辑关系。

2. 操作数

存储在 PLC 存储器中的指令的操作数一般由操作数标识符和参数组成，操作数标识符由主标识符和辅助标识符组成。例如：A M W 10，A 为操作码，M W 10 为操作数，M 为主标识符，W 为辅助标识符，10 为参数。

S7 中的主标识符有：I（输入映像存储区）；Q（输出映像存储区）；M（位存储区）；PI（外部输入）；PQ（外部输出）；T（定时器）；C（计数器）；DB（数据块）；L（本地数据）。

S7 中的辅助标识符有：；B（字节）；W（字）；D（双字）。位地址无辅助标识符。

在 STEP 7 中，操作数有两种表示方法：物理地址（绝对地址）表示法和符号地址表示法。采用符号地址表示法可增强程序的可读性，降低编程时由于笔误造成的程序错误。地址的符号名必须先定义后使用，要保证唯一性。

3. 存储区功能

S7-300 PLC 的存储区如图 4-1 所示。

CPU 利用 P 存储区直接读 / 写总线上的模板

外设 I/O 存储区	P

输入存储区	I	系统存储区
输出存储区	Q	
位存储区	M	
定时器存储区	T	
计数器存储区	C	

累加器　　　　　　　　　32 位

累加器 1(ACCU1)
累加器 2(ACCU2)

可执行用户程序： 　逻辑块 (OB,FB,FC) 　数据块 (DB)	工作存储区
临时本地数据存储器 (L)	

地址寄存器　　　　　　　32 位

地址寄存器 1(AR1)
地址寄存器 2(AR2)

数据块地址寄存器　　　　32 位

打开的共享数据块号 DB
打开的背景数据块号 DB(DI)

动态装载存储区 (RAM)： 存放用户程序	装载存储区
可选的固定装载存储区 (EEPROM) 存放用户程序	

状态字寄存器　　16 位

状态位

图 4-1　S7-300 的存储区

S7 系列 PLC 的物理存储器以字节为单位，所以规定字节单元为存储单元，每个字节单元存储 8 位信息。存储单元可以以位（BOOL）、字节（B）、字（W）、双字（D）为单位使用，并以组成中的最小字节地址来命名字或双字的地址。例如，MD12 由 MW12 和 MW14 组成，其中 MW12 由 MB12 和 MB13 组成；MW14 由 MB14 和 MB15 组成，注意低地址占高位。如图 4-2 所示。

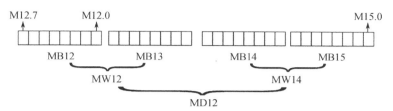

图 4-2 字节存储单元的位、字节、字、双字的相互关系及表示方法

S7-300 PLC 的存储区划分、功能和访问地址范围见表 4-4。

表 4-4 S7-300PLC 的存储器区及其功能

区域名称	区域功能	访问地址范围
输入映像寄存器（I）	在循环扫描的开始，操作系统从过程中读取的输入信号存入本区域，供程序使用。输入映像表是外设输入存储区首 128B 的映像，用于对数字量的采集。可以以位、字节、字和双字格式访问	I0.0～I127.7 IB0～IB127 IW0～IW126 ID0～ID124
输出映像寄存器（Q）	在循环扫描期间，程序运算得到的输出值存入本区域。在循环扫描的末尾，操作系统从中读出输出值送到输出模板。输出映像表是外设输出存储区首 128B 的映像，用于对数字量的输出的控制。可以以位、字节、字和双字格式访问	Q0.0～Q127.7 QB0～QB127 QW0～QW126 QD0～QD124
位存储器（M）	用于存储在程序中运算的中间结果，可以以位、字节、字和双字格式访问，共 256 个字节	M0.0～M255.7 MB0～MB255 MW0～MW254 MD0～MD252
外部输入寄存器（PI）	通过本区域用户程序可以直接访问过程输入模板，主要用于对模拟量的采集，即主要以字的方式访问，还可以以字节、双字格式访问，但不可以以位方式访问	PIB0～PIB 65535 PIW0～PIW 65534 PID0～PID 65532
外部输出寄存器（PQ）	通过本区域用户程序可以直接访问过程输出模板，主要用于对模拟量的控制，即主要以字的方式访问，还可以以字节、双字格式访问，但不可以以位方式访问	PQB0～PQB65535 PQW0～PQW65534 PQD0～PQD65532
定时器（T）	为定时器提供存储区，定时器指令访问本区域可得到定时剩余时间和定时器当前状态	T0～T255
计数器 C）	用于存储各自计数器当前的计数器值，同时也可访问计数器状态	C0～C255
数据块寄存器（DB）	存放程序数据信息，可被所有逻辑块公用（共享）或被 FB 特定占用"背景"数据块，可根据需要打开对应数据块，按照位、字节、字、双字的方式访问数据块内部数据	DB0～DB65535
本地数据寄存器（L）	用于存放逻辑块（OB、FB 和 FC）中使用的临时数据，也称为动态本地数据。一般用作中间暂存器。当逻辑块结束时，数据丢失。可以以位、字节、字和双字格式访问	L0.0～L65535.7 LB0～LB65535 LW0～LW65534 LD0～LD65532

注：表中的访问地址范围不一定是实际可使用的地址范围，可使用的地址范围与 CPU 的型号和硬件配置有关。

4. 状态字

状态字用于表示 CPU 执行指令时所具有的状态。某些指令可否执行或以何种方式执行可能取决于状态字中的某些位，指令执行时也可能改变状态字中的某些位，可以用位逻辑指令或字逻辑指令访问并检测状态字。状态字的结构如图 4-3 所示。

图 4-3　状态字的结构

（1）首位检测位（FC）

状态字的 0 位为首位检测位。CPU 对逻辑串第 1 条指令的检测称为首位检测，如果首位检测位为 0，表明一个梯形逻辑网络的开始，或为逻辑串的第 1 条指令。检测的结果（0 或 1）直接保存在状态字的第 1 位 RLO 中。该位在逻辑串的开始时总是 0，在逻辑串执行过程中为 1，输出指令或与逻辑运算有关的转移指令（表示一个逻辑串结束的指令）将该位清 0。

（2）逻辑操作结果（RLO）

状态字的 1 位称为逻辑操作结果（Result of Logic Operation）。该位存储逻辑指令或比较指令的结果。在逻辑串中，RLO 位的状态表示有关信号流的信息，RLO 的状态为 1，表明有信号流（通），RLO 的状态为 0，表明无信号流（断）。可用 RLO 触发跳转指令。

（3）状态位（STA）

状态字的 2 位称为状态位。该位不能用指令检测，它只是在程序测试中被 CPU 解释并使用。当用位逻辑指令读写存储器时，STA 总是与该位的值取得一致，否则，STA 始终被置 1。

（4）或位（OR）

状态字的 3 位称为或位。在先逻辑"与"后逻辑"或"的逻辑块中，OR 位暂存逻辑"与"的操作结果，以便后面进行的逻辑"或"运算。其他指令将 OR 位清 0。

（5）溢出位（OV）

状态字的 4 位称为溢出位。当算术运算或浮点数比较指令执行时出现错误（溢出、非法操作、不规范格式），OV 位被置 1，如果执行结果正常，该位被清 0。

（6）溢出状态保持位（OS）

状态字的 5 位称为溢出状态保持位（或称为存储溢出位）。它保存了 OV 位的状态，可用于指明在先前的一些指令执行过程中是否产生过错误。使 OS 位复位的指令是：JOS（OS=1 时跳转）、块调用指令和块结束指令。

（7）条件码 1（CC1）和条件码 0（CC0）

状态字的 7 位和 6 位称为条件码 1 和条件码 0。这两位结合起来用于表示在累加器 1 产生的算术运算结果与 0 的大小关系，见表 4-5。

表 4-5　算术运算后的 CC1 和 CC0

CC1	CC0	算术运算无溢出	整数算术运算有溢出	浮点数算术运算有溢出
0	0	结果=0	整数加时产生负范围溢出	平缓下溢
0	1	结果<0	乘除时负范围溢出；加减取负时正溢出	负范围溢出
1	0	结果>0	乘除时正溢出；加减时负溢出	正范围溢出
1	1	—	除数为 0	非法操作

逻辑运算结果与 0 的大小关系，以及比较指令的执行结果或移位指令的移出状态见表 4-6。

表 4-6　比较、移位、字逻辑指令后的 CC1 和 CC0

CC1	CC0	比较指令	移位和循环移位指令	字逻辑指令
0	0	累加器 2=累加器 1	移出位=0	结果=0
0	1	累加器 2＜累加器 1	—	—
1	0	累加器 2＞累加器 1	—	结果＜＞0
1	1	不规范	移出位=1	—

（8）二进制结果位（BR）

状态字的 8 位为二进制结果位。它将字处理程序与位处理联系起来，在一段既有位操作又有字操作的程序中，用于表示字操作结果是否正确（异常）。将 BR 位加入程序后，无论字操作结果如何，都不会造成二进制逻辑链中断。在 LAD 的方块指令中，BR 位与 ENO 有对应关系，用于表明方块指令是否被正确执行；如果执行出现了错误，BR 位为 0，ENO 也为 0；如果功能被正确执行，BR 位为 1，ENO 也为 1。

在用户编写的 FB 或 FC 程序中，必须对 BR 位进行管理，当功能块正确运行后使 BR 位为 1，否则使其为 0。使用 STL 的 SAVE 指令或 LAD 的——（SAVE），可将 RLO 存入 BR 位中，从而达到管理 BR 位的目的。当 FB 或 FC 执行无错误时，使 RLO 位为 1，并存入 BR 位，否则在 BR 位存入 0。

4.2　位逻辑指令

位逻辑（Bit Logic）指令梯形图形式如图 4-4 所示。

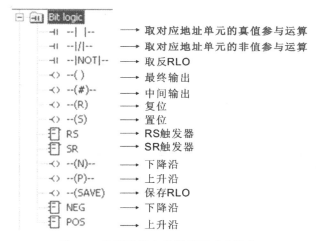

图 4-4　位逻辑指令的梯形图形式简介

4.2.1　位逻辑运算指令

位逻辑运算指令可以对布尔操作数（BOOL）的信号扫描并完成逻辑运算，并将每次运算结果存放于 RLO 位，用以赋值、置位、复位布尔操作数，也用于控制定时器和计数器的运行。

1. 标准触点指令

标准触点指令是"与"（A）、"与非"（AN）、"或"（O）、"或非"（ON）、"异或"（X）、"异或非"（XN）指令及其组合，其指令基本功能见表 4-7。它对"0"或"1"这些布尔操作数进行扫描，经逻辑运算后将逻辑操作结果送入状态字的 RLO 位。

表 4-7　标准触点指令

LAD 指令	STL 指令	功　能	存储区
〈位地址1〉〈位地址2〉 ┤├　┤/├	A　〈位地址 1〉 AN　〈位地址 2〉	与逻辑表示串联的逻辑关系，即将存储单元 1（位地址 1）的"真值"和存储单元 2（位地址 2）的"非值"做"与"（A），结果存于 RLO 位	
〈位地址1〉 ┤├ 〈位地址2〉 ┤/├	O　〈位地址 1〉 ON　〈位地址 2〉	或逻辑表示并联的逻辑关系，即将存储单元 1（位地址 1）的"真值"和存储单元 2（位地址 2）的"非值"做"或"（O），结果存于 RLO 位	I、Q、M、DB、L
〈位地址1〉〈位地址2〉 ┤├　┤├ 〈位地址1〉〈位地址2〉 ┤/├　┤/├	X　〈位地址 1〉 X　〈位地址 2〉	异或逻辑表示仅当两存储单元（位地址 1 和位地址 2）值不同时，输出结果为 1	

这里需要特别注意：

① 在 PLC 的梯形图程序中，虽然采用了比较接近于继电器-接触器线路的常开触点（┤├）、常闭触点（┤/├）的图形符号来表示，但是并不存在真正的所谓触点，而只有存储单元。常开触点表示取对应存储单元的真值参与逻辑运算；常闭触点表示应取存储单元的非值参与逻辑运算。

② 在 PLC 的梯形图程序中，不存在真正的电流。所谓通"电"了，实际表示逻辑运算（输出结果）为"1"。

2. 输出指令

逻辑串输出指令又称为赋值操作指令，该操作把状态操作字中的逻辑操作结果位（RLO）的值赋给指定的操作数（位地址）。若 RLO 为"1"，则操作数被置位（通电），否则操作数被复位（断电）。输出指令格式见表 4-8。

表 4-8　输出指令

LAD 指令	STL 指令	功　能	操作数类型	存储区
〈位地址〉 ──（　）	=　〈位地址〉	逻辑串赋值输出	BOOL（位）	
〈位地址〉 ──（#）┤├	=　〈位地址〉 A　〈位地址〉	中间结果赋值输出，不能作为逻辑串的结尾	BOOL（位）	Q、M、DB、L

逻辑串输出指令通过把首次检测位（$\overline{FC}$ 位）清 0，来结束一个逻辑串，其后不可以再串并联其他触点。当 $\overline{FC}$ 位为 0 时，表明程序中的下一条指令是一个新逻辑串的第一条指令，CPU 对其进行首次扫描操作。

中间输出指令在存储逻辑中，用于存储 RLO 的中间值，该值是中间输出指令前的位逻辑操作结果，灵活应用时可以提高编程效率。在与其他触点串联的情况下，中间输出与一般触点的功能一样。中间输出指令不能用于结束一个逻辑串，因此，中间输出指令不能放在逻辑串的结尾或分支的结尾处，图 4-5 是中间输出指令的基本应用。

由图 4-5 可以看出，两种梯形图的语句表是完全相同的，即所执行的功能完全相同。可以说，两种梯形图是完全等效的，只不过采用了中间输出，使得逻辑关系更一目了然，相当于数学应用题的综合算式，存储的中间结果可以应用于程序的其他位置来共同完成一个控制任务。

3. 嵌套表达式和先"与"后"或"

当 STEP 7 控制逻辑是串并联的复杂组合时，CPU 的扫描顺序是先"与"后"或"。在用语句表编写程序时，要特别注意这种嵌套表达式。

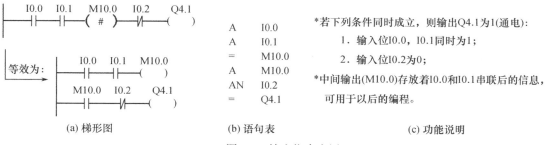

(a) 梯形图

```
A    I0.0
A    I0.1
=    M10.0
A    M10.0
AN   I0.2
=    Q4.1
```

(b) 语句表

*若下列条件同时成立，则输出Q4.1为1(通电):

1．输入位I0.0，I0.1同时为1；

2．输入位I0.2为0；

*中间输出(M10.0)存放着I0.0和I0.1串联后的信息，可用于以后的编程。

(c) 功能说明

图 4-5 输出指令应用

先串后并的程序结构如图 4-6 所示。

```
A(
A   I0.0
AN  I0.1
O
A Q4.0
A  I0.2
)
A  M0.1
=  Q4.0
```

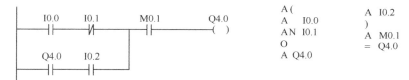

图 4-6 先串后并的程序结构

先并后串的程序结构如图 4-7 所示。

```
A(
O  I0.0
O  Q4.0
)
A(
ON I0.1
O   I0.2
)
A   M0.1
=   Q4.0
```

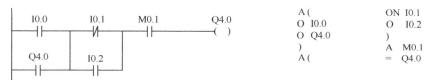

图 4-7 先并后串的程序结构

【例 4-1】已知梯形图程序如图 4-8 所示，写出对应的语句表程序。

```
A(
A(
O  I0.0
O  Q4.0
)
AN  I0.1
O    M0.2
)
A(
A  M0.1
A  I0.2
O
A(
O  Q4.1
O  M0.4
)
A  I0.3
)
O  M0.3
=  Q4.0
```

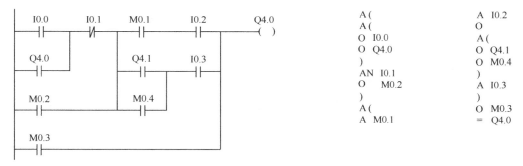

图 4-8 例 4-1 图

【例 4-2】已知语句表程序，画出对应的梯形图程序。如图 4-9 所示。

```
A(
O  I0.0
O
A(
O  I0.2
O  I0.3
)
A  I0.4
)
A(
A(
ON  T0
O  Q4.0
)
A  M0.1
O  M0.2
)
AN  I0.5
O   Q4.1
=   Q4.1
```

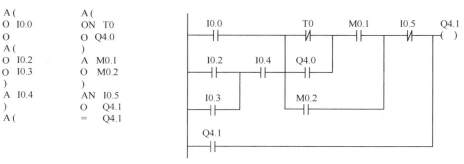

图 4-9 例 4-2 图

【例 4-3】用"与"、"或"、"输出"指令编写电动机单方向连续运转的控制程序。

在 PLC 控制方式中，启动按钮一般选择常开按钮；停止按钮可以选择常开按钮形式，也可以选择常闭按钮形式；热继电器主要用于电动机的过载保护，用常闭触点表示电动机的正常工作状态。电动机单方向连续运转的 I/O 地址分配见表 4-9。

表 4-9　三相异步电动机的单向运转 I/O 地址分配

输入地址	电路器件	说明	输出地址	电路器件	说明
I0.0	SB2	启动按钮（常开按钮）	Q4.0	KM	电动机接触器线圈
I0.1	SB1	停止按钮（常开按钮）			
I0.2	FR	热继电器（常闭触点）			

其梯形图（LAD）及语句表（STL）控制程序如图 4-10 所示。

由于停止按钮 SB1 选择了常开按钮，当没有按下 SB1 时，I0.1 单元存储值为"0"，所以选择其闭点（取反值）形式串联于线路中才能使线路畅通；当按下 SB1 时，I0.1 单元存储值变为"1"，其闭点（取反值）将线路切断。然而热继电器为常闭触点，当电动机主电路正常时，该触点闭合（常态），这时 I0.2 单元存储值为"1"，所以选择其开点（真值）形式串联于线路中才能使线路畅通；当电动机过载时，热继电器动作，I0.2 单元存储值变为"0"，其开点（真值）将线路切断。

如果将停止按钮选择为常闭触点形式，则图 4-10 的控制线路将如图 4-11 所示。

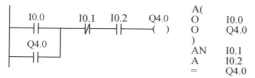

图 4-10　三相异步电动机的单向运转方法 1　　　　图 4-11　三相异步电动机的单向运转方法 2

由此可见，PLC 的 I/O 接线与其控制程序是紧密相连的，外部触点的形式直接影响到控制程序中触点选择形式。

4. 置位/复位指令

置位/复位指令根据 RLO 的值来决定指定地址的状态是否需要改变。只有 RLO 为 1 时，置位指令使指定地址位状态为 1，复位指令使指定地址位状态为 0。如果 RLO 为 0，指定地址位状态保持不变。

置位/复位指令可用于结束一个逻辑串（梯级），复位指令也用于复位定时器和计数器等其他指令。置位/复位指令见表 4-10。

表 4-10　置位/复位指令（线圈格式）

LAD 指令	STL 指令	功能	存储区
〈位地址〉 ———（ S ）	S　〈位地址〉	置位输出，一旦 RLO 为 1，则被寻址信号状态置 1，即使 RLO 又变为 0，输出仍保持为 1	Q、M、DB、L
〈位地址〉 ———（ R ）	R　〈位地址〉	复位指令，一旦 RLO 为 1，则被寻址信号状态置 0，即使 RLO 又变为 0，输出仍保持为 0	Q、M、T、C、DB、L

置位/复位指令的时序图如图 4-12 所示。

从图 4-12 可见，在当前扫描周期，当置位信号和复位信号不同时出现时，无论是哪个信号出现，信号维持时间只要大于一个扫描周期，即能完成对应控制，并保持到相反操作为止；当置位指令和复位指令同时出现时，因为图 4-12 中复位指令在后，按照扫描的结果，最终执行的是复位指令，即"谁在后，谁优先"。

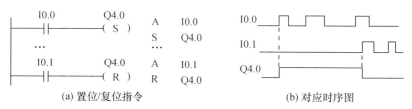

(a) 置位/复位指令   (b) 对应时序图

图 4-12   置位/复位指令及时序图

由于置位/复位指令是两条独立的指令，即使控制同一操作数，两条指令的位置也可以根据用户需要随意设置，两条指令之间可以根据需要插入其他控制程序。

5. 触发器

如果将上面的独立的置位/复位线圈指令汇总在一起用功能框表示，就构成了触发器。该功能框有两个输入端，分别是置位输入端 S 和复位输入端 R，有一个输出端 Q（位地址）。触发器可分为两种类型：置位优先型（RS 触发器）和复位优先型（SR 触发器）。两个触发器的区别在于当 S/R 端信号同时到来时"谁在后，谁优先"。

触发器可以用在逻辑串的最右端结束一个逻辑串，也可以用在逻辑串中，影响右边的逻辑操作结果。

触发器指令和操作数见表 4-11。

表 4-11   触发器指令和操作数

LAD 指令	STL 指令	说明	存储区
〈位地址〉 SR 置位信号 — S Q 复位信号 — R 复位优先型	A 置位信号 S 〈位地址〉 A 复位信号 R 〈位地址〉	S = 0、R = 1 时，复位，即 Q = 0； S = 1、R = 0 时，置位，即 Q = 1； S = 1、R = 1 时，复位，即 Q = 0。故称为复位优先型	I、Q、M、DB、 L、T、C
〈位地址〉 RS 复位信号 — R Q 置位信号 — S 置位优先型	A 复位信号 R〈位地址〉 A 置位信号 S 〈位地址〉	S = 0、R = 1 时，复位，即 Q = 0； S = 1、R = 0 时，置位，即 Q = 1； S = 1、R = 1 时，置位，即 Q = 1。故称为置位优先型	I、Q、M、DB、 L、T、C

复位优先型 SR 触发器的 S 端在 R 端之上，当两个输入端都为 1 时，下面的复位输入最终有效。即复位输入优先，触发器或被置位或保持置位不变。

置位优先型 RS 触发器的 R 端在 S 端之上，当两个输入端都为 1 时，下面的置位输入最终有效。即置位输入优先，触发器或被复位或保持复位不变。

图 4-13 给出了使用复位优先型 SR 触发器的梯形图例子，图中也给出了与梯形图对应的语句表程序。

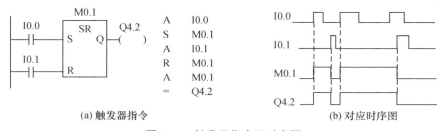

(a) 触发器指令   (b) 对应时序图

图 4-13   触发器指令及时序图

6. 跳变沿检测指令

当信号状态发生变化时就产生跳变沿。当状态由 0 变化到 1 时，产生正跳沿（或上升沿、前沿）；当状态由 1 变化到 0，则产生负跳沿（或下降沿、后沿）。跳变沿检测的原理是：在每个扫描周期中把信号状态和它在前一个扫描周期的状态进行比较，若不同则表明有一个跳变沿。因此，前一个周期里的信号状态必须被存储，以便能和新的信号状态相比较。

在 STEP 7 中，有两类跳变沿检测指令，一种对 RLO 的跳变沿进行检测，另一种是对触点的跳变沿直接进行检测。指令格式见表 4-12。

表 4-12　跳变沿检测指令

对 RLO 跳变沿检测的指令			
LAD 指令	STL 指令	功　能	存储区
〈位地址〉 —(P)—	FP　〈位地址〉	RLO 正跳沿检测，位地址用于存放需要检测的 RLO 的上一扫描周期值，当 RLO 值由 0 变化到 1 时，输出接通一个扫描周期	Q、M、DB
〈位地址〉 —(N)—	FN　〈位地址〉	RLO 负跳沿检测，当 RLO 值由 1 变化到 0 时，输出接通一个扫描周期	
对触点跳变沿检测的指令			
RS 触发器	SR 触发器	功　能	存储区
允许—[POS　Q]— 〈位地址2〉—[M_BIT] 〈位地址1〉	允许—[MEG　Q]— 〈位地址2〉—[M_BIT] 〈位地址1〉	只有允许信号为 1，则可对〈位地址 1〉（被检测的触点地址）进行跳变沿检测，若有跳变沿，Q：单稳输出（只接通一个扫描周期） 位地址 2：存储被检测触点上一个扫描周期的状态	Q、M、DB、I （I 对位地址 2 非法）

由表 4-12 可知，无论是哪种跳变沿检测指令，为了检测信号的变化，均需要一个位地址单元用于存储被检测触点上一个扫描周期的状态，通过将本周期值与上一个扫描周期的状态进行比较来进行跳变沿检测。

图 4-14 是使用 RLO 正跳沿检测指令的例子。这个例子中，CPU 将检测到的上一周期 RLO（在本例中，此 RLO 正好与输入 I1.0 的信号状态相同）存放在存储位 M0.0 和 M0.1 中，与本周期检测到的 RLO 值（输入 I1.0）进行比较，当有正跳沿时，将使得输出 Q4.0 的线圈在一个扫描周期内通电；当有负跳沿时，将使得输出 Q 4.1 的线圈在一个扫描周期内通电。

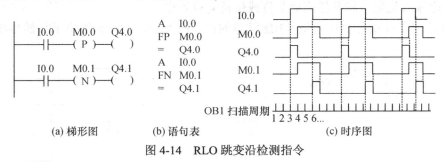

(a) 梯形图　　　(b) 语句表　　　　　　(c) 时序图

图 4-14　RLO 跳变沿检测指令

需要注意的是，在编程时必须考虑到，FP 和 FN 是对其之前的 RLO 的跳变沿检测，而不是触点的状态变化（前面的图中是特例）。因为一般情况下，RLO 可能由一个逻辑串形成，并不单独与某触点的状态直接相关。若要单独检测某触点的跳变沿，可使用对触点跳变沿直接检测的梯形图方块指令。图 4-15 是使用触点正跳沿检测指令的例子。图中，由〈位地址 1〉给出需要检测的触点编号（I1.0），〈地址 2〉（M1.0）用于存放该触点在前一个扫描周期的状态。

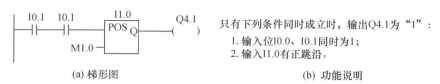

只有下列条件同时成立时，输出Q4.1为"1"：
1. 输入位I0.0、I0.1同时为1；
2. 输入I1.0有正跳沿。

(a) 梯形图   (b) 功能说明

图 4-15　触点正跳沿检测

7. 对 RLO 的直接操作指令

这一类指令直接对逻辑操作结果 RLO 进行操作，改变状态字中 RLO 位的状态。有关内容见表 4-13。

表 4-13　对 RLO 的直接操作指令

LAD 指令	STL 指令	功能	说　　　　明
——|NOT|——	NOT	取反 RLO	在逻辑串中，对当前的 RLO 取反
—	SET	置位 RLO	把 RLO 无条件置 1 并结束逻辑串；使 STA 置 1，OR、FC 清 0
—	CLR	复位 RLO	把 RLO 无条件清 0 并结束逻辑串；使 STA、OR、FC 清 0
——（SAVE）	SAVE	保存 RLO	把 RLO 存入状态字的 BR 位，该指令不影响其他状态位
BR 位地址 ——||——（ ）	A　BR	检查 RLO	再次检查存储的 RLO

4.2.2　位逻辑运算指令应用举例

【例 4-4】运动机械自动往复运动的 PLC 控制。

运动机械自动往复运动在工业生产中是很常见的，如图 4-16 所示为机床的工作台运动示意图。

工作台由交流电动机驱动，改变电动机的旋转方向就可以改变工作台的运动方向。按下启动按钮 SB1 后，电动机驱动工作台左行，如果工作台运动到极限位置时，由行程开关 SQ1 或 SQ2 检测并发出停止前进指令，同时自动发出返回指令。只要不按停止按钮 SB2，工作台将继续这种自动往复运动。工作台驱动电动机通过热继电器做过载保护。

编程元件的地址分配见表 4-14。

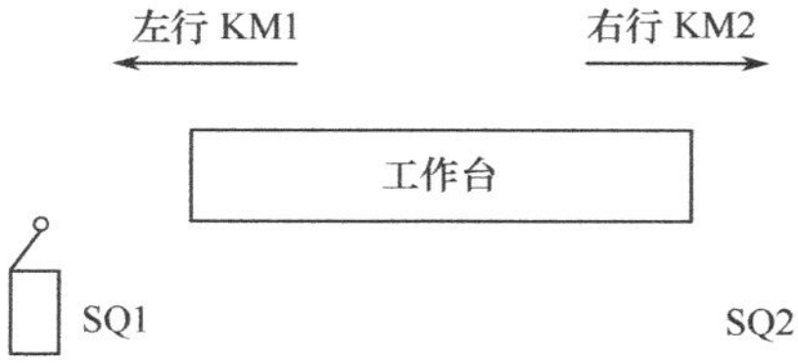

表 4-14　机床工作台往复运动系统的地址分配表

	编程元件地址	电路器件	说明
输入	I0.0	SB1	启动按钮（动合触点）
	I0.1	SB2	停止按钮（动合触点）
	I0.2	SQ1	左行程开关（动合触点）
	I0.3	SQ2	右行程开关（动合触点）
	I0.4	FR	热继电器（动断触点）
输出	Q4.0	KM1	左行接触器线圈
	Q4.1	KM2	右行接触器线圈

左行 KM1 ←　　　　　→ 右行 KM2

工作台

SQ1　　　　　　　　　　SQ2

图 4-16　机床的工作台运动示意图

系统的主电路及 S7-300 PLC 控制程序如图 4-17 所示。

【例 4-5】用单按钮来完成电动机的启停控制，即奇次按下为启动；偶次按下为停止。

用单按钮完成电动机启停控制的 I/O 分配见表 4-15，程序如图 4-18 所示。

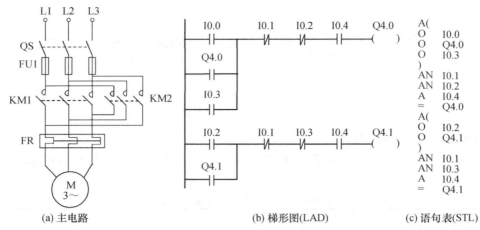

(a) 主电路   (b) 梯形图(LAD)   (c) 语句表(STL)

图 4-17   机床工作台往复运动系统主电路及 S7-300PLC 控制程序

表 4-15   单按钮启停控制地址分配表

输入	I0.0	启停按钮		M0.0	存储 I0.0 上一周期状态
输出	Q4.0	电动机接触器线圈	中间位存储	M1.0	I0.0 上升沿检测
				M1.1	I0.0 偶次上升沿检测

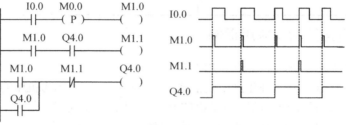

图 4-18   单按钮启停程序及时序图

4.3   定时器与计数器指令

在 S7-300 CPU 的存储器中留有一块区域用于存储定时器的定时值或计数器的当前值，每个定时器或计数器都需要 2 字节，不同的 CPU 模板，用于定时器、计数器的存储区域也不同，在一个项目中，最多允许使用 128～512 个定时器、计数器。

4.3.1   定时器指令

定时器（Timers）是 PLC 中不可或缺的重要编程元件，是一种由位和字组成的复合单元。定时器的状态（触点）用位表示，其定时值存储在定时器字中（占 2 字节，即 16 位存储器）。S7-300/400 提供的定时器有：脉冲定时器（SP）、扩展脉冲定时器（SE）、接通延时定时器（SD）、带保持的接通延时定时器（SS）和关断延时定时器（SF）。

1. 定时器的组成

（1）定时字的存储格式

在 CPU 的定时器区域，每个定时器为 2 字节，称为定时字，存储时基和定时值两部分，如图 4-19 所示。定时时间等于时基与定时值的乘积。当定时器运行时，定时值每时基不断减 1，直至减到 0 表示定时时间到。定时时间到后会引起定时器触点的动作。表 4-16 中列出 S7-300

时基与定时范围，可以看出图 4-19 中时间设定值为 127s。

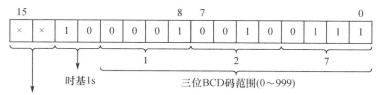

图 4-19　定时器定时值的数据格式

表 4-16　S7-300 时基与定时范围

时　基	时基的二进制代码	分辨率	定　时　范　围
10ms	0　0	0.01 s	10MS 至 9S_990MS
100ms	0　1	0.1 s	100MS 至 1M_39S_900MS
10ms	1　0	1 s	1S 至 16M_39S
10ms	1　1	10 s	10S 至 2H_46M_30S

（2）定时设定时间表示法

① S5 时间表示法

S5 时间表示法在语句表（STL）、梯形图（LAD）的线圈格式以及方块指令中都能使用。西门子 S7 系列 PLC 的定时器是继承西门子 S5 系列的 PLC，故称为 S5 时间表示法，其指令格式如下：

L　S5T#aH_bbM_ccS_dddMS

其中，a：小时，bb：分钟，cc：秒，ddd：毫秒，范围：1MS 到 2H_46M_30S；此时，时基是自动选择的，原则是根据定时时间选择能满足要求的最小时基。

② 定时值的数据格式表示法

只有在语句表指令（STL）中可以按照图 4-19 的格式装入时间设定值，其指令格式如下：

L　W#16# wxyz

其中，wxyz 以 BCD 码形式存入，w 为时基，取值为 0、1、2、3，分别对应时基为 10ms、100ms、1s；10s；xyz 为定时值，取值范围：1～999。例如：

A	I0.0	// 允许 T4 启动的控制信号
L	W#16#2127	// 把 2127 存入累加器 1 低字中
SP	T4	// 启动 T4，并将 2127 自动装入定时器字中，如图 4-19 所示

2. 定时器的启动与运行

S7 中的定时器与时间继电器的工作特点相似，对定时器同样要设置定时时间，也要启动定时器（使定时器线圈通电）。除此之外，定时器还增加了一些功能，如随时复位定时器、随时重置定时时间（定时器再启动）、查看当前剩余定时时间等。

S7 中的定时器不仅功能强，而且类型多。图 4-20 给出了如何正确选择定时器的示意图。以下将以 LAD 方框图为主详细介绍定时器的运行原理及使用方法。

3. 定时器梯形图方块指令

在 LAD（梯形图）编程环境下，定时器采用功能框的形式。使用方框图的形式编程，还可以查看定时器的当前剩余时间。用功能框表示的定时器指令和操作数见表 4-17。

S7-300 定时器必须编辑的操作数有 3 个，即：定时器编号 Tno、启动控制端 S 和设置定时器时间端 TV。其他端子可根据需要选择编辑。以接通延时定时器为例，其方框图指令如图 4-21

所示。其中图（a）是具有全部操作数的定时器，而图（b）是具有最少操作数的定时器。编程时要注意其表达形式和对应关系。

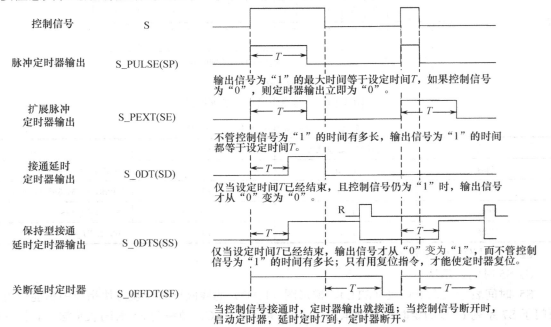

图 4-20　S7-300 的 5 种定时器总览

表 4-17　用功能框表示的定时器指令和操作数

类型	脉冲定时器	扩展脉冲定时器	接通延时定时器	保持接通定时器	关断延时定时器
LAD	T no S_PULSE S Q TV BI R BCD	T no S_PEXT S Q TV BI R BCD	T no S_ODT S Q TV BI R BCD	T no S_ODTS S Q TV BI R BCD	T no S_OFFDT S Q TV BI R BCD
STL	SP	SE	SD	SS	SF

参数	操作数	数据类型	存储区	说明
	no	TIMER	—	定时器编号，范围与 CPU 有关
	S	BOOL	I、Q、M、D、L	启动输入端
	TV	S5TIME	I、Q、M、D、L	设置定时器时间
	R	BOOL	I、Q、M、D、L	复位输入（可省略）
	Q	BOOL	Q、M、D、L	定时器输出（可省略）
	BI	WORD	Q、M、D、L	剩余时间输出（二进制）（可省略）
	BCD	WORD	Q、M、D、L	剩余时间输出（BCD 格式）（可省略）

图 4-21　定时器方框图指令应用格式

（1）脉冲定时器（S_PULSE）

如果"S 端子"有正跳沿，则脉冲定时器以设定的时间值启动指定的定时器。只要"S 端子"为 1，定时器就保持运行。在定时器运行时，其常开触点闭合，即定时器状态为 1。当定时时间到，定时器的状态变为 0。若在定时时间内"S 端子"由 1 变为 0，则定时器被复位至启动前的状态，其定时器的常开触点断开。复位端始终具有优先权，若为"1"定时器无法启动。脉冲定时器程序及时序图如图 4-22 所示。

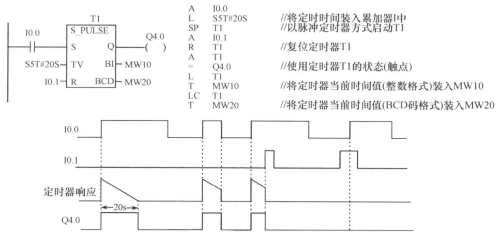

图 4-22　脉冲定时器程序及时序图

（2）扩展脉冲定时器（S_PEXT）

如果"S 端子"有正跳沿，则扩展脉冲定时器以设定的时间值启动指定的定时器。即使"S 端子"变为 0，定时器仍保持运行，直到定时时间到后才停止（定时器被复位）。在定时器运行时，其常开触点闭合。当定时时间到后，则常开触点断开。使用扩展脉冲定时器程序及时序如图 4-23 所示。

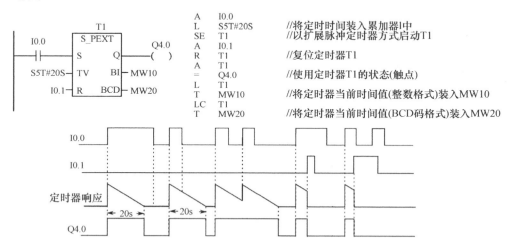

图 4-23　扩展脉冲定时器程序及时序图

由图 4-23 可知，当定时器启动，且设定时间未到时，如果在输入端又有正跳沿启动定时器，则定时器从设定时间开始重新计时。复位信号在控制过程中（因其位置在启动定时器之后）始终具有优先权。

（3）接通延时定时器（S_ODT）

如果"S 端子"有正跳沿，则接通延时定时器以设定的时间值启动指定的定时器。当定时时间到后，则常开触点闭合并保持。直到"S 端子"变为 0，定时器才被复位至启动前的状态，此时定时器的常开触点断开。若在定时时间内"S 端子"变为 0，则定时器也被复位。使用接通延时定时器程序及时序图如图 4-24 所示。

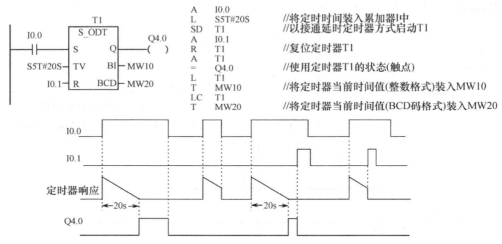

图 4-24　接通延时定时器程序及时序图

由图 4-24 可知，接通延时定时器与继电器-接触器线路中的通电延时型定时器原理基本相同，必须保证当设定时间到时，其控制信号仍保持接通，其触点状态才能接通。

（4）保持型接通延时定时器（S_ODTS）

如果"S 端子"有正跳沿，保持型接通延时定时器以设定的时间值启动指定的定时器，即使"S 端子"变为 0，定时器仍保持运行。此时，定时器常开触点断开，当定时时间到后，常开触点闭合并保持。使用保持型接通延时定时器的程序及时序图如图 4-25 所示。

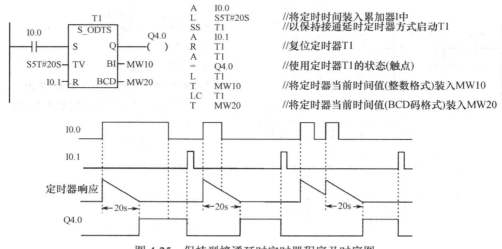

图 4-25　保持型接通延时定时器程序及时序图

由图 4-25 可知，若在设定的延时时间内，RLO 再有一个正跳沿，定时器重新启动，即原定时器的当前值在再次启动定时器时，被设定值所覆盖；保持型接通延时定时器只有用复位指令才能复位该定时器，即其复位信号不能省略，否则定时器无法再次被启动。

（5）关断延时定时器（S_OFFDT）

当"S端子"接通时，定时器就接通，其常开触点闭合。当输入信号断开时（"S端子"有负跳沿），则关断延时定时器以设定的时间值启动指定的定时器。当定时时间到后，则定时器断开，其状态为0。使用关断延时定时器的程序及时序图如图4-26所示。

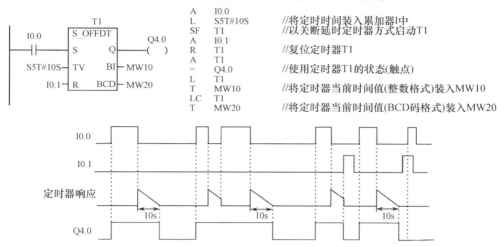

A	I0.0	
L	S5T#10S	//将定时时间装入累加器I中
SF	T1	//以关断延时定时器方式启动T1
A	I0.1	
R	T1	//复位定时器T1
A	T1	
=	Q4.0	//使用定时器T1的状态(触点)
L	T1	
T	MW10	//将定时器当前时间值(整数格式)装入MW10
LC	T1	
T	MW20	//将定时器当前时间值(BCD码格式)装入MW20

图4-26　关断延时定时器程序及时序图

由图 4-26 可知，关断延时定时器与继电器-接触器线路中的断电延时型定时器原理基本相同。定时器通电时，其触点不起延时作用（开点立即闭合、闭点立即断开）；当定时器断电时，其触点延时动作（开点延时打开、闭点延时闭合）。

如果断电延时的触点还没有断开前，定时器的输入信号再次接通，则原定时器的当前值被清0，定时器重新被启动。同样复位信号具有优先权。

4．定时器线圈指令

S7-300 的 5 种定时器除了具有方框图指令格式外，还具有线圈指令格式，如表4-18 所示。

表4-18　S7-300 的 5 种定时器线圈格式

LAD 指令	STL 指令	功　能	说　明
T no. ——(SP) S5T#...	L　S5T#... SP　T no.	启动脉冲定时器	该指令以指定方式启动定时器 T no. 当 RLO 有上升沿时，将设定时间 S5T#...装入累加器 1 中，同时定时器开始运行； 　T no.为定时器号，数据类型为 TIMER，对于 CPU315 来说，范围为T0～T255
T no. ——(SE) S5T#...	L　S5T#... SE　T no.	启动扩展脉冲定时器	
T no. ——(SD) S5T#...	L　S5T#... SD　T no.	启动接通延时定时器	
T no. ——(SS) S5T#...	L　S5T#... SS　T no.	启动保持型接通延时定时器	
T no. ——(SF) S5T#...	L　S5T#... SF　T no.	启动关断延时定时器	

以保持型接通延时定时器（SS）为例说明线圈指令的用法。其梯形图和语句表如图4-27所示。

S7-300 定时器的方框图格式和线圈格式可以根据喜好及需要来选择，均能完成延时控制任务。方框图格式优点：将定时器的所有功能集中编辑，并且便于运行监控；线圈格式结构更灵活，可以根据需要将同一定时器的不同功能设置在不同网络中。

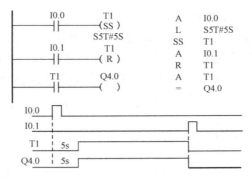

图 4-27　定时器线圈指令应用

5．定时器编程举例

【例 4-6】用 PLC 完成三相异步鼠笼式电动机串电阻降压启动控制。

采用继电器-接触器控制方式的三相异步鼠笼式电动机串电阻启动控制原理图如图 4-28 所示，可以看出由于定时器 KT 的存在，系统完成了启动期间定子串电阻到短接电阻（KM2 闭合）的切换，最终完成了串电阻降压启动的控制。

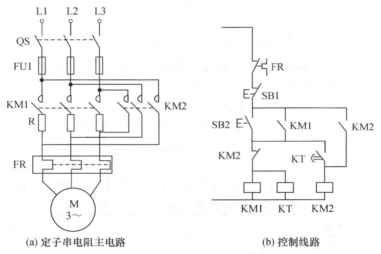

(a) 定子串电阻主电路　　　　　　　　(b) 控制线路

图 4-28　三相异步鼠笼式电动机串电阻降压启动继电器-接触器控制原理图

如果采用 PLC 控制，图 4-28 中的主电路保持不变，控制线路采用 PLC 来完成，其 PLC 的编程元件的地址分配（I/O 接线）见表 4-19。PLC 程序如图 4-29 所示。

表 4-19　三相异步鼠笼电机串电阻降压启动地址分配

输入地址	电路器件	说明	输出地址	电路器件	说明
I0.0	SB2	启动按钮（常开）	Q4.0	KM1	启动接触器线圈
I0.1	SB1	停止按钮（常开）	Q4.2	KM2	短接电阻接触器线圈
I0.2	FR	热继电器（常闭）			

【例 4-7】某锅炉的鼓风机和引风机的控制要求如下：

（1）按下启动按钮 SB2，引风机立即启动，鼓风机比引风机晚 10s 启动。

（2）按下停止按钮 SB1，鼓风机立即停止，引风机比鼓风机晚 12s 停机。

根据上述要求，写出 PLC 的 I/O 分配，并设计出梯形图控制程序。

系统编程元件地址分配及控制时序如图 4-30 所示。

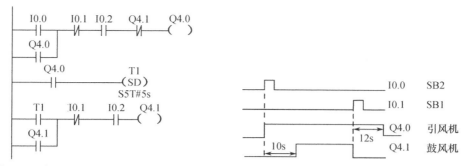

图 4-29　定子串电阻降压启动 PLC 程序　　图 4-30　鼓风机和引风机系统地址分配及控制时序

根据控制时序，可选用 5 种定时器及其组合完成控制，图 4-31 给出了两种参考控制方案。其中，图（a）采用了接通定时器（SD）和扩展脉冲定时器（SE）来完成控制，且采用线圈指令格式；而图（b）采用接通延时和关断定时器来完成控制，且采用了方框图形式。

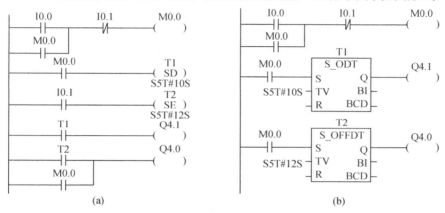

图 4-31　鼓风机和引风机系统控制程序 1

对于时间上的顺序控制，也可以采用单一的定时器来完成控制，主要由通电延时（S_ODT）和断电延时（S_OFFDT）来完成。图 4-32 是只采用通电延时定时器来完成的鼓风机和引风机的控制程序。

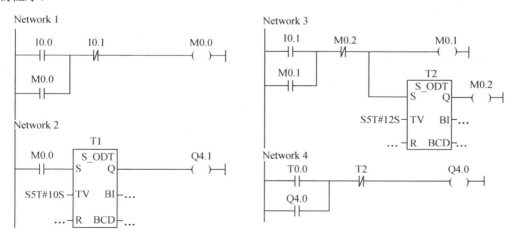

图 4-32　鼓风机和引风机系统控制程序 2

【例 4-8】闪烁控制程序。某信号灯 HL，当开关 SH1 接通后，就以灭 1s、亮 2s 的频率不断闪烁。

编程元件地址分配：输入，开关 SH1，I0.0；输出，Q4.0，信号灯 HL。

因为信号灯点亮和熄灭的时间不同，所以需要两个定时器 T1 和 T2，T1 的时间设定值为 1s，T2 的时间设定值为 2s。用 T1 去触发 T2，当 T2 时间到时去关断 T1，完成循环闪烁控制。控制程序如图 4-33 所示。

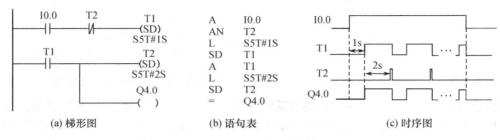

|（a）梯形图|（b）语句表|（c）时序图|

图 4-33　信号灯闪烁控制程序及时序图

【例 4-9】定时器扩展。在 S7-300 中，单个定时器的最大计时范围是 9990s（2H_46M_30S），如果超过这个范围，可以采用两个（或多个）定时器级联的方法来扩展计时范围。现在考虑一个要求延时时间为 5 小时的控制任务。

假定 T1 的时间设定值为 2H_20M，T2 的时间设定值为 2H_40M，则 T1＋T2=5H。其控制程序如图 4-34 所示。

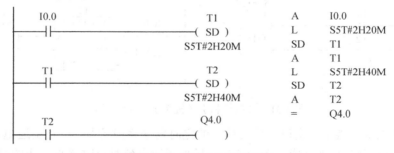

图 4-34　两个定时器级联

4.3.2　时钟存储器

在 S7-PLC CPU 的位存储器 M 中，可以任意指定一个字节，如 MB200，作为时钟脉冲存储器，当 PLC 运行时，MB200 的各个位能周期性地改变二进制值，即产生不同频率（或周期）的时钟脉冲。时钟存储器（Clock Memory）字节产生的时钟脉冲与存储器位的关系见表 4-20。

表 4-20　时钟脉冲与存储器位的关系

位	7	6	5	4	3	2	1	0
时钟脉冲周期/s	2	1.6	1	0.8	0.5	0.4	0.2	0.1
时钟脉冲频率/Hz	0.5	0.625	1	1.25	2	2.5	5	10

时钟存储器的设定是在 STEP 7 硬件配置时进行组态设定。具体方法是：

① 进入 STEP 7 的硬件配置画面，如图 4-35 所示。

② 选择 CPU 模板，如图 4-36 所示。

③ 设置时钟存储器，如图 4-37 所示。

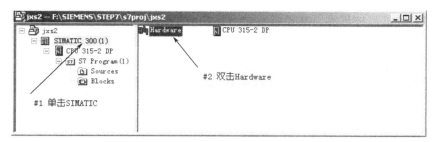

图 4-35　硬件配置画面

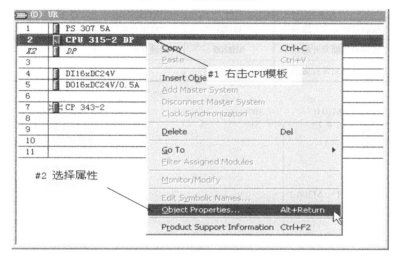

图 4-36　选择 CPU 模板

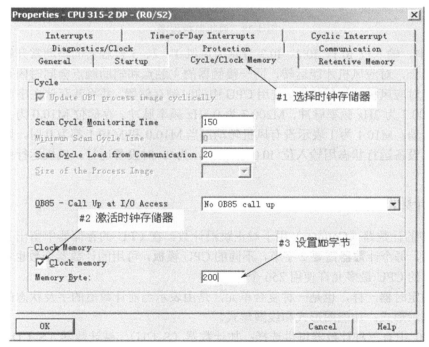

图 4-37　设置时钟存储器

④ 下载设置，将已经设置好的时钟存储器保存、下载，这时指定的 **MB200** 的各个位即为不同频率（或周期）的时钟脉冲，并可应用到相应的控制任务中。

【例 4-10】风机监控程序。某设备有三台风机，当设备处于运行状态时，如果风机至少有两台以上转动，则指示灯常亮；如果仅有一台风机转动，则指示灯以 0.5Hz 的频率闪烁；如果没有任何风机转动，则指示灯以 2Hz 的频率闪烁。当设备不运行时，指示灯不亮。

编程元件的地址分配（I/O 接线）见表 4-21。实现上述功能的梯形图及语句表程序如图 4-38 所示。

表 4-21　风机监控系统地址分配

输入地址	说明	中间单元	说明	输出地址	说明
I0.0	设备电机接触器辅助常开触点	M10.0	至少两台运行	Q4.0	监控指示灯
I0.1	风机 1 接触器辅助常开触点	M10.1	一台也不运行		
I0.2	风机 2 接触器辅助常开触点	MB200	时钟存储单元		
I0.3	风机 3 接触器辅助常开触点				

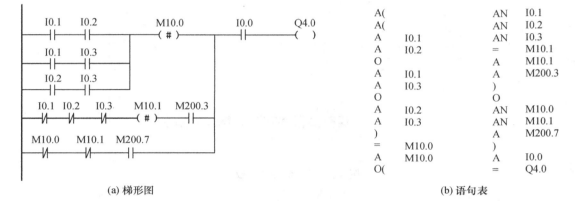

(a) 梯形图　　　　　　　　　　　　　　(b) 语句表

图 4-38　风机监控程序

图 4-38 中，输入位 I0.1、I0.2、I0.3 分别为风机 1、2、3 接触器的辅助常开触点，只有接触器主触点闭合，对应风机才能运转，同一接触器的主触点和辅助触点会同时闭合或断开，从而侧面反映了对应风机的运行状态。使用 CPU 中的时钟存储器，并将其存储在字节 MB200 中，则存储位 M200.3 为 2Hz 频率脉冲，M200.7 为 0.5Hz 频率脉冲。存储位 M10.0 为 1 时表示至少有两台风机转动；M10.1 为 1 表示没有风机转动；当 M10.0 和 M10.1 都为 0 时，则表示只有一台风机运转。设备运行状态用输入位 I0.0 来模拟，为 1 时设备运行。风机运行监控指示灯由 Q4.0 控制。

4.3.3　计数器指令

S7-300 中的计数器（Counter）用于对正跳沿计数。在 CPU 的存储器中留出了一块区域用于存储计数值，每个计数器需要 2 字节，不同的 CPU 模板，可用的计数器个数也不同，大部分 S7-300，PLC 的 CPU 最多允许使用 256 个计数器。

计数器同定时器一样，也是一种复合单元，是由表示当前计数值的字及状态的位组成；并且也有两种表示形式：功能图形式和线圈形式。

在 S7-300 中有三种计数器可供选择：加计数器（S_CU）、减计数器（S_CD）、加/减计数器（S_CUD）。

1. 计数器组成

在 CPU 中保留一块存储区作为计数器存储区,每个计数器占用 2 字节,计数器字中的第 0～

11 位表示计数值（BCD 码），计数范围是 0～999，格式如图 4-39 所示。

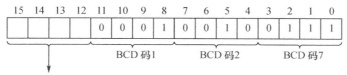

图 4-39　计数器数值存储格式

2. 计数器指令的功能框表示形式

用功能框表示的计数器指令见表 4-22。

表 4-22　计数器功能框指令

加计数器	减计数器	可加/减计数器
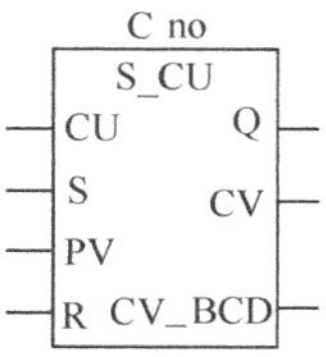 C no S_CU CU　Q S PV　CV R　CV_BCD	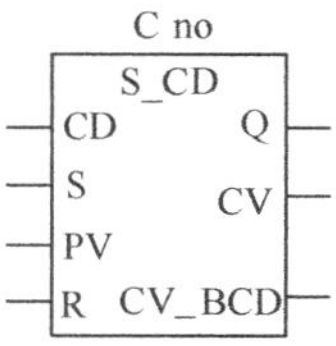 C no S_CD CD　Q S PV　CV R　CV_BCD	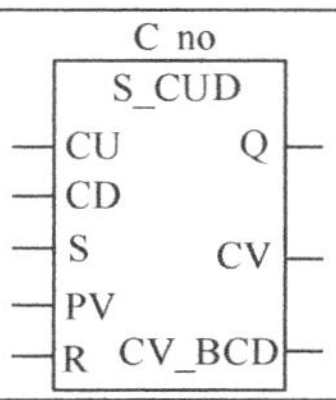 C no S_CUD CU　Q CD S　CV PV R　CV_BCD

参数	数据类型	存储区	说　明
no.	COUNTER	C	计数器标识号，从 C0 起
CU	BOOL	I、Q、M、DB、L	加计数输入端，上升沿有效
CD	BOOL	I、Q、M、DB、L	减计数输入，上升沿有效
S	BOOL	I、Q、M、DB、L	当 S 端信号上升沿来时，将 PV 端的初始值装入（BCD 码）计数
PV	WORD	I、Q、M、DB、L	器，作为计数器的当前值
R	BOOL	I、Q、M、DB、L	复位输入端，将计数器的当前值清 0
Q	BOOL	Q、M、DB、L	计数器状态输出，只有当前值为 0 时输出为 0
CV	WORD	Q、M、DB、L	当前计数值输出（整数格式）
CV_BCD	WORD	Q、M、DB、L	当前计数值输出（BCD 格式）

在图 4-40 中使用了可加/减计数器功能框指令，输入 I0.0 的正跳沿使计数器 C0 的计数值增加，输入 I0.1 使计数值减小。计数器 C0 的状态用于控制输出 Q4.0。给 C0 预置的初始值格式为 C#...，数据为十进制数，当 I0.2 有正跳沿时，该值被置入计数器 C0，具体功能及使用见图4-40 的注释。

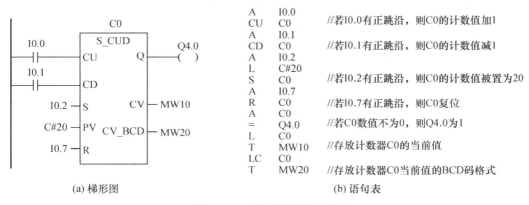

（a）梯形图　　　　　　　　　　　　（b）语句表

图 4-40　可逆计数器指令使用

3. 计数器线圈表示形式

计数器的线圈指令见表4-23。

表4-23　计数器线圈指令

LAD 指令	STL 指令	功　能
Cno ——(SC) （预置值）C#...	L　C#... S　C no.	该指令为计数器置初始值。当 RLO 有上升沿时，将预置值十进制数（格式为 C#...）装入累加器 1 中作为计数器的当前值
Cno ——(CU)	CU　C no.	加计数，程序运行时 RLO 没有一个上升沿时，计数值加 1，若达上限 999 时，则停止加计数
Cno ——(CD)	CD　C no.	减计数，程序运行时 RLO 没有一个上升沿时，计数值减 1，若达下限 0 时，则停止减计数
	FR　C no.	允许计数器再启动，若 RLO 为 1，则初始值再次装入重新计数

以加计数器为例说明计数器线圈指令的用法，具体功能及使用如图4-41所示。

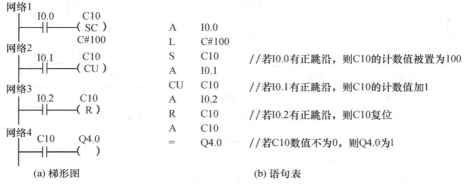

（a）梯形图　　　　　　　　　　（b）语句表

图 4-41　加计数器线圈指令应用

该例子用于对输入 I0.1 的正跳沿计数，每一个正跳沿使计数器 C10 的计数值加 1。输入 I0.0 有正跳沿时，计数器 C10 被置初始值 100，C#表示以 BCD 码格式输入一个数值。

4.3.4　定时器与计数器的编程举例

1. 比较指令（Comparator）

S7-300 PLC 的计数器与其他型号的 PLC 不同，没有达到某一设定值计数器的状态就接通这一特性，S7-300 的计数器只要计数器的当前值不是 0，计数器的状态就为 1，要想使计数器达到某值进行相应操作，必须将计数器指令和比较指令配合使用。比较指令的格式见表4-24。

表4-24　比较指令

LAD	STL 指令	方框图上部的符号	说　明
COMP==I　位地址 ——( ) —IN1 —IN2	？I	CMP？I	比较累加器 2 和累加器 1 低字中的整数是否==，<>，>，<，>=，<=，如果条件满足，RLO=1，即梯形图中输出"位地址"处为 1
	？D	CMP？D	比较累加器 2 和累加器 1 低字中的双整数是否 ==，<>，>，<，>=，<=，如果条件满足，RLO=1，即梯形图中输出"位地址"处为 1
	？R	CMP？R	比较累加器 2 和累加器 1 低字中的浮点数是否 ==，<>，>，<，>=，<=，如果条件满足，RLO=1，即梯形图中输出"位地址"处为 1

注：表中"？"分别代表：==，<>，>，<，>=，<=

比较指令用于比较累加器 2 和累加器 1 中的数值大小（在梯形图指令中，PLC 自动将 IN1 和 IN2 端的数值装入累加器 2 和累加器 1），被比较的数据类型应该相同，数据类型可以是整数（I）、长整数（D）或实数（R）。共有 6 种比较逻辑关系：等于（＝＝）、不等于（＜＞）、大于（＞）、小于（＜）、大于等于（＞＝）、小于等于（＜＝）。若比较结果为真，则输出为 1，否则为 0。图 4-42 给出了整数比较指令的用法。

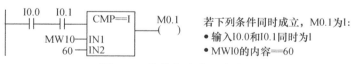

图 4-42　比较指令的基本功能

2. 计数器与比较指令的配合应用实例

【例 4-11】图 4-43 为应用计数器指令的货物转运仓库监控系统。传送带 1 负责将物品运进仓库区，传送带 2 负责将物品运出仓库，用光电传感器检测物品的进出。系统设置 5 个指示灯监控仓库区的占用程度。根据系统的需要，设置系统 I/O 分配见表 4-25。

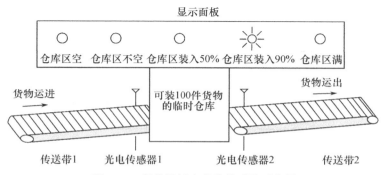

图 4-43　货物转运仓库监控系统示意图

表 4-25　货物转运仓库监控系统 I/O 分配表 1

	元件地址	功　能		元件地址	功　能
输入单元	I0.0	光电传感器 1	输出单元	Q4.0	仓库区空
	I0.1	光电传感器 2		Q4.1	仓库区不空
	I0.2	手动置初值		Q4.2	仓库区装入 50%
	I0.3	手动复位		Q4.3	仓库区装入 90%
				Q4.4	仓库区满

仓库区系统占用程度指示灯的参考程序如图 4-44 所示，程序中只给出了占用程度指示灯的控制程序。在实际应用中，本系统应包含传送带 1、传送带 2 的控制程序，并注意仓库区空、仓库区满两信号与传送带 1、传送带 2 的连锁关系。

如果仓库的库存量>=1000 时，由于一个计数器最大计数值为 999，因此用一个计数器将无法完成控制，同时图 4-44 的程序只有指示灯的控制程序，没有考虑到两个传送带的控制，较完整的系统 I/O 分配见表 4-26。

当计数值>=1000 时，控制程序可以考虑用两个计数器，其中 C0 负责计十位和个位数字，C10 负责计百位及以上数字，即 C0 逢百向 C10 进 1，而且两个计数器之间也可以进行借位操作，从而真正完成了两个计数器间的级联。参考程序如图 4-45 所示。

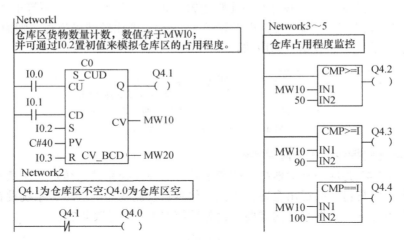

图 4-44　仓库区系统占用程度指示灯的控制程序

表 4-26　货物转运仓库系统 I/O 分配表 2

	元件地址	功　能		元件地址	功　能
输入单元	I0.0	系统启动	输出单元	Q4.0	皮带 1
	I0.1	系统停止		Q4.1	皮带 2
	I0.2	光电传感器 1		Q4.2	仓库区空
	I0.3	光电传感器 2		Q4.3	仓库区不空
	I0.7	手动复位		Q4.4	仓库区装入 50%
				Q4.5	仓库区装入 90%
				Q4.6	仓库区满

3. 定时器与定时器配合

在 S7-300 中，一个定时器的最大定时时间为 2h 46 min 30s，当定时时间大于此值时，可采用定时器与定时器（建议采用 S-ODT 定时器）配合使用，此时最终定时时间为多个定时时间之和。如图 4-46 所示，Q4.0 在按下启动按钮（I0.0）25s 后接通。

4. 定时器与计数器配合

采用定时器与计数器配合使用，采用定时器编制一个定时脉冲信号，作为计数器的计数单位，此时最终定时时间为多个设定时间之积。

【例 4-12】数字时钟控制程序。图 4-47 给出了用定时器与计数器配合编制的具有（时：分：秒）的时钟控制参考程序。程序中 M0.3 在 I0.0 接通 $12 \times 60 \times 60s$ 后接通。

程序中，I0.0 为启动开关，I0.1 为手动复位按钮；监控看：MW24、MW22、MW20（时：分：秒）。在控制程序中，先用 SD 定时器来编写秒脉冲程序；然后将定时器 T0 作为秒计数器 C0 的输入端；用比较指令监控每计到 60s 时为分钟计数器加 1 同时复位秒计数器。依此类推，可实现多个计数器的进位控制，从而扩展定时范围。

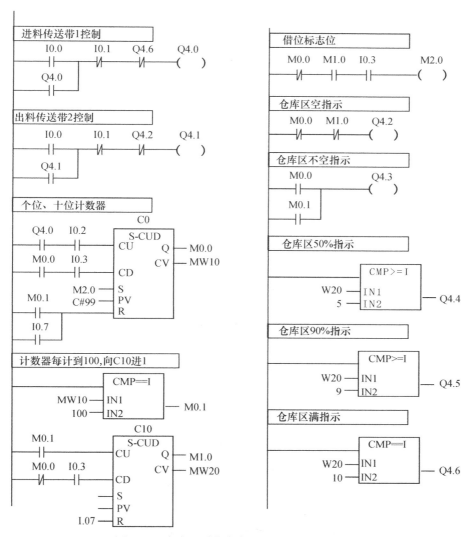

图 4-45　仓库区系统库存量>=1000 的控制程序

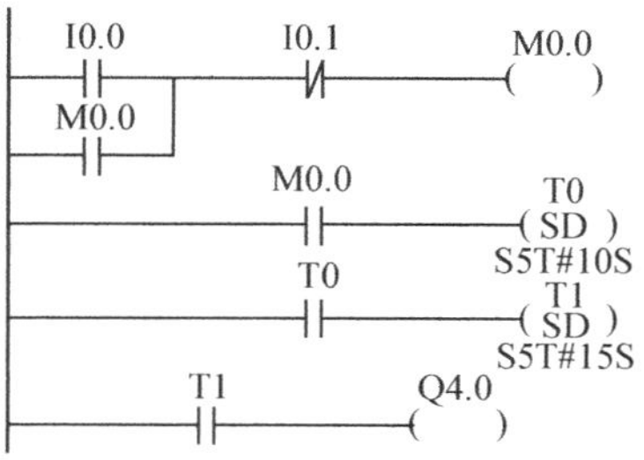

图 4-46　定时器级联的扩展方式

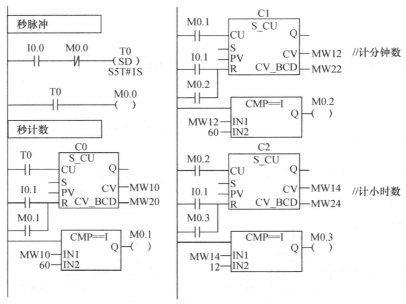

图 4-47　时钟控制程序

4.4　数据传送与转换指令

数据处理指令包含数据装入与传送指令、数据类型转换指令和比较指令，比较指令在计数器指令应用中已经介绍，本节就不再重复，这类指令都需要累加器 1 的帮助来完成相应操作。

4.4.1　数据装入和传送指令

1. 用语句表（STL）指令表示装入和传送指令

数据装入 L（Load）与传送指令 T（Transmit）用于在各个存储区之间交换数据以及存储区与过程输入/输出模板之间交换数据。CPU 在每次扫描中无条件执行数据装入与传送指令，而不受 RLO 的影响。

数据装入 L 和数据传送 T 指令是通过累加器进行数据交换的。累加器是 CPU 中的一种专用寄存器，可以作为"缓冲器"。数据的传送和变换一般是通过累加器进行的，而不是在存储区"直接"进行的。在 S7-300 中，有两个 32 位的累加器：累加器 1 与累加器 2，当执行装入指令 L 时，是将数据装入累加器 1 中，累加器 1 中原有的数据被移入累加器 2 中，累加器 2 中原有的数据被覆盖。当执行传送指令 T 时，是将累加器 1 中的数据复制到目的存储区中，而累加器 1 中的内容保持不变。L 和 T 指令可以对字节（8 位）、字（16 位）、双字（32 位）数据进行操作，当数据长度小于 32 位时，数据在累加器 1 中右对齐（低位对齐），其余各位填 0。

（1）对累加器 1 的装入和传送

对累加器 1 的装入和传送操作有 3 种寻址方式：立即寻址、直接寻址和间接寻址。

① 立即寻址

装入指令 L 对常数（8 位、16 位、32 位）的寻址及对 ASCII 字符的寻址方式称为立即寻址。立即寻址 L 指令见表 4-27。

表 4-27　立即寻址 L 指令

操作数	举例	说明
+/-	L　+4	将正整数常数 4 装入累加器 1 中
B#（…）	L　B#（2,-14）	累加器 1 的低字中按照 2，-14 的顺序装入 2 个独立的字节
	L　B#（3,5,7,6）	累加器 1 中按照 3，5，7，6 的顺序装入 4 个独立的字节
L#	L　L#+6	将 32 位的整数常数 6 装入累加器 1 中
16#…	L　B#16#AD	将 8 位的十六进制常数 AD 装入累加器 1 中
	L　W#16#ABCD	将 16 位的十六进制常数 ABCD 装入累加器 1 中
	L　DW#16#ADCD_01AE	将 32 位的十六进制常数 ADCD 01AE 装入累加器 1 中
2#…	L　2#0000_1111_0000_1111	将 16 位的二进制常数 0000_1111_0000_1111 装入累加器 1 中
	L 2#0000_1111_0000_1111_0000_1111_0000_1111	将 32 位的二进制常数 0000_1111_0000_1111_0000_1111_0000_1111 装入累加器 1 中
'…'	L　'AB'	将 2 个字符 AB 装入累加器 1 中
	L　'ABCD'	将 4 个字符 ABCD 装入累加器 1 中
C#	L　C#200	将 1 个 16 位计数值 200 装入累加器 1 中
S5T#	L　S5T#6S	将 1 个 16 位 S5TIME 定时值 6s 装入累加器 1 中
…	L　2.1E+3	将 1 个 32 位的 IEEE 实数 2.1E+3 装入累加器 1 中
P#…	L　P#I2.0	将 1 个 32 位的指向 I2.0 的指针装入累加器 1 中
	L　P#Start	将 1 个 32 位的指向局部变量 Start 的指针装入累加器 1 中
D#	L　D#2004_2_14	将 1 个 32 位日期值装入累加器 1 中
T#	L　T#0D_2H_3M_0S_0MS	将 1 个 32 位时间值装入累加器 1 中
TOD#	L　TOD#3:25:47	将 1 个 32 位每天时间值装入累加器 1 中

② 直接寻址

L 和 T 指令可以对各存储区内的字节（B）、字（W）、双字（D）进行直接寻址或间接寻址。直接寻址就是在指令中直接给出存储器或寄存器的区域、长度和位置。用 L 和 T 指令的直接寻址应用举例见表 4-28。

表 4-28　L 和 T 指令的直接寻址和间接寻址

寻址方式	地址标识符	指令举例	说明
直接寻址	IB、IW、ID（只能 L）	L　IW0	将输入 IW0 数据装入累加器 1 的低字中
	QB、QW、QD	T　QW4	将累加器 1 低字传送到输出 QW4
	PIB、PIW、PID（只能 L）	L　PIW256	将外设输入 PIW256 数据装入累加器 1 低字中
	PQB、PQW、PQD	T　PQW288	将累加器 1 低字传送到外设输出 PQW288
	MB、MW、MD	L　MB10	将 MB10 数据装入累加器 1 的最低字节中
	DBB、DBW、DBD	T　DBD2	将累加器 1 中数据传送到数据双字 DBD2
	DIB、DIW、DID	L　DIW16	将背景数据字 DIW16 装入累加器 1 的低字中
	LB、LW、LD	L　LD22	将局域数据双字 LD2 装入累加器 1 中

③ 存储器间接寻址

间接寻址是指在指令中不直接使用编程元件的区域和地址编号，而是通过使用指针来存取存储器中的数据。双字指针的格式如图 4-48 所示。

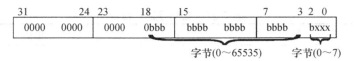

31	24 23	18	15	7	3 2 0
0000 0000	0000	0bbb	bbbb bbbb	bbbb	bxxx

字节(0～65535)　　　字节(0～7)

图 4-48　存储器间接寻址的双字指针格式

只有双字 MD、LD、DBD 和 DID 能做地址指针，若要用指针访问一个字节、字或双字存储器，必须保证指针的位编号为 0。下面是存储器间接寻址的例子：

```
    L   QB[DBD4]    //将输出字节装入累加器 1 中，输出字节的地址指针在数据双字 DBD4 中
                    //如果 DBD4 的值为 2#0110 0000，装入的是 QB12
    A   M[LD10]     //对位存储器做"与"运算，地址指针在局域数据双字 LD10 中
                    //如果 LD10 的值为 2#0110 0010，则是对 M12.2 进行操作
```

④ 地址寄存器间接寻址

S7 中有两个地址寄存器 AR1 和 AR2，通过它们可以对各存储区的内容作寄存器间接寻址，地址寄存器的内容加上偏移量形成地址指针。下面是地址寄存器间接寻址的例子：

```
    L   P# M4.0          //将存储器位 M4.0 的双字指针装入累加器 1
    L AR1                //将累加器 1 的内容送到地址寄存器 AR1
    T   B[AR1，P#10.0]   //将累加器 1 的内容送到 MB14
```

（2）读取或传送状态字指令

```
    L   STW    //将状态字中 0～8 位装入累加器 1 中，累加器 1 中的 9～31 位被清 0
    T   STW    //将累加器 1 中的 0~8 位内容传送到状态字的相应位
```

（3）装入时间值或计数值

定时器字中的剩余时间值以二进制格式保存，用 L 指令从定时器字中读出二进制时间值装入累加器 1 中，称为直接装载。也可用 LC 指令以 BCD 码格式读出时间值，装入累加器 1 低字中，称为 BCD 码格式读出时间值。以 BCD 码格式装入时间值可以同时获得时间值和时基，时基与时间值相乘就得到定时剩余时间。同理，对当前计数值也有直接装载和以 BCD 码格式读出计数值之分。例如：

```
    L    T1    //将定时器 T1 中二进制格式的时间值直接装入累加器 1 的低字中
    LC   T1    //将定时器 T1 中的时间值和时基以 BCD 码格式装入累加器 1 的低字中
    L    C1    //将计数器 C1 中二进制格式的计数值直接装入累加器 1 的低字中
    LC   C1    //将计数器 C1 中的计数值以 BCD 码格式装入累加器 1 的低字中
```

（4）地址寄存器装入和传送

在 S7-300 中，有两个地址寄存器：AR1 和 AR2。对于地址寄存器可以不经过累加器 1 而直接将操作数装入和传送，使 CPU 能交换地址寄存器间的数据或直接交换两个地址寄存器的内容。地址寄存器装入和传送指令见表 4-29。

表 4-29　地址寄存器装入和传送指令

指令	说明
LAR1	将操作数的内容装入地址寄存器 1（AR1），装入 AR1 的内容可以是立即数或存储区及地址寄存器 2（AR2）的内容。如果在指令中没有给出操作数，则将累加器 1 中的内容直接装入 AR1
LAR2	将操作数的内容装入地址寄存器 2（AR2），其他同上
TAR1	将 AR1 的内容传送给存储区或 AR2。如果没有给出操作数，则直接将 AR1 的内容传送给累加器 1
TAR2	将 AR2 的内容传送给存储区，其他同上
CAR	交换 AR1 和 AR2 的内容

地址寄存器装入指令用法举例见表 4-30。

表 4-30 地址寄存器装入和传送指令用法举例

指 令	操 作 数	说 明
LAR1	P#I0.0	将输入位 I0.0 的地址指针装入 AR1
LAR2	P#0.0	将 0 以二进制形式装入 AR2
LAR1	P#Start	将符号名为 Start 的存储器地址指针装入 AR1
LAR1	AR2	将 AR2 的内容装入 AR1
LAR1	DBD20	将数据双字 DBD20 的内容装入 AR1
TAR1	AR2	将 AR1 的内容传送到 AR2
TAR1	MD20	将 AR1 的内容传送到存储器双字 MD20

2. 梯形图传送指令

梯形图传送指令见表 4-31。

表 4-31 梯形图传送指令

梯形图指令	操作数	数 据 类 型	存储区	说 明
MOVE EN ENO IN OUT	EN	BOOL（位）	I, Q, M, DB, L	允许输入
	ENO	BOOL（位）		允许输出
	IN	8、16、32 位的所有基本数据类型		源操作数（可以是常数）
	OUT	8、16、32 位的所有基本数据类型		目的操作数

在梯形图中，用 MOVE 功能框表示装入和传送指令，能传送数据长度为 8 位、16 位或 32 位的所有基本数据类型。如果允许输入端 EN 为 1，则允许执行传送操作，使输出 OUT 等于输入 IN（即将源操作数装入累加器 1，然后将累加器 1 的内容传送到目的地址），并使允许输出端 ENO 为 1。如果允许输入端 EN 为 0，则不进行传送操作，并使 ENO 为 0。

在梯形图传送指令中，只要 EN 端为 1，就完成传送指令。为了防止无意义的重复操作，EN 端经常与跳变沿指令配合使用，使控制信号每接通一次，只进行一次传送操作。如图 4-49 所示。

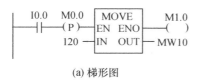

• 若输入位 I0.0 有上升沿时，执行下列操作：
1. 将十进制数 120 传送至 MW10；
2. 输出位 M1.0 为 1。
• 若输入位 I0.0 没有上升沿时，不执行传送工作。

(a) 梯形图　　　　　　　　　　　(b) 功能说明

图 4-49　使用 MOVE 指令

4.4.2 转换指令

在 PLC 程序中会遇到各种类型的数据和数据运算，算术运算总是在同类型数（整数 I、双整数 DI、实数 R）之间进行，而用于输入和显示的数一般习惯用十进制数（BCD 码），因此在 PLC 编程时总会遇到数制转换的问题，这些就需要用到转换指令。

转换指令是将累加器 1 中的数据进行数据类型转换，转换的结果仍存放在累加器 1 中。

1. 数据格式

（1）十进制数（BCD 码数）格式

在 STEP 7 中，BCD 码的数值有两种表示方法：一种是字格式（16 位）的 BCD 码，其数值范围是 -999～+999；另一种是双字格式（32 位）的 BCD 码，其数值范围是 -9999999～

+9999999。BCD 码的数据格式如图 4-50 所示，最高位（SSSS）表示 BCD 数的符号，0000 表示正，1111 表示负。

0000 0111 0100 1001
符号(+) 7 4 9
字格式BCD码+749
1111 0111 0100 1001
符号(−) 7 4 9
字格式BCD码−749
0000 0111 0100 1001 0011 0100 0101 0110
符号(+) 7 4 9 3 4 5 6
双字格式BCD码+7493456

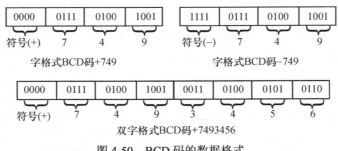

图 4-50　BCD 码的数据格式

（2）整数（INT）、双整数（DINT）格式

整数和双整数在 PLC 中默认以 16 位二进制数格式和 32 位二进制数格式存储，最高位表示符号，0 表示整数，1 表示负数。16 位整数的范围是-32768~32767；32 位整数的范围是 L#-2147483648～+2147483647。负数用补码表示，即利用对应正数二进制码取反加 1 得到。整数存储格式示例如图 4-51 所示。

+329的INT存储格式
15 14 13 12 11 10 9 8 7 6 5 4 3 2 1 0
0 0 0 0 0 0 0 1 0 1 0 0 1 0 0 1
符号(+)
2^8 256 2^6 +64 2^3 +8 2^0 +1=329
−329的INT存储格式
15 14 13 12 11 10 9 8 7 6 5 4 3 2 1 0
1 1 1 1 1 1 1 0 1 0 1 1 0 1 1 1
符号(−)
2^8 2^6 2^3 2^0+1
+66000的DINT存储格式
31 16 8 7 6 4
0000 0000 0000 0001 0000 0001 1101 0000
符号(+)
2^16+2^8+2^7+2^6+2^4=66000

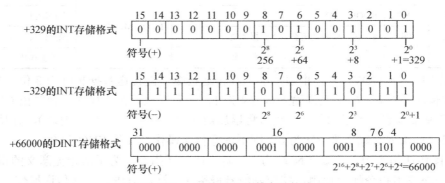

图 4-51　整数和双整数存储格式

（3）实数（REAL）格式

STEP 7 中的实数是按照 IEEE 标准表示的，即存放实数（浮点数）需要一个双字（32 位），最高的 31 位是符号位，0 表示正，1 表示负数。可以表示的数的范围是 1.175495~3.402823×10^{38}。所以当整数超出长整数表示范围时，也可以用实数表示较大的整数。

$$实数值=（sign）（1+f）×2^{e-127}$$

其中，sign 为符号，f 为底数（尾数）；e 为指数位置。

例如，+35.5 在 STEP 7 中的存储格式如图 4-52 所示。

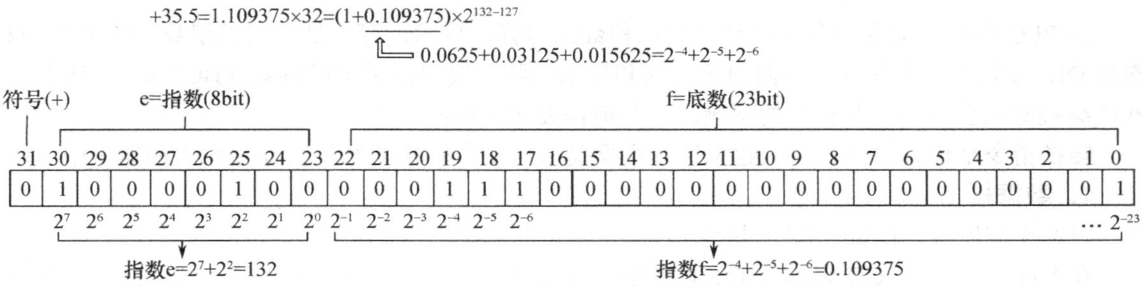

+35.5=1.109375×32=(1+0.109375)×2^132−127
0.0625+0.03125+0.015625=2^−4+2^−5+2^−6
符号(+)
e=指数(8bit)
f=底数(23bit)
31 30 29 28 27 26 25 24 23 22 21 20 19 18 17 16 15 14 13 12 11 10 9 8 7 6 5 4 3 2 1 0
0 1 0 0 0 0 1 0 0 0 0 0 1 1 1 0 0 0 0 0 0 0 0 0 0 0 0 0 0 0 0 1
2^7 2^6 2^5 2^4 2^3 2^2 2^1 2^0 2^−1 2^−2 2^−3 2^−4 2^−5 2^−6 … 2^−23
指数e=2^7+2^2=132
指数f=2^−4+2^−5+2^−6=0.109375

图 4-52　实数+35.5 的 STEP 7 存储格式

2．BCD 码与整数的转换指令

如图 4-53 所示，在 STEP 7 中存在字格式的 BCD 码和双字格式的 BCD 码，所以 BCD 码与整数的转换指令见表 4-32。

表 4-32　BCD 码与整数的转换指令

指令	说　明
BTI	将累加器 1 低字中的 3 位 BCD 码转换为 16 位整数
BTD	将累加器 1 中的 7 位 BCD 码转换为 32 位整数
ITB	将累加器 1 低字中的 16 位整数码转换为 3 位 BCD 码
ITD	将累加器 1 低字中的 16 位整数码转换为 32 位整数
DTB	将累加器 1 中的 32 位整数码转换为 7 位 BCD 码

在执行 BCD 码转换为整数或长整数指令时，如果要转换的数据不是 BCD 码的有效范围（A～F），则不能进行正确转换，并导致系统出现"BCDF"错误。此时系统的正常运行会被终止，将出现下列之一事件：

① CPU 进入 STOP 状态，"BCD 转换错误信息"写入诊断缓冲区（事件号 2521）；

② 调用组织块 OB121（如果对 OB121 已经编程）。

【例 4-13】将 MD20 中的 BCD 码＋0149159 转换为 32 位整数，并传送到 MD30 中。

指令执行过程如图 4-53 所示。

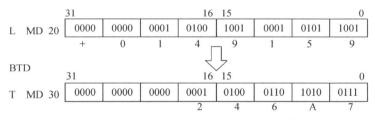

图 4-53　BTD 指令执行过程

因为 3 位 BCD 码所能表示的范围是－999～＋999，小于 16 位整数的数值表示范围，因此一个整数到 BCD 码的转换有时是不可行的。如果在执行 ITB 指令时，要转换的整数超出了 BCD 码的表示范围，在累加器 1 中不能得到正确的转换结果。同时，状态字中的溢出位 OV 和溢出保持位 OS 被置为 1。在程序执行过程中，一般需要判断状态位 OV 和 OS 是否为 1，来判断累加器 1 低字中的数据是否有效，避免产生进一步的运算错误。同样，在执行 DTB 指令时，也可能出现类似的问题。

3．实数与长整数的转换

实数和长整数的存储空间都是 4 字节（32 位），所以它们之间可以相互转换，转换指令见表 4-33。

表 4-33　实数与长整数的转换指令

指令	说　明
DTR	将累加器 1 中的 32 位整数码转换为 32 位实数
RND	将实数化整为最接近的整数，四舍五入，如果小数部分等于 5，则选择偶数结果，例如：1002.5 化整为 1002，1003.5 化整为 1004
RND+	将实数化整为大于或等于该实数的最小整数
RND−	将实数化整为小于或等于该实数的最大整数
TRUNC	取实数的整数部分（截去小数）

因为实数的数值范围要远远大于 32 位整数，所以不是所有的实数都能正确地转换为 32 位整数。如果被转换的实数格式超出了 32 位整数的表示范围，则在累加器 1 中得不到有效的转换结果，同时状态字中的 OV 和 OS 位被置 1。在将实数化整为 32 位整数时，因为化整的规则不同，所以在累加器 1 得到的结果也不一致，化整结果举例见表 4-34。

表 4-34　化整结果举例

指 令	累加器 1 的内容							
	化整前	化整结果	化整前	化整结果	化整前	化整结果	化整前	化整结果
RND	+100.5	+100	+99.5	+100	−100.5	−100	−99.5	−100
RND+	+100.5	+101	+99.5	+100	−100.5	−100	−99.5	−99
RND-	+100.5	+100	+99.5	+99	−100.5	−101	−99.5	−100
TRUNC	+100.5	+100	+99.5	+99	−100.5	−100	−99.5	−99

1．数的取反取补

可以对整数或双整数进行取反码和求补码的操作，其对应取反取补指令见表 4-35。

表 4-35　数的取反取补指令

指令	说　明
INVI	对累加器 1 低字中的 16 位整数求反码
INVD	对累加器 1 中的 32 位整数求反码
NEGI	对累加器 1 低字中的 16 位整数求补码
NEGD	对累加器 1 中的 32 位整数求补码
NEGR	对累加器 1 中的 32 位实数的符号位取反

对累加器 1 中的数求反码，就是逐位取反；对累加器 1 中的数求补码，就是逐位取反后再加 1。求补码只有对整数或长整数才有意义；实数取反，就是将符号位取反。

2．用梯形图表示转换指令

在梯形图中，所有的转换指令都可以用对应的功能框表示，见表 4-36。

表 4-36　转换指令的功能框表示

STL 指令	LAD	功　能	参数	数据类型	说　明	存 储 区
（a）BCD 码与整数间的转换						
BTI	BCD_I EN ENO IN OUT	将 3 位 BCD 码数转换为 16 位整数	EN	BOOL	使能输入	
			ENO	BOOL	使能输出	
			IN	WORD	BCD 码	
			OUT	INT	转换后的整数	EN 和 IN 端： I、Q、M、DB、L
ITB	I_BCD EN ENO IN OUT	将 16 位整数转换为 3 位 BCD 码数	EN	BOOL	使能输入	
			ENO	BOOL	使能输出	
			IN	INT	整数	
			OUT	WORD	BCD 码的结果	ENO 和 OUT 端： Q、M、DB、L
ITD	I_DI EN ENO IN OUT	将 16 位整数转换为 32 位整数	EN	BOOL	使能输入	
			ENO	BOOL	使能输出	
			IN	INT	要转换的值	
			OUT	DINT	转换的结果值	

STL 指令	LAD	功能	参数	数据类型	说明	存储区
BTD	BCD_DI EN　ENO IN　OUT	将 7 位 BCD 码数转换为 32 位整数	EN	BOOL	使能输入	
			ENO	BOOL	使能输出	
			IN	DWORD	BCD 码	
			OUT	DINT	转换后的双整数	
DTB	DI_BCD EN　ENO IN　OUT	将 32 位整数转换为 7 位 BCD 码数	EN	BOOL	使能输入	
			ENO	BOOL	使能输出	
			IN	DINT	双整数	
			OUT	DWORD	BCD 码的结果	
DTR	DI_R EN　ENO IN　OUT	将 32 位整数转换为 32 位实数	EN	BOOL	使能输入	
			ENO	BOOL	使能输出	
			IN	DINT	要转换的值	
			OUT	REAL	转换的结果值	

（b）实数与长整数间的转换

STL 指令	LAD	功能	参数	数据类型	说明	存储区
RND	ROUND EN　ENO IN　OUT	将实数化整为最接近的整数	EN	BOOL	使能输入	
			ENO	BOOL	使能输出	
			IN	REAL	要舍入的值	
			OUT	DINT	舍入后的结果	
TRUNC	TRUNC EN　ENO IN　OUT	取实数的整数部分（截尾取整）	EN	BOOL	使能输入	EN 和 IN 端： I、Q、M、DB、L
			ENO	BOOL	使能输出	
			IN	REAL	要取整的值	
			OUT	DINT	IN 的整数部分	
RND+	CEIL EN　ENO IN　OUT	将实数化整为大于或等于该实数的最小整数	EN	BOOL	使能输入	ENO 和 OUT 端： Q、M、DB、L
			ENO	BOOL	使能输出	
			IN	REAL	要取整的值	
			OUT	DINT	上取整后的结果	
RND-	FLOOR EN　ENO IN　OUT	将实数化整为小于或等于该实数的最大整数	EN	BOOL	使能输入	
			ENO	BOOL	使能输出	
			IN	REAL	要取整的值	
			OUT	DINT	下取整后的结果	

(c) 数的取反取补						
STL 指令	LAD	功　能	参数	数据类型	说　明	存　储　区
INVI	INV_I EN　ENO IN　OUT	对 16 位整数求反码	EN	BOOL	使能输入	EN 和 IN 端： I、Q、M、DB、L ENO 和 OUT 端： Q、M、DB、L
			ENO	BOOL	使能输出	
			IN	INT	输入值	
			OUT	INT	整数的反码	
INVD	INV_DI EN　ENO IN　OUT	对 32 位整数求反码	EN	BOOL	使能输入	
			ENO	BOOL	使能输出	
			IN	DINT	输入值	
			OUT	DINT	双整数的反码	
NEGI	NEG_I EN　ENO IN　OUT	对 16 位整数求补码 （取反码再加 1）， 相当于乘-1	EN	BOOL	使能输入	
			ENO	BOOL	使能输出	
			IN	INT	输入值	
			OUT	INT	整数的补码	
NEGD	NEG_DI EN　ENO IN　OUT	对 32 位整数求补码	EN	BOOL	使能输入	
			ENO	BOOL	使能输出	
			IN	DINT	输入值	
			OUT	DINT	双整数的补码	
NEGR	NEG_R EN　ENO IN　OUT	对 32 位实数求反	EN	BOOL	使能输入	
			ENO	BOOL	使能输出	
			IN	REAL	输入值	
			OUT	REAL	求反结果	

【例 4-14】 如果输入 I0.1 为 1，则将 MD0 的内容以 7 位 BCD 码的格式（如果格式非法，则显示系统错误）装入累加器 1，并将其转换为长整数，存放到 MD10，如果转换不执行，则输出 Q4.0 为 1。

用梯形图功能框表示的 BTD 转换指令如图 4-54 所示。

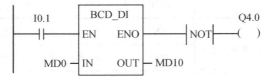

图 4-54　用梯形图功能框表示的 BTD 转换指令

4.5　运　算　指　令

STEP 7 的运算指令包括算术运算指令和字逻辑运算指令。

4.5.1　算术运算指令

算术运算指令主要是加、减、乘、除四则运算和一些基本的数学函数运算，数据类型为整数 INT、长整数 DINT 和实数 REAL。

算术运算指令均在累加器 1 和 2 中进行，累加器 1 是主累加器，累加器 2 为辅助累加器。在执行算术运算时，累加器 2 中的值作为被减数或被除数。算术运算的结果保存在累加器 1 中，累加器 1 中原有的值被运算结果覆盖，累加器 2 中的值保持不变。即完成如下操作：

累加器 2（+、−、*、/）累加器 1 =（赋值）累加器 1

在进行算术运算时，不必考虑 RLO，对 RLO 也不产生影响。然而算术运算指令对状态字的某些位将产生影响，这些位是 CC1 和 CC0，OV，OS。可以用位操作指令或条件跳转指令对状态字中的标志位进行判断操作。

1. 整数算术运算（Integer Function）

整数运算指令包含整数和长整数运算指令，指令说明见表 4-37。

表 4-37　整数算术运算

（a）				
LAD	STL 指令	方框上部的符号	功 能 说 明	
ADD_I EN　ENO IN1　OUT IN2	+I	ADD_I	将 IN1 和 IN2 中的 16 位整数相加，结果保存到 OUT 端	
	−I	SUB_I	将 IN1 中的 16 位整数减去 IN2 中的 16 位整数，结果保存到 OUT 中	
	*I	MUL_I	将 IN1 和 IN2 中的 16 位整数相乘，结果以 32 位整数存到 OUT 中	
	/I	DIV_I	将 IN1 中的 16 位整数除以 IN2 中的 16 位整数，商保存到 OUT 中	
无	+	—	将累加器 1 与一个 0～255 间的常数相加，结果保存在累加器 1 中	
SUB_DI EN　ENO IN1　OUT IN2	+D	ADD_DI	将 IN1 和 IN2 中的 32 位整数相加，结果保存到 OUT 中	
	−D	SUB_DI	将 IN1 中的 32 位整数减去 IN2 中的 32 位整数，结果保存到 OUT 中	
	*D	MUL_DI	将 IN1 和 IN2 中的 32 位整数相乘，结果保存到 OUT 中	
	/D	DIV_DI	将 IN1 中的 32 位整数除以 IN2 中的 32 位整数，商保存到 OUT 中	
	MOD	MOD	将 IN1 中的 32 位整数除以 IN2 中的 32 位整数，余数保存到 OUT 中	
（b）				
参　数	数据类型	存　储　区	说　　　明	
IN1	INT、DINT	I、Q、M、DB、L	将 IN1 装入累加器 1，在将 IN2 装入累加器 1 时，IN1 的数据被压入累加器 2 中	
IN2	INT、DINT	I、Q、M、DB、L	第二个参与运算的数，被装入累加器 1 中，要求与 IN1 中的数据类型一致	
OUT	INT、DINT	Q、M、DB、L	将存于累加器 1 的运算结果传送到输出端	

【例 4-15】运用算术运算指令完成方程式运算：MW4＝（（IW 0＋DBW 3）×15）/MW 0。

参考的梯形图（LAD）程序如图 4-55（a）所示，用语句表（STL）指令完成控制要求的程序如图 4-55（b）所示。可以看出，梯形图程序直观易读；语句表程序简洁，且使用的中间结果存储器较少。

2. 实数算术运算（Floating Function）

实数算术运算指令介绍见表 4-38，参与运算的所有数据必须均为实数格式，否则需做必要的转换，例如 DTR（将长整数转化为实数）。注意，没有整数（INT）到实数（REAL）间的转换指令，要想完成转换，需要先做 ITD（将整数转化为长整数），再做 DTR 才能将整数转换为实数，反之亦然。

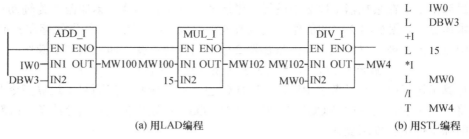

(a) 用LAD编程

(b) 用STL编程

图 4-55　整数运算指令应用

表 4-38　实数算术运算

(a)			
LAD	STL 指令	方框上部的符号	功 能 说 明
MUL_R EN　　ENO IN1　　OUT IN2	+R	ADD_R	将 IN1 和 IN2 中的实数相加，结果保存到 OUT 中
	-R	SUB_R	将 IN1 中的实数减去 IN2 中的实数，结果保存到 OUT 中
	*R	MUL_R	将 IN1 和 IN2 中的实数相乘，结果保存到 OUT 中
	/R	DIV_R	将 IN1 中的实数除以 IN2 中的实数，商保存到 OUT 中
ABS EN ENO IN OUT	ABS	ABS	求输入 IN 中实数的绝对值，结果保存到 OUT 中
	SQR	SQR	求输入 IN 中实数的平方值，结果保存到 OUT 中
	SQRT	SQRT	求输入 IN 中实数的平方根值，结果保存到 OUT 中
	LN	LN	求输入 IN 中实数的自然对数值，结果保存到 OUT 中
	EXP	EXP	求输入 IN 中实数基于 e 的指数值，结果保存到 OUT 中
COS EN ENO IN OUT	SIN	SIN	求输入 IN 中以弧度表示的角度的正弦值，结果保存到 OUT 中
	COS	COS	求输入 IN 中以弧度表示的角度的余弦值，结果保存到 OUT 中
	ASIN	ASIN	求输入 IN 中实数的反正弦值，将以弧度值保存到 OUT 中
	ACOS	ACOS	求输入 IN 中实数的反余弦值，将以弧度值保存到 OUT 中
	TAN	TAN	求输入 IN 中以弧度表示的角度的正切值，结果保存到 OUT 中
	ATAN	ATAN	求输入 IN 中实数的反正切值，将以弧度值保存到 OUT 中
(b)			
参　数	数据类型	存 储 区	说　明
EN	BOOL	I、Q、M、 DB、L	运行允许位，高电平 "1" 有效，可与跳沿检测指令配合使用。可省略
IN	REAL	I、Q、M、 DB、L	输入数据，分别被装入累加器 1、2 中进行运算
OUT	REAL	Q、M、DB、L	将存于累加器 1 的运算结果传送到输出端

4.5.2　字逻辑运算指令

字逻辑（Word Logic）运算指令是将两个字（数据长度为 16 位和 32 位）逐位进行逻辑运算，可以进行逻辑"与"、逻辑"或"和逻辑"异或"运算。参与字逻辑运算的两个字，一个是在累加器 1 中，另一个可以在累加器 2 中，或者是立即数（常数）。字逻辑运算的结果存放在累加器 1 的低字节中，双字逻辑运算的结果存放在累加器 1 中，累加器 2 的内容保持不变。字逻辑运算指令见表 4-39。

表 4-39 字逻辑运算指令

（a）			
LAD	STL 指令	方框上部的符号	功 能 说 明
WAND_W（EN ENO IN1 OUT IN2）	AW	WAND_W	将 IN1 和 IN2 中的字相与，结果保存到 OUT 中
	OW	WOR_W	将 IN1 和 IN2 中的字相或，结果保存到 OUT 中
	XOW	WXOR_W	将 IN1 和 IN2 中的字相异或，结果保存到 OUT 中
WAND_DW（EN ENO IN1 OUT IN2）	AD	WAND_DW	将 IN1 和 IN2 中的双字相与，结果保存到 OUT 中
	OD	WOR_DW	将 IN1 和 IN2 中的双字相或，结果保存到 OUT 中
	XOD	WXOR_DW	将 IN1 和 IN2 中的双字相异或，结果保存到 OUT 中

（b）			
参　数	数据类型	存 储 区	说　明
IN1	WORD、DWORD	I、Q、M、DB、L	第一个逻辑操作值
IN2	WORD、DWORD	I、Q、M、DB、L	第二个逻辑操作值
OUT	WORD、DWORD	Q、M、DB、L	逻辑操作结果

字逻辑运算仍然在两个累加器中进行，在 LAD 指令中，PLC 自动将 IN1 和 IN2 中数据装入两个累加器，完成相应字逻辑运算后，将存放于累加器 1 的逻辑运算结果传送到输出端 OUT 中。参与逻辑运算的数据及结果均为字（W）或双字（DW）数据类型。如果 EN 的信号状态为 1，则启动逻辑运算指令，字逻辑运算结果将影响状态字的下列标志位：

① CC1，如果逻辑运算的结果为 0，CC1 被复位至 0；如果逻辑运算的结果为非 0，CC1 被置位至 1；

② CC0，在任何情况下，被复位至 0；

③ OV，在任何情况下，被复位至 0。

图 4-56 给出了字逻辑运算指令的基本用法。

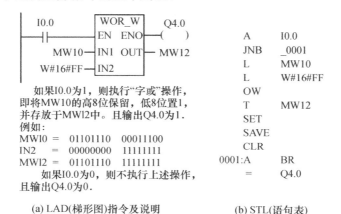

(a) LAD(梯形图)指令及说明　　　　(b) STL(语句表)

图 4-56　字逻辑应用

4.5.3 数据运算指令应用举例

【例 4-16】根据表达式：MD10＝sin 30°＋cos 45.5°，分别用 LAD 和 STL 编程语言编写运算程序。

由于三角函数规定的操作数均为弧度，所以需要首先将角度转化为弧度，弧度＝角度×3.14÷180，然后再求正弦和余弦。

1. 用 STL 编写的参考程序

```
L     30.0       //将 30°装入累加器 1，必须为实数格式
L     180.0      //将 180 的实数格式装入累加器 1，原累加器 1 内容被移入累加器 2
/R               //将累加器 2 除以累加器 1 内容，结果存放于累加器 1
L     3.14       //将 3.14 装入累加器 1
*R               //累加器 1 与累加器 2 相乘，这时累加器 1 的内容为 30°的弧度值
SIN              //对累加器 1 内容求正弦
T     MD100      //将累加器 1 内容传送到 MD100 暂存
L     45.5
L     180.0
/R
L     3.14
*R
COS              //对 45.5°求余弦，并存放于累加器 1
L     MD100      //将 MD100 装入累加器 1，原累加器 1 内容被移入累加器 2
+R               //将累加器 2 和累加器 1 相加，结果存放于累加器 1
T     MD10       //将运算结果传送到结果寄存器 MD10
```

2. 用 LAD 编写的参考程序

如图 4-57 所示。

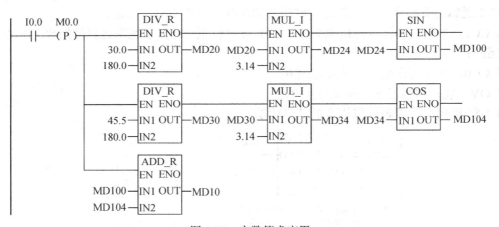

图 4-57　实数算术应用

【例 4-17】将 PLC 输入的拨码开关 IB0 和 IB1 的内容（BCD 格式）相加输出到输出端 QW4 显示（BCD 格式）。

分析：由于输入装置为拨码开关，输出为数码管，均要求为 BCD 码格式，而所有的算术运算均为整数格式，所以在算术运算前后，均需要进行 BCD 码与整数间的转换。参考的语句表指令如下：

L	IB0	//将 IB0 的数值装入累加器 1 中
BTI		//将累加器 1 的 BCD 码转换为整数格式
L	IB1	//将 IB1 的数值装入累加器 1 中，原累加器 1 内容被压入累加器 2
BTI		
+I		//将累加器 1 和累加器 2 内容相加，结果存于累加器 1
ITB		//将累加器 1 的整数转换为 BCD 码格式
T	QW4	//将累加器 1 的数值传送到 QW4 显示

【例 4-18】用位逻辑运算指令实现对信号的跳变沿检测。

对输入位 I12.0～I13.7 进行跳变沿检测，并将正跳沿的检测结果存入存储位 M14.0～M15.7 的对应位中（1 表示有跳变，0 表示无跳变），负跳沿的结果存入 M16.0～M17.7 中。为此，在检测正跳沿时，使用存储位 M10.0～M11.7 存储对应输入位在前一个扫描周期时的状态；在检测负跳沿时用 M12.0～M13.7。相应的语句表程序如下：

Network1（网络 1）：正跳沿检测

L	MW10	//将输入位的上一个周期状态装入累加器 1 低字中
L	IW12	//将输入位的当前状态装入累加器 1 低字中，上一个周期状态被移入累加器 2
T	MW10	//保存当前状态，供下一个扫描周期使用
XOW		//异或运算后，当前状态与以前不同的位在累加器 1 低字中被置为 1
L	IW12	//重新装入当前状态，累加器 1 原内容移入累加器 2
AW		//与运算后，当前状态为 0 的位被清 0（负跳变被屏蔽）
T	MW14	//将正跳变检测结果送入 MW14

Network2（网络 2）：负跳沿检测

L	MW12	//将输入位的上一个周期状态写入累加器 1 低字中
L	IW12	//将输入位的当前状态装入累加器 1 低字中，上一个周期状态被移入累加器 2
T	MW12	//保存当前状态，供下一个扫描周期使用
XOW		//异或运算后，当前状态与以前不同的位在累加器 1 低字中被置为 1
L	IW12	//重新装入当前状态，累加器 1 原内容移入累加器 2
INVI		//将当前状态取反
AW		//与运算后，当前状态为 1 的位（上条指令中已被取反）被清 0（正跳变被屏蔽）
T	MW16	//将负跳变检测结果送入 MW 16

4.6　移位指令

移位指令是将累加器 1 中的数据或累加器 1 低字中的数据逐位左移或逐位右移。累加器 1 中移位后空出的位，填入 0 或符号位。被移出的最后 1 位保存在状态字的 CC1 中，可使用条件跳转指令对 CC1 进行判断，CC0 和 OV 被复位为 0。

4.6.1　移位指令介绍

在 PLC 的应用中经常用到移位指令。在 STEP 7 中的移位指令，包括无符号字或双字数据的左移和右移指令、有符号整数和长整数的右移指令、双字的循环左移和右移指令。

表 4-40 移位指令介绍

(a)

移位类型	LAD 方块	STL 指令	方块上部的符号	功能说明
无符号整数移位	SHL_W EN ENO IN OUT N	SLW	SHL_W	每当程序扫描到 EN 为 1 时,将 IN 中的字型数据向左逐位移动 N 位,送到 OUT,左移空出的位补 0
		SRW	SHR_W	每当程序扫描到 EN 为 1 时,将 IN 中的字型数据向右逐位移动 N 位,送到 OUT,右移空出的位补 0
		SLD	SHL_DW	每当程序扫描到 EN 为 1 时,将 IN 中的双字型数据向左逐位移动 N 位,送到 OUT,左移空出的位补 0
		SRD	SHR_DW	每当程序扫描到 EN 为 1 时,将 IN 中的双字型数据向右逐位移动 N 位,送到 OUT,右移空出的位补 0
有符号整数移位	SHR_I EN ENO IN OUT N	SSI	SHR_I	每当程序扫描到 EN 为 1 时,将 IN 中的整数数据向右逐位移动 N 位,送到 OUT,右移空出位填以符号位(正填 0,负填 1)
		SSD	SHR_I	每当程序扫描到 EN 为 1 时,将 IN 中的长整数数据向右逐位移动 N 位,送到 OUT,右移空出位填以符号位(正填 0,负填 1)
无符号双字循环移位	ROL_DW EN ENO IN OUT N	RLD	ROL_DW	每当程序扫描到 EN 为 1 时,将 IN 中的双字型数据向左循环移动 N 位后送到 OUT,每次将最高位移出后,移进到最低位
		RRD	ROR_DW	每当程序扫描到 EN 为 1 时,将 IN 中的双字型数据向右循环移动 N 位后送到 OUT,每次将最低位移出后,移进到最高位

(b)

参 数		数据类型	存储区	说明
输入端子	EN	BOOL	I、Q、M、DB、L	运行允许位,高电平("1")有效,可与沿检测指令配合使用。
	IN	W、DW、I、DI	I、Q、M、DB、L	要参与移动的输入数据,被装入累加器 1 中进行移位,数据类型和移位指令配合,可以为 W、DW、I、DI 中的一种。
	N	W	I、Q、M、DB、L、常数	每次移位要移动的位数,当 N 端为常数时,其数据格式为:W#16#????
输出端子	ENO	BOOL	Q、M、DB、L	指令被执行,输出"1",可以缺省。
	OUT	W、DW、I、DI	Q、M、DB、L	移位后移位结果,数据类型必须与输入 IN 端完全一致。

1. 无符号数移位指令

移位指令的 EN 端为高电平有效,由于 PLC 扫描周期极短,为了避免每次扫描都执行移位操作,可以将移位控制信号与上升沿指令配合使用,这样,控制信号每接通一次,只执行一次移位操作。

【例 4-19】无符号数的移位过程。

(1)一个无符号数左移 5 位的指令及过程如图 4-58 所示。

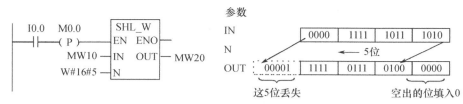

图 4-58　无符号字型数据左移

（2）一个无符号数右移 3 位的指令及过程如图 4-59 所示。

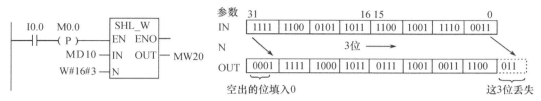

图 4-59　无符号双字型数据右移

2. 有符号数移位指令

有符号数的最高位为符号位，0 为正数，1 为负数。为了不丢失符号位，有符号数移位只有右移，没有左移。

【例 4-20】有符号数的移位过程。

一个有符号数右移 3 位的指令及过程如图 4-60 所示。

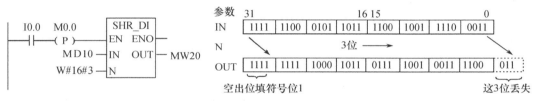

图 4-60　有符号长整数右移应用

3. 循环移位指令

所有的移位指令均在累加器 1 内完成，累加器 1 为 32 位寄存器，当进行循环移位时，需要将移出的位填补到空出位，所以只有无符号双字型数据（32 位）才能进行循环移位。

【例 4-21】循环移位过程。

一个无符号双字的循环右移指令及过程如图 4-61 所示。

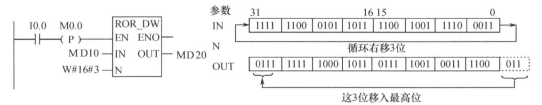

图 4-61　无符号双字的循环右移指令应用

4.6.2　移位指令应用（编辑步进架）

在 PLC 的程序设计中，经常遇到大量的顺序控制或步进控制问题，如果能采用状态流程图的设计方法，再使用步进指令将其转化成梯形图程序，就可以完成比较复杂的顺序控制或步进控制任务。

设计状态流程图的方法：首先将全部控制过程分解为若干个独立的控制功能步（顺序段），确定每步的启动条件和转换条件。每个独立的步分别用方框表示，根据动作顺序用箭头将各个方框连接起来，在相邻的两步之间用短横线表示转换条件。在每步的右边画上要执行的控制程序。如图 4-62 所示。

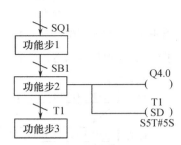

图 4-62　流程图基本画法

很多 PLC 中专门设置了用于顺序控制或步进控制的步进指令，例如在 S7-200 中，有 3 条步进指令与顺序控制中的流程图相对应。常常将控制过程分成若干个顺序控制继电器（SCR）段，一个 SCR 段有时也称为一个控制功能步，简称步。每个 SCR 都是一个相对稳定的状态，都有段开始 LSCR、段结束 SCRE、段转移 SCRT。

但是在 S7-300 PLC 中，没有单独的步进指令。但对于步进顺序控制，可用多种编程方法实现，用移位指令也可以轻松实现步进控制，一般采用无符号字（双字）左移指令完成。用参与移位的寄存器来表示顺序控制的各个功能步，并将每个功能步与其后的转换条件串联，作为下一步的移位信号，即可以轻松实现步进控制。

【例 4-22】试设计一个料车自动循环装卸料控制系统，如图 4-63 所示，控制要求如下：

（1）初始状态：小车在起始位置时，压下 SQ1；

（2）启动：按下启动按钮 SB1，小车在起始位置装料，8s 后向右运动，至 SQ2 处停止，开始卸料，5s 后卸料结束，小车返回起始位置，再用 8s 的时间装料……完成自动循环送料，直到有停止信号输入。

（1）根据系统控制要求，系统 I/O 分配见表 4-41。

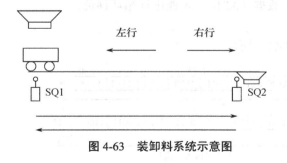

图 4-63　装卸料系统示意图

表 4-41　装卸料系统 I/O 分配

	地址	功能		地址	功能
输入单元	I0.0	启动按钮（常开）	输出单元	Q4.0	装料
	I0.1	停止按钮（常开）		Q4.1	右行
	I0.2	SQ1（料位）		Q4.2	卸料
	I0.3	SQ2（卸料位）		Q4.3	左行

（2）根据系统控制要求，绘制的系统流程图如图 4-64 所示。

（3）根据流程图 4-64，利用移位指令（SHL-W）编写的控制程序如图 4-65 所示，注意：移位寄存器 MW10 的结构如图 4-66 所示，M11.0 为 MW10 的最低位。

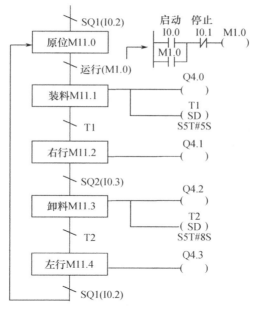

图 4-64 装卸料系统流程图

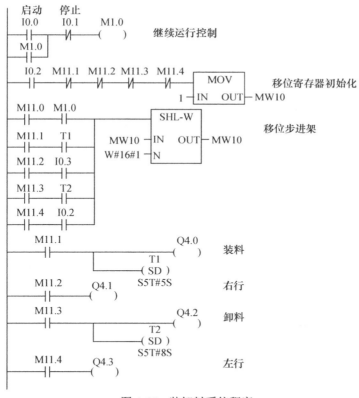

图 4-65 装卸料系统程序

由图 4-65 可以看出，如果能够清楚地绘制出顺序控制系统的工作流程图，那么利用移位指令来编写对应的控制程序将会易如反掌。

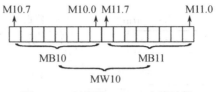

图 4-66 寄存器 MW10 内部结构

4.7 累加器操作和地址寄存器操作指令

1. 累加器操作指令

在 S7-300 PLC 中，有两个累加器，分别为累加器 1（ACC1）和累加器 2（ACC2），所有的数据处理及运算等都在两个累加器里完成，是 PLC 的运算器。累加器的操作指令见表 4-42。

表 4-42 累加器操作指令

名 称	指 令	说 明
互换	TAK	累加器 1 和累加器 2 的内容互换
压入	PUSH	累加器 1 的内容移入累加器 2，累加器 2 原内容丢失
弹出	POP	累加器 2 的内容移入累加器 1，累加器 1 原内容丢失
自加	INC <8 位常数>	累加器 1 低字的低字节内容加上指令中给出的 8 位常数（0～255），结果不影响状态字
自减	DEC <8 位常数>	累加器 1 低字的低字节内容减去指令中给出的 8 位常数（0～255），结果不影响状态字
反转	CAW	交换累加器 1 低字中的 2 字节顺序
交换	CAD	交换累加器 1 中的 4 字节顺序

图 4-67 显示了 TAK、PUSH 和 POP 指令是如何工作的，图 4-68 显示了 CAW 和 CAD 指令执行时累加器 1 中内容的变化情况。

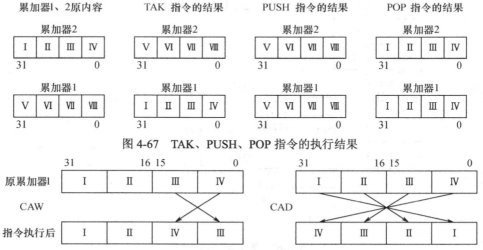

图 4-67 TAK、PUSH、POP 指令的执行结果

图 4-68 CAW、CAD 指令执行时累加器 1 的变化

2. 地址寄存器指令

地址寄存器指令见表 4-43。

3. 数据块指令

数据块指令见表 4-44。

表 4-43　地址寄存器指令

指　令	操作数	说明
+AR1		指令没有指明操作数，则把累加器 1 低字的内容加至地址寄存器 1
+AR2		指令没有指明操作数，则把累加器 1 低字的内容加至地址寄存器 2
+AR1	P#Byte.Bit	把一个指针常数加至地址寄存器 1，指针常数范围：0.0～4095.7
+AR2	P#Byte.Bit	把一个指针常数加至地址寄存器 2，指针常数范围：0.0～4095.7

表 4-44　数据块指令

LAD 指令	STL 指令	说明
DB（或 DI）号 ——(OPN) （只有 OPN 指令）	OPN	该指令打开一个数据块作为共享数据块或背景数据块，如 OPN DB10；OPN DI20
	CAD	该指令交换数据块寄存器，使共享数据块成为背景数据块，反之一样
	DBLG	该指令将共享数据块的长度（字节数）装入累加器 1，如 L　DBLG
	DBNO	该指令将共享数据块的块号装入累加器 1，如 L　DBNO
	DILG	该指令将背景数据块的长度（字节数）装入累加器 1，如 L　DILG
	DINO	该指令将背景数据块的块号装入累加器 1，如 L　DINO

使用数据块指令时必须首先打开一个数据块，然后才能使用其他数据块指令。

【例 4-23】调用数据块 DB20，当数据块长度超过 30 字节时，程序转移到标号为 ABC 处，调用功能 FC15。用 STL 编写的程序如下：

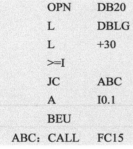

```
     OPN    DB20
     L      DBLG
     L      +30
     >=I
     JC     ABC
     A      I0.1
     BEU
ABC: CALL   FC15
```

4．显示和空操作指令

显示和空操作指令见表 4-45。

表 4-45　显示和空操作指令

指令	说　明
BLD	控制编程器显示程序的形式，不影响程序的执行
NOP0	空操作 0
NOP1	空操作 1

4.8　控　制　指　令

控制指令控制程序的执行顺序，使得 CPU 能够根据不同的情况执行不同的指令序列。控制指令分为两种：一种是逻辑控制指令，另一种是程序控制指令。

4.8.1　逻辑控制指令

逻辑控制指令是指逻辑块内的跳转和循环指令，这些指令中止程序原有的线性逻辑流，跳到另一处执行程序。跳转或循环指令的操作数是地址标号，该地址标号指出程序要跳往何处，标号最多为 4 个字符，第一个字符必须是字母，其余字符可为字母或数字。

与它相同的标号必须写在程序跳转的目的地前，称为目标地址标号。在一个逻辑块内，目标地址标号不能重名。在语句表中，目标标号与目标指令用冒号分隔。在梯形图中目标标号必须在一个网络的开始。

1. 逻辑控制的语句表指令

（1）无条件跳转指令（JU）

无条件跳转指令（JU）将无条件中断正常的程序逻辑流，使程序跳转到目标处继续执行，如图 4-69 所示。

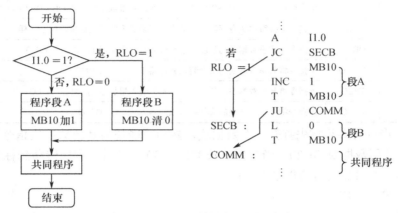

图 4-69　使用跳转指令控制程序流

（2）条件跳转指令

条件跳转指令见表 4-46。

表 4-46　条件转移指令

跳转条件	STL 指令	说　明
RLO	JC　地址标号	当 RLO=1 时跳转，RLO 为逻辑操作结果位
	JCN　地址标号	当 RLO=0 时跳转
RLO 与 BR	JCB　地址标号	当 RLO=1 且 BR=1 时跳转，指令执行时将 RLO 保存在 BR 中，BR 为二进制结果位
	JNB　地址标号	当 RLO=0 且 BR=0 时跳转，指令执行时将 RLO 保存在 BR 中
BR	JBI　地址标号	当 BR=1 时跳转，指令执行时，OR、FC 清 0，STA 置 1
	JNBI　地址标号	当 BR=0 时跳转，指令执行时，OR、FC 清 0，STA 置 1
OV	JO　地址标号	当 OV=1 时跳转，OV 为溢出位
OS	JOS　地址标号	当 OS=1 时跳转，指令执行时，OS 清 0，OS 为溢出状态保持位
CC1 与 CC0	JZ　地址标号	累加器 1 中的计算结果为零跳转（CC1=0，CC0=0）
	JN　地址标号	累加器 1 中的计算结果为非零跳转（CC1=0 时 CC0=1；CC1=1 时 CC0=0）
	JP　地址标号	累加器 1 中的计算结果为正跳转（CC1=1，CC0=0）
	JM　地址标号	累加器 1 中的计算结果为负跳转（CC1=0，CC0=1）
	JMZ　地址标号	累加器 1 中的计算结果小于等于零（非正）跳转（CC1=0 或 1，CC0=0）
	JPZ　地址标号	累加器 1 中的计算结果大于等于零（非负）跳转（CC1=0，CC0=1 或 0）
	JUO　地址标号	实数溢出跳转（CC1=1，CC0=1）

图 4-70 是一个条件跳转的例子，本例中需特别注意 JOS 指令的用法。

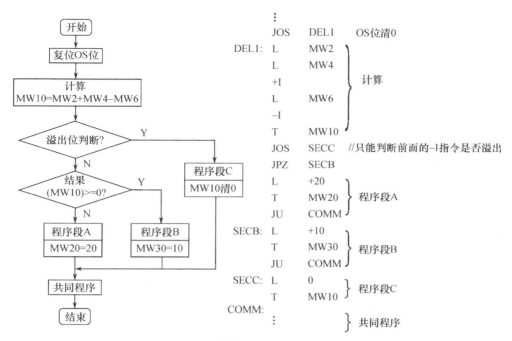

图 4-70 条件跳转指令控制程序流

（3）循环指令

使用循环指令（LOOP）可以多次重复执行特定的程序段，重复执行的次数存在累加器 1 中，即以累加器 1 为循环计数器。LOOP 指令执行时，将累加器 1 低字中的值减 1，如果不为 0，则回到循环体开始标号处继续执行循环过程，否则执行 LOOP 指令后面的指令。循环体是指循环标号和 LOOP 指令间的程序段。

由于循环次数不能是负数，因此程序应保证循环计数器中的数为正整数（数值范围：0～32767）或字型数据（数值范围：W#16#0000～W#16#FFFF）。存储区为 I，Q，M，DB，L。

为避免循环次数多于实际需要的次数，必须明确循环指令的下列特性：

① 如果循环计数器的初值是 0，那么循环将执行 65535 次；

② 应避免循环计数器的初值是负数。

图 4-71 是使用 LOOP 指令的例子。本例考虑到循环体（程序段 A）中可能用到累加器 1，特设置了循环计数暂存器 MB10 来存放循环次数。

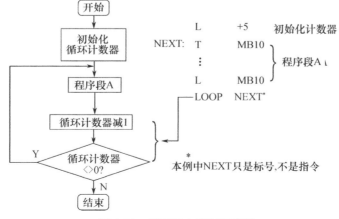

图 4-71 循环指令控制程序流

【例4-24】用LOOP指令完成1+3+5+…+99，并将结果存放在MW10中。

分析：是累加求和，即S=S+I，S（MW10）、I（MW20）、循环次数为50（MW100），则语句表参考程序如下：

	L	0	//初始化
	T	MW10	
	L	1	
	T	MW20	
	L	50	//循环次数
NEXT:	T	MW100	
	L	MW20	//加数
	L	MW10	//和
	+I		
	T	MW10	
	L	MW20	//修改被加数
	+	2	
	T	MW20	
	L	MW100	//检查循环次数到否
	LOOP	NEXT	

2. 逻辑控制的梯形图指令

梯形逻辑控制指令只有两条，可用于无条件跳转或条件跳转控制。在梯形图（LAD）编程环境下，跳转指令如图4-72所示。

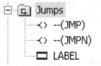

图4-72 跳转指令

① JMP：无条件跳转指令，无条件跳转到标号地址处。

② JMPN：条件跳转指令，以RLO=0为条件跳转到标号地址处；RLO=1时，顺序向下执行。

③ LABEL：标号地址处。

【例4-25】跳转应用。要求利用移位指令使16盏灯以0.2s的速度按照自右向左的顺序亮起，到达最左侧后，再自左向右返回最右侧，如此反复。开关接通时移位开始，开关断开时移位停止。

I/O分配：控制开关I0.0，16盏灯Q4.0~Q4.7，Q5.0~Q5.7。

由于STEP 7的存储格式及输出的个性化要求，在编程时，建议用中间存储区M区来做移位控制编程等操作，再按照控制要求输出，如图4-73所示，参考控制程序如图4-74所示。

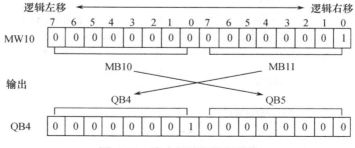

图4-73 流水灯移位控制思路

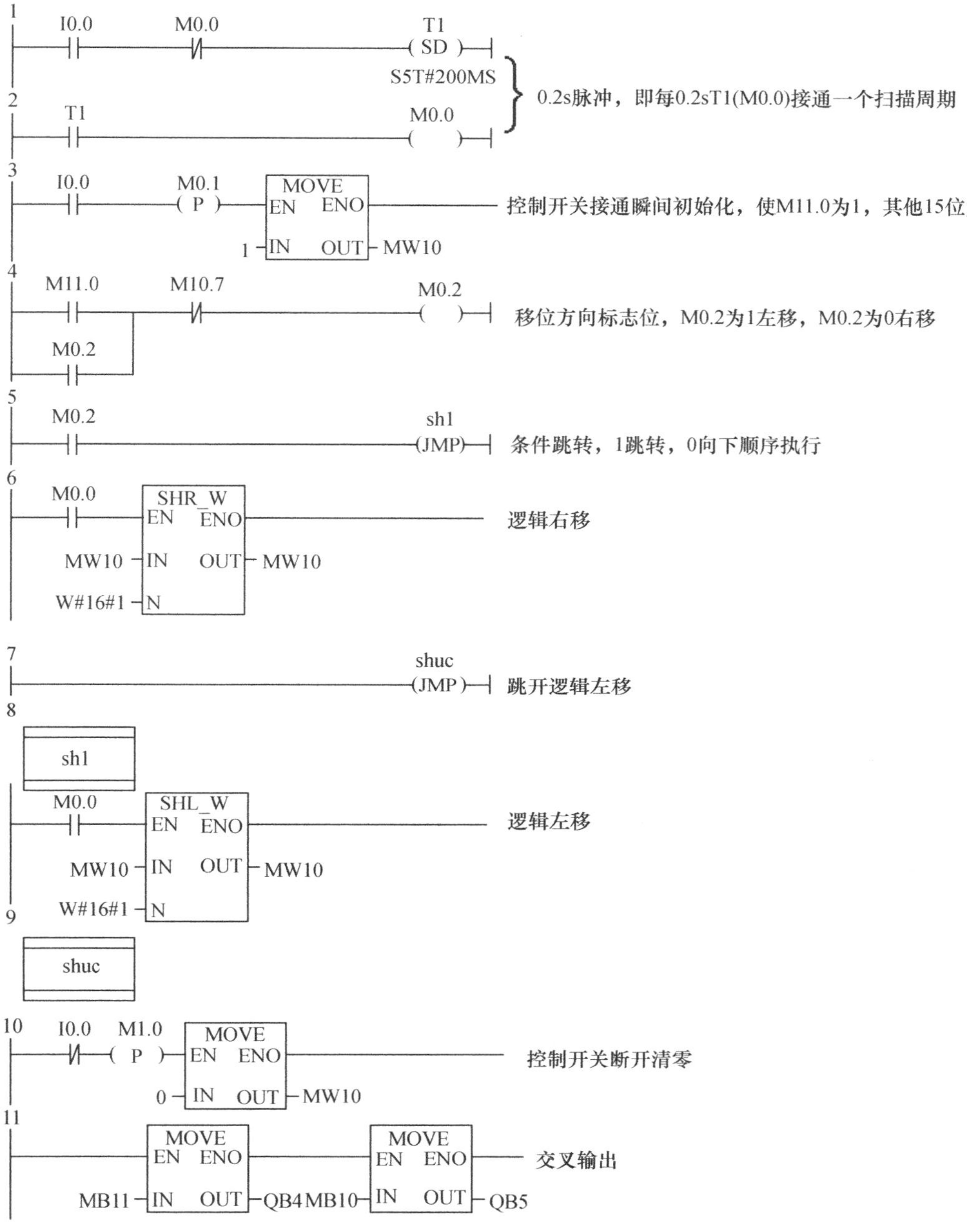

图 4-74 16 盏流水灯移位、跳转指令应用

在 STEP 7 中，没有根据算术运算结果直接跳转的 LAD 指令，但是可以通过使用反映各位状态的动合触头、动断触头，并结合前面介绍的两条跳转指令，即可实现根据运算结果的跳转功能。与状态有关的触点及说明见表 4-47。

这些 LAD 单元可以用在梯形图程序中，影响逻辑运算结果 RLO，最终形成以状态位为条件的跳转操作。图 4-75 给出了使用状态位的一个例子。

表 4-47　状态位（Status bits）常开常闭触点

LAD 单元		说明
>0 常开	>0 常闭	算术运算结果大于 0，则常开触点闭合、常闭触点断开。该指令检查状态字条件码 CC0 和 CC1 的组合，决定结果与 0 的关系
<0 常开	<0 常闭	算术运算结果小于 0，则常开触点闭合、常闭触点断开。该指令检查状态字条件码 CC0 和 CC1 的组合，决定结果与 0 的关系
>=0 常开	>=0 常闭	算术运算结果大于等于 0，则常开触点闭合、常闭触点断开。该指令检查状态字条件码 CC0 和 CC1 的组合，决定结果与 0 的关系
<=0 常开	<=0 常闭	算术运算结果小于等于 0，则常开触点闭合、常闭触点断开。该指令检查状态字条件码 CC0 和 CC1 的组合，决定结果与 0 的关系
==0 常开	==0 常闭	算术运算结果等于 0，则常开触点闭合、常闭触点断开。该指令检查状态字条件码 CC0 和 CC1 的组合，决定结果与 0 的关系
<>0 常开	<>0 常闭	算术运算结果不等于 0，则常开触点闭合、常闭触点断开。该指令检查状态字条件码 CC0 和 CC1 的组合，决定结果与 0 的关系
OV 常开	OV 常闭	若状态字的 OV 位（溢出位）为 1，则常开触点闭合、常闭触点断开
OS 常开	OS 常闭	若状态字的 OS 位（存储溢出位）为 1，则常开触点闭合、常闭触点断开
UO 常开	UO 常闭	浮点算术运算结果溢出，则常开触点闭合、常闭触点断开。该指令检查状态字条件码 CC0 和 CC1 的组合
BR 常开	BR 常闭	若状态字的 BR 位（二进制结果位）为 1，则常开触点闭合、常闭触点断开

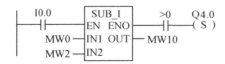

- 如果 I0.0 为 1，则执行整数减法操作：
  在操作中，(MW0)－(MW2) 的结果大于 0，则输出 Q4.0 被置 1。
- 如果 I0.0 为 0，则不执行上述操作。

图 4-75　状态位指令应用

相应的语句表程序如下：

```
            A（
            A       I0.0
            JNB     LAB1
            L       IW0
            L       IW2
            -I
            T       MW10
            AN      OV        //若 OV 为 1，则 RLO 为 0，否则 RLO 为 1
            SAVE              //使 BR＝RLO
            CLR
    LAB1：A  BR
            ）
            A       >0
            S       Q4.0
```

可以看出，在程序控制类及数据运算等较复杂指令的应用过程中，语句表指令（STL）和梯形图指令（LAD）比较起来，具有强大的优势，因为它更接近计算机的高级语言（如 C 语言）。

4.8.2 程序控制指令

程序控制指令是指功能块（FB、FC、SFB、SFC）调用指令和逻辑块（OB、FB、FC）结束指令。调用块或结束块可以是有条件的或是无条件的。STEP 7 中的功能块实质上就是子程序。

1. STL 程序控制指令

程序控制指令的 STL 格式介绍见表 4-48。

表 4-48　STL 程序控制指令

指　令	说　　明
CALL	该指令在程序中无条件执行，调用 FB、FC、SFB、SFC
UC	该指令在程序中无条件调用功能块（一般是 FC 或 SFC），但不能传递参数
CC	RLO=1，调用功能块（一般是 FC），但不能传递参数
BEU	该指令无条件结束当前块的扫描，将控制返回给调用块
BEC	若 RLO=1，则结束当前块的扫描，将控制返回给调用块；若 RLO=0，则将 RLO 置 1，程序继续在当前块内扫描

CALL 指令可以调用用户编写的功能块（FB、FC）或操作系统提供的功能块（SFB、SFC），CALL 指令的操作数是功能块类型及其编号，当调用的功能块是 FB 块时还要提供相应的背景数据块 DB。使用 CALL 指令，可以为被调用功能块中的形参赋以实际参数，调用时应保证实参与形参的数据类型一致。关于功能块如何编写以及如何调用需传递参数的功能块，在第 7 章中有较为详细的说明。

在下面的例子中，功能块 FB10 的一个背景数据块是 DB12，FB10 中定义了三个形参，各形参的参数名及数据类型分别是：①IN1，BOOL；②IN2，WORD；③OUT1，DWORD。CALL指令用法如下：

```
CALL     FB10，DB12        //调用 FB10，并指明背景数据块为 DB12
IN1：=    I0.7             //将实参 I0.7 分配给形参 IN1
IN2：=    MW20             //将实参 MW20 分配给形参 IN2
OUT1：=  MD100            //给形参 OUT1 分配实参 MD100
L  MD100                  //调用结束后，FB40 的运行结果在 MD100 中，将其装入累加器 1
```

UC 和 CC 指令用于不需传递参数的场合，例如：

```
CC  FC10                  //当 RLO=1 时调用 FC10
UC  FB2                   //不管 RLO 结果如何，调用 FB2
```

2. 梯形图程序控制指令

程序控制指令的 LAD 格式介绍见表 4-49。

表 4-49　梯形图程序控制指令

LAD 指令	参　　数		数据类型	存储区	说　　明
`<FC/SFC no.>` ——（CALL）	FC/SFC　no.		BLOCK_FC	—	no.为被调用的不带参数的 FC 或 SFC 号数，如 FC 10 或 SFC 59
`<DB no.>` ┌─────┐ │FB no.│ │EN ENO│ └─────┘	方框上部的符号	参　　数			
	FB no.	DB no.	BLOCK_DB	—	背景数据块号，只在调用 FB 时提供

LAD 指令	参 数		数据类型	存储区	说 明
	FC no.	Block no.	BLOCK_FB/ BLOCK_FC	—	被调用的功能块号
	SFB no.	EN	BOOL	I、Q、M、DB、L	允许输入
	SFC no.	ENO	BOOL	I、Q、M、DB、L	允许输出
——(RET)	—		—	—	块结束

梯形图调用块有两种方式：一是用线圈驱动指令调用功能块，这种方式相当于 STL 指令 UC 和 CC，不能实现参数传递；二是用方块指令调用功能块，相当于 STL 指令 CALL，可以传递参数。

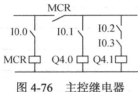

图 4-76 主控继电器

4.8.3 主控继电器指令

主控继电器（Master Controlled Relay，MCR）是梯形图逻辑主控开关，用来控制信号流的通断。主控继电器如图 4-76 所示。

与图 4-76 对应的 STL 指令为：

```
MCRA        // 激活 MCR 区
A   I0.0    // 扫描 I0.0
MCR （      // 若 I0.0=1，则打开激活 MCR（子母线开始），MCR 位为 1
A   I0.1    // 扫描 I0.1
=   Q4.0    // 若 I0.1=1 且 MCR 位为 1，则 Q4.0 为 1
A   I0.2    // 扫描 I0.2
A   I0.3    // 扫描 I0.3
=   Q4.1    // 若 I0.2=1 同时 I0.3=1 且 MCR 位为 1，则 Q4.1 为 1
） MCR      // 结束 MCR 区
MCRD        // 关闭 MCR 区
```

在 STEP 7 中，与主控继电器指令相关的指令见表 4-50。

图 4-50　主控继电器相关指令

STL 指令	LAD 指令	说 明
MCRA	——(MCRA)	激活 MCR 区，该指令表示一个按 MCR 方式操作区域的开始
MCRD	——(MCRD)	结束 MCR 区，该指令表示一个按 MCR 方式操作区域的结束
MCR(	——(MCR<)	主控继电器，该指令将 RLO 保存于 MCR 堆栈中，并产生一条新分支母线，其后的指令与该分支母线相连，又可称为分支开始指令
)MCR	——(MCR>)	恢复 RLO，结束分支母线，又可称为分支结束指令

MCR 的信号状态对 MCR 区域（MCRA 和 MCRD 之间）的指令执行情况及对逻辑操作的影响见表 4-51。

表 4-51　MCR 信号状态对 MCR 区域内的指令执行情况及对逻辑操作的影响

MCR 信号状态	= （输出线圈或中间线圈）	S 或 R （置位或复位）	T （传送或赋值）
0	写入 0 模仿掉电时继电器的静止状态	不写入 模仿掉电时自锁继电器的静止状态，使其保持当前的状态	写入 0 模仿一个元件，在掉电时产生 0 值
1	正常执行	正常执行	正常执行

使用 MCR 指令时要注意：

① 如果在 MCRA 和 MCRD 之间有 BEU 指令，则 CPU 执行 BEU 指令时，也结束 MCR 区域；

② 如果在激活的 MCR 区域中有块调用指令，则激活状态不能继承到被调用块中，必须在被调用块中重新激活 MCR 区域，才能使指令根据 MCR 位操作；

③ "MCR（"指令和"）MCR"指令要配对使用，以表示分支母线的开始与结束；

④ MCR 指令可以嵌套使用，最大的嵌套深度为 8 层，表明使用 MCR 指令可以产生 8 条不同层次的子母线分支，与此对应的是在 CPU 中有一个 8 级的 MCR 指令可以产生 8 级的 MCR 堆栈，用于存储建立子母线前的 RLO，使得在结束子母线分支时，从栈顶中逐级弹出 RLO 的值；

⑤ 不要用主控继电器 MCR 代替硬接线的机械主控继电器实现紧急停止功能。

4.9 S7-300 的系统功能模块简介

在 S7-300/400 系列 PLC 的 CPU 中提供了大量的标准系统功能模块（SFB、SFC），这些标准系统功能模块是由 SIEMENS 公司预先编好的，并集成在 CPU 中。不同型号的 CPU 具有不同的标准系统功能模块，为高效快捷地编制应用控制程序，用户可直接调用标准系统功能模块。部分 CPU 可调用的模块数量见表 4-52。

表 4-52 S7-300 系列部分 CPU 可调用的模块数量

CPU 型号	可调用模块数量						
	OB	FB	FC	DB	SDB	SFC	SFB
CPU312IFM	3	32	32	63	6	25	2
CPU313	13	128	128	127	6	34	—
CPU314	13	128	128	127	9	34	—
CPU315	13	128	128	127	9	37	—
CPU315-2DP	14	128	128	127	9	40	—

标准系统功能模块 SFB 和 SFC 是 S7 操作系统的组成部分，因此不需要将其作为用户程序下载到 PLC 中。与系统功能块 SFB 和功能块 FB 一样，都需要一个背景数据块 DB，该 DB 是用户程序的一部分，需要下载到 PLC 中。

系统功能模块 SFB 的功能简介见表 4-53。

表 4-53 系统功能模块 SFB 的功能简介

功能块号	简写	功　　能
SFB0	CTU	Count Up，增计数器，计数值的上限为 32767
SFB1	CTD	Count Down，减计数器，计数值的下限为-32768
SFB2	CTUD	Count Up/Down，增/减计数器，计数范围：-32768～32767
SFB3	TP	Generate a Pulse，在信号的前沿产生宽度为 PT 的脉冲
SFB4	TON	Generate an On Delay，产生一个接通延时
SFB5	TOF	Generate an Off Delay，产生一个断开延时
SFB8	USEND	Uncoordinated Sending of Data，非协调发送数据
SFB9	URCV	Uncoordinated Receiving of Data，非协调接收数据
SFB12	BSEND	Sending Segmented Data，发送分组数据

功能块号	简写	功　　能
SFB13	BRCV	Receiving Segmented Data，接收分组数据
SFB14	GET	Read Data from a Remote CPU，从远程计算机读数据
SFB15	PUT	Write Data to a Remote CPU，向远程计算机写数据
SFB16	PRINT	Send Data to Printer，发送数据到打印机
SFB19	START	Initiate a Warm or Cold Restart on a Remote Device，启动远程设备，使其由 STOP 方式切换到 RUN 方式
SFB20	STOP	Changing a Remote Device to the STOP State，停止远程设备，使其由 RUN 方式切换到 STOP 方式
SFB21	RESUME	Initiate a Hot Restart on a Remote Device，使远程设备恢复启动
SFB22	STATUS	Query the Status of a Remote Partner，查询远程设备的通信状态
SFB23	USTATUS	Receive the Status of a Remote Device，接收远程设备的通信状态
SFB29	HS_COUNT	Counter（High-Speed Counter,Integrated Function），高速计数器
SFB30	FREQ_MES	Frequency Meter（Frequency Meter,Integrated Function），频率表
SFB31	NOTIFY_8P	Generating Block Related Messages Without Acknowledgement Indication，创建一个具有 8 条相关消息（不通知显示）的消息块
SFB32	DRUM	Implement a Sequencer，顺序器
SFB33	ALARM	Generate Block-Related Messages with Acknowledgment Display，创建一个相关消息（通知显示）的消息块
SFB34	ALARM_8	Generate Block-Related Messages without Values for 8 Signals，创建一个具有 8 个相关信号（无数值）的报警块
SFB35	ALARM_8P	Generate Block-Related Messages with Values for 8 Signals，创建一个具有 8 个相关信号（有数值）的报警块
SFB36	NOTIFY	Generate Block-Related Messages without Acknowledgment Display，创建一个相关消息（不通知显示）的消息块
SFB37	AR_SEND	Send Archive Data，发送存档数据
SFB38	HSC_A_B	Counter A/B（integrated function），具有 A/B 相的高速计数器
SFB39	POS	Position（Integrated Function），位置控制
SFB41	CONT_C	Continuous Control，连续控制
SFB42	CONT_S	Step Control，步进控制
SFB43	PULSEGEN	Pulse Generation，脉冲发生器
SFB44	ANALOG	Positioning with Analog Output，具有模拟量输出的位置控制
SFB46	DIGITAL	Positioning with Digital Output，具有数字量输出的位置控制
SFB47	COUNT	Controlling the Counter，用于定位函数计数器的控制
SFB48	FREQUENC	Controlling the Frequency Measurement，用于频率测量的计数器的控制
SFB49	PULSE	Controlling Pulse Width Modulation，用于脉冲宽度调制器的控制
SFB52	RDREC	Reading a Data Record from a DP Slave，从 DP 从站中读数据记录
SFB53	WRREC	Writing a Data Record in a DP Slave，向 DP 从站写数据记录
SFB54	RALRM	Receiving an Interrupt from a DP Slave，接收来自 DP 从站的中断
SFB60	SEND_PTP	Sending Data（ASCII, 3964（R）），从数据块中发送数据块（可使用 ASCII、3964（R））

功能块号	简写	功 能
SFB61	RECV_PTP	Receiving Data（ASCII，3964（R）），从数据块中接收数据及文件（可使用 ASCII、3964（R））
SFB62	RES_RECV	Deleting the Receive Buffer（ASCII,3964（R）），清除接收缓冲区（可使用 ASCII、3964（R））
SFB63	SEND_RK	Sending Data（RK 512），从数据块中发送数据
SFB64	FETCH_RK	Fetching Data（RK 512），从数据块中提取数据块
SFB65	SERVE_RK	Receiving and Providing Data（RK 512），接收及提供数据
SFB75	SALRM	Send Interrupt to DP Master，向 DP 主站发送中断

说明：

① SFB29 "HS_COUNT" 及 SFB30 "FREQ_MES" 仅存在于 CPU312 IFM、CPU314 IFM 中。SFB38 "HSC_A_B" 和 SFB39 "POS" 仅存在于 CPU314 IFM 中。

② SFB41 "CONT_C"、SFB42 "CONT_S" 及 SFB43 "PULSEGEN" 仅存在于 CPU314 IFM 中。

③ SFB44～SFB49、SFB60～SFB65 仅存在于 S7-300 CPU 中。

系统功能模块 SFC 的功能简介见表 4-54。

表 4-54　系统功能 SFC 的功能简介

功能号	简写	功 能
SFC0	SET_CLK	Set System Clock，设置系统时钟（日期和时间）
SFC1	READ_CLK	Read System Clock，读系统时钟（日期和时间）
SFC2	SET_RTM	Set Run-time Meter，设置运行时间表
SFC3	CTRL_RTM	Start/Stop Run-time Meter，启动/停止运行时间表
SFC4	READ_RTM	Read Run-time Meter，读运行时间表
SFC5	GADR_LGC	Query Logical Address of a Channel，查询通道的逻辑地址
SFC6	RD_SINFO	Read OB Start Information，读 OB 启动信息
SFC7	DP_PRAL	Trigger a Hardware Interrupt on the DP Master，对 DP 主站触发硬件中断
SFC9	EN_MSG	Enable Block-Related, Symbol-Related and Group Status Messages，激活被禁止的相关块、符号和组状态信息
SFC10	DIS_MSG	Disable Block-Related, Symbol-Related and Group Status Messages，禁止相关块、符号和组状态信息
SFC11	DPSYC_FR	Synchronize Groups of DP Slaves，使 DP 从站组同步
SFC12	D_ACT_DP	Deactivation and activation of DP slaves，激活或禁止 DP 从站组
SFC13	DPNRM_DG	Read Diagnostic Data of a DP Slave （Slave Diagnostics），读 DP 从站的诊断数据
SFC14	DPRD_DAT	Read Consistent Data of a Standard DP Slave，读标准 DP 从站的一致性数据
SFC15	DPWR_DAT	Write Consistent Data to a DP Standard Slave，向标准 DP 从站写一致性数据
SFC17	ALARM_SQ	Generate Acknowledgeable Block-Related Messages，产生可认定的相关块的消息
SFC18	ALARM_S	Generate Permanently Acknowledged Block-Related Messages，产生永久的可认定的相关块的消息
SFC19	ALARM_SC	Query the Acknowledgment Status of the last ALARM_SQ Entering State Message，查询上次调用 SFC17 时进入的状态消息的认定状态
SFC20	BLKMOV	Copy Variables，复制变量
SFC21	FILL	Initialize a Memory Area，初始化存储区
SFC22	CREAT_DB	Create Data Block，创建数据块

功能号	简写	功 能
SFC23	DEL_DB	Delete Data Block，删除数据块
SFC24	TEST_DB	Test Data Block，测试数据块
SFC25	COMPRESS	Compress the User Memory，压缩用户程序
SFC26	UPDAT_PI	Update the Process Image Update Table，修正过程映像升级表
SFC27	UPDAT_PO	Update the Process Image Output Table，修正过程映像输出表
SFC28	SET_TINT	Set Time-of-Day Interrupt，设置日期-时间中断
SFC29	CAN_TINT	Cancel Time-of-Day Interrupt，取消日期-时间中断
SFC30	ACT_TINT	Activate Time-of-Day Interrupt，激活日期-时间中断
SFC31	QRY_TINT	Query Time-of-Day Interrupt，查询日期-时间中断
SFC32	SRT_DINT	Start Time-Delay Interrupt，启动时间延迟中断
SFC33	CAN_DINT	Cancel Time-Delay Interrupt，取消时间延迟中断
SFC34	QRY_DINT	Query Time-Delay Interrupt，查询时间延迟中断
SFC35	MP_ALM	Trigger Multicomputing Interrupt，触发多处理器中断
SFC 36	MSK_FLT	Mask Synchronous Errors，屏蔽同步错误
SFC37	DMSK_FLT	Unmask Synchronous Errors，不屏蔽同步错误
SFC38	READ_ERR	Read Error Register，读错误寄存器
SFC39	DIS_IRT	Disable New Interrupts and Asynchronous Errors，禁止新的中断和同步错误
SFC40	EN_IRT	Enable New Interrupts and Asynchronous Errors，允许新的屏蔽和同步错误
SFC41	DIS_AIRT	Delay Higher Priority Interrupts and Asynchronous Errors，延迟较高优先级的中断和同步错误
SFC42	EN_AIRT	Enable Higher Priority Interrupts and Asynchronous Errors，允许较高优先级的中断和同步错误
SFC43	RE_TRIGR	Re-trigger Cycle Time Monitoring，重新触发周期时间监测
SFC44	REPL_VAL	Transfer Substitute Value to Accumulator 1，传送替代值到累加器 1
SFC46	STP	Change the CPU to STOP，将 CPU 切换到 STOP
SFC47	WAIT	Delay Execution of the User Program，延迟执行用户程序
SFC48	SNC_RTCB	Synchronize Slave Clocks，使总线上的所有从时钟与主时钟同步
SFC49	LGC_GADR	Query the Module Slot Belonging to a Logical Address，查询逻辑地址的模板槽位号
SFC50	RD_LGADR	Query all Logical Addresses of a Module，查询模板的所有逻辑地址
SFC51	RDSYSST	Read a System Status List or Partial List，读系统状态表或部分系统状态表
SFC52	WR_USMSG	Write a User-Defined Diagnostic Event to the Diagnostic Buffer，将一个用户定义的诊断事件写到诊断缓冲区
SFC54	RD_PARM	Read Defined Parameters，读已定义的参数
SFC55	WR_PARM	Write Dynamic Parameters，写动态参数
SFC56	WR_DPARM	Write Default Parameters，写默认参数
SFC57	PARM_MOD	Assign Parameters to a Module，分配模板参数
SFC58	WR_REC	Write a Data Record，写数据记录
SFC59	RD_REC	Read a Data Record，读数据记录
SFC60	GD_SND	Send a GD Packet，发送 GD 包
SFC61	GD_RCV	Fetch a Received GD Packet，提取收到的 CD 包

功能号	简写	功　　能
SFC62	CONTROL	Query the Status of a Connection Belonging to a Communication SFB Instance，查询 SFB 背景通信的连接状态
SFC63	AB_CALL	Assembly Code Block，安装代码块
SFC64	TIME_TCK	Read the System Time，读系统时间
SFC65	X_SEND	Send Data to a Communication Partner outside the Local S7 Station，向本地 S7 站外的通信设备发送数据
SFC66	X_RCV	Receive Data from a Communication Partner outside the Local S7 Station，接收来自本地 S7 站外通信设备的数据
SFC67	X_GET	Read Data from a Communication Partner outside the Local S7 Station，读来自本地 S7 站外通信设备的数据
SFC68	X_PUT	Write Data to a Communication Partner outside the Local S7 Station，向本地 S7 站外的通信设备写数据
SFC69	X_ABORT	Abort an Existing Connection to a Communication Partner outside the Local S7 Station，放弃同本地 S7 站外通信设备的连接
SFC72	I_GET	Read Data from a Communication Partner within the Local S7 Station，读本地 S7 站内通信设备的数据
SFC73	I_PUT	Write Data to a Communication Partner within the Local S7 Station，向本地 S7 站内通信设备写数据
SFC74	I_ABORT	Abort an Existing Connection to a Communication Partner within the Local S7 Station，放弃同本地 S7 站内通信设备的连接
SFC78	OB_RT	Determine OB program runtime，确定 OB 程序运行时间
SFC79	SET	Set a Range of Outputs，设置输出范围
SFC80	RSET	Reset a Range of Outputs，复位输出范围
SFC81	UBLKMOV	Uninterruptible Block Move，移动不可中断块
SFC82	CREA_DBL	Generating a Data Block in the Load Memory，在装载存储器中创建数据块
SFC83	READ_DBL	Reading from a Data Block in Load Memory，在装载存储器的数据块中读数据
SFC84	WRIT_DBL	Writing from a Data Block in Load Memory，向装载存储器中的数据块写数据
SFC87	C_DIAG	Diagnosis of the Actual Connection Status，诊断实际连接状态
SFC90	H_CTRL	Control Operation in H Systems，在 H 系统中控制操作
SFC100	SET_CLKS	Setting the Time-of-Day and the TOD Status，设置时间-日期及 TOD 状态
SFC101	RTM	Handling runtime meters，设置启动、停止及读运行时间表
SFC102	RD_DPARA	Redefined Parameters，读预定义的系统数据记录
SFC103	DP_TOPOL	Identifying the bus topology in a DP master system，在 DP 主站系统中辨识总线的拓扑结构
SFC104	CiR	Controlling CiR，控制 CiR
SFC105	READ_SI	Reading Dynamic System Resources，读系统动态资源
SFC106	DEL_SI	Deleting Dynamic System Resources，删除系统动态资源
SFC107	ALARM_DQ	Generating Always Acknowledgeable and Block-Related Messages，产生可认定的相关块的消息
SFC108	ALARM_D	Generating Always Acknowledgeable and Block-Related Messages，产生永久可认定的相关块的消息
SFC126	SYNC_PI	Update Process Image Partition Input Table in Synchronous Cycle，在同步周期中修正过程映像分区输入表
SFC127	YNC_POS	Update Process Image Partition Output Table in Synchronous Cycle，在同步周期中修正过程映像分区输出表

在 S7-PLC 的 CPU 中还提供了大量的系统数据块 SDB，这些系统数据块是为存放 PLC 参数而建立的系统数据存储区。用 PLC 的组态软件可以将 PLC 的组态数据和其他操作参数存放到 SDB 中。

系统数据块可由各种应用（有时可能是 CPU 本身）产生，各种系统数据块的产生见表 4-55。

表 4-55　各种系统数据块的产生源

数据块编号	产　生　源
0	Configuring Hardware，硬件配置
1	Configuring Hardware or by the CPU（after a Complete Restart），由硬件配置或由 CPU（在系统完成重新启动后）产生
2	CPU（Standard Parameter Assignment After a Complete Restart），由 CPU 产生（系统完成重新启动后的标准参数指定）
3，4	Configuring Hardware，由硬件配置产生
5	CPU（MPI Parameters），由 CPU 产生（MPI 参数）
22～89	Configuring Hardware（DP Configuration），由硬件配置产生（DP 组态）
90～99	Configuring Hardware（DP Configuration），由硬件配置产生（DP 组态）
100～149	Configuring Hardware（Parameters for Central and Distributed Configurations），由硬件配置产生（集中或分布组态参数）
150～152	Configuring Hardware（Parameters for Interface Modules），由配置硬件产生（接口模板参数）
153～189	Configuring Hardware（DP Configuration），由配置硬件产生（DP 组态）
2xx	Configuring Global Data Communication，由全局数据通信配置产生
3xx	Configuring Symbol-Related Messages，由相关符号消息的配置产生
7xx	Configuring Connections，由组态连接产生
999	Configuring Networks/Connections，由网络/连接组态产生
1000	Configuring Hardware（DP Configuration, Parameters for CPs and FMs），由硬件配置产生（DP 组态，CP 及 FM 参数）

本 章 小 结

S7-300 系列 PLC 的指令系统非常强大，本章介绍了梯形图编程语言 LAD 和语句表编程语言 STL。在设计 S7 系列 PLC 的应用程序中，常常出现几种编程语言同时出现在一个应用程序中的情况。

1．位逻辑指令的编程是 PLC 应用领域中最具有代表性的应用，是所有其他指令应用的基础，可以在大多数场合下完成对开关量的控制。掌握位逻辑指令的编程思想和编程方法是学习本章内容的重点。

2．数据装入与传送指令用于在各个存储区之间交换数据以及存储区与过程输入/输出模板之间交换数据，数据装入与传送指令涉及 PLC 的寻址方式和数据格式，是学习本章内容的难点。

3．运算指令、移位指令和转换指令的使用，大大增强了 PLC 的数据处理能力。

4．控制指令用于优化控制程序结构，便于编写结构化控制程序，减少程序执行时间。

5．系统模块是 S7 操作系统的组成部分，是集成在 CPU 中的功能程序库，用户可以根据需要，调用相应的系统功能模块，赋以有意义的参数，提高编程水平和编程效率。

习 题 4

1. STEP 7 有几种数据类型？
2. 说明 M100.0、MB100、MW100 及 MD100 的区别与联系。
3. 用 STL 指令表示如图 4-77 所示的 LAD 程序段。

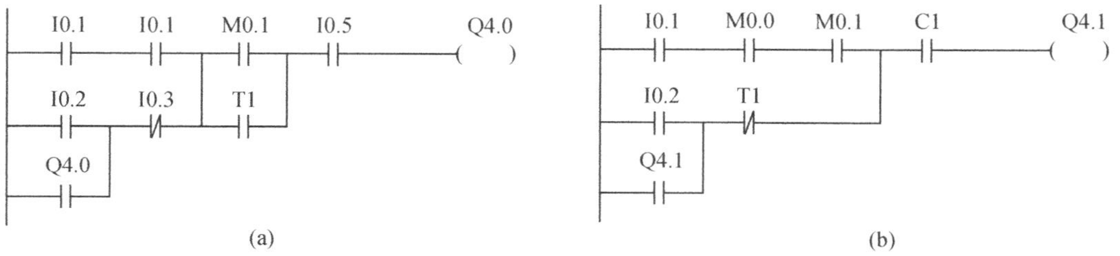

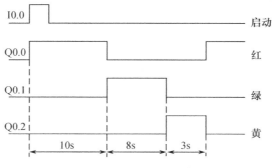

图 4-77　LAD 程序段

4. 用 STL 指令表示的控制程序转换成 LAD 程序。

序　号	指　令	序　号	指　令	序　号	指　令
1	A（	8	A　I0.4	15	A　M0.1
2	O　I0.0	9	）	16	O　M0.2
3	O	10	A（	17	）
4	A（	11	A（	18	AN　I0.5
5	O　I0.2	12	ON　T0	19	OM0.3
6	O　I0.3	13	O　C1	20	=Q4.1
7	）	14	）		

5. 某双向运转的传送带采用两地控制，当传送带上的工件到达终端的指定位置后，自动停止运转，请设计 LAD 控制程序（提示：在传送带的两端均有启动按钮和停止按钮，且均有工件检测传感器）。

6. 根据波形图，设计出梯形图。

（1）交通信号灯，如图 4-78 所示。

图 4-78　习题 6（1）时序图

（2）电动机 Y-△启动，如图 4-79 所示。

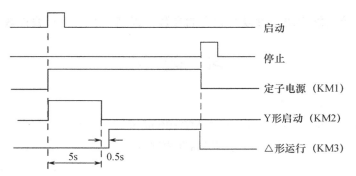

图 4-79 习题 6 (2) 时序图

（3）产品分拣，如图 4-80 所示。

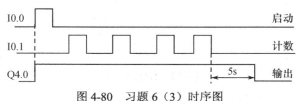

图 4-80 习题 6 (3) 时序图

7. 鼠笼式电动机的可逆运行控制，要求：

（1）启动时，可根据需要选择旋转方向。

（2）可随时停车。

（3）需要反向旋转时，按反向启动按钮，但是必须等待 5s 后，才能自动接通反向旋转的主电路。

8. 设计一个三台电动机的顺启顺停控制程序。要求如下：

（1）启动操作：按启动按钮 SB1，依次延时 5s 启动电动机 M1、M2、M3。

（2）停车操作：按停止按钮 SB2，依次延时 10s 停止电动机 M1、M2、M3。

9. 根据表达式：MW100＝（（（IW0＋MW200）－MW202）×20）/DBW2，分别用 LAD 和 STL 编程语言编写运算程序。

10. 某个可临时存储 5000 件物品的货物转运仓库，传送带 1 负责将物品运进仓库，传送带 2 负责将物品运出仓库。在每个传送带靠近转运仓库侧安装有光电传感器。转运仓库内存放的物品数可通过一组（6 个）指示灯表示仓库空、≥20%、≥40%、≥60%、80% 及仓库满的信号。系统的示意图如图 4-81 所示。

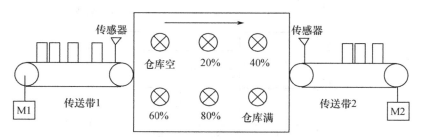

图 4-81 货物转运仓库示意图

请设计 LAD 控制程序，并写出相应的 STL 指令。

11. 某灯光控制系统，当按钮 S1 按下奇数次后，灯光的闪烁频率为 1Hz，当 S1 按下偶数次后，灯光的闪烁频率为 2Hz，请设计 LAD 控制程序。

12. 试设计一个料车自动循环装卸料控制系统，如图 4-82 所示，控制要求如下：

（1）初始状态：小车在起始位置时，压下 SQ1；

（2）启动：按下启动按钮 SB1，小车在起始位置装料，10s 后向右运动，至 SQ2 处停止，开始卸料，5s 后卸料结束，小车返回起始位置，再用 10s 的时间装料，然后向右运动到 SQ3 处卸料，5s 后再返回到起始位置 ⋯⋯自动完成循环装送料，直到有停止信号输入。

（3）停止：无论在何时按下停止按钮 SB2，系统必须完成本次装卸料循环，才能将料车停在 SQ1 处。

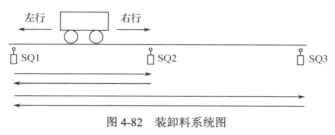

图 4-82　装卸料系统图

第5章 S7-300 的组织块及中断处理

在正常情况下，PLC 按照循环扫描的方式执行用户程序。如果要对某些特殊的外部事件或内部事件进行快速响应，PLC 采用中断的方式进行处理。SIMATIC S7 通过组织块编写相应的中断处理程序。本章主要介绍以下内容：

- 组织块的组成及分类；
- 循环执行的组织块 OB1；
- 定期执行的组织块及中断处理；
- 事件驱动的组织块及中断处理。

通过本章的学习及例题介绍，掌握常用的中断组织块的功能及某些系统功能 SFC 的使用。

5.1 组织块概述

组织块是 CPU 操作系统与用户程序间的接口。SIMATIC S7 CPU 提供大量的 OB（组织块），用组织块可以创建在特定的时间执行的特定程序，或者响应特定事件的程序。例如，当 S7 DP 从站触发了一个硬件中断，或当一个 DP 从站发生故障时，则 S7 CPU 的操作系统就可能中断正在处理的 OB，发出一个相应 OB 的驱动事件。因此要定义 OB 的优先权，高优先权的 OB 可以中断低优先权的 OB。SIMATIC S7 CPU 的全部组织块的资源及优先权等级见表 5-1。

表 5-1 STEP 7 的组织块资源表及优先级表

OB 类型	OB 号	启动事件	优先级	备 注
主程序循环	OB1	系统启动结束或 OB1 结束	1	自动循环
日期-时间中断	OB10～OB17 （8 个）	设置的日期-时间到启动	2	没有默认日期-时间，使用时需设置时间
延时中断	OB20～OB23 （4 个）	设置的延时时间到启动	3~6	没有默认延时时间，使用时需设置时间
循环中断	OB30	循环中断 0	7	默认时间 5000ms
	OB31	循环中断 1	8	默认时间 2000ms
	OB32	循环中断 2	9	默认时间 1000ms
	OB33	循环中断 3	10	默认时间 500ms
	OB34	循环中断 4	11	默认时间 200ms
	OB35	循环中断 5	12	默认时间 100ms
	OB36	循环中断 6	13	默认时间 50ms
	OB37	循环中断 7	14	默认时间 20ms
	OB38	循环中断 8	15	默认时间 10ms
硬件中断	OB40～OB47 （8 个）	硬件中断 0～硬件中断 7	16~23	由模块信号触发

OB 类型	OB 号	启动事件	优先级	备 注
DPVI 中断	OB55	状态中断	2	DPVI（PROFIBUS_DP）中断
	OB56	刷新中断		
	OB58	制造厂特殊中断		
多处理器中断	OB60	SFC35 调用中断	25	SFC35 调用中断
同步循环中断	OB61～OB64（4 个）	同步循环中断 1～同步循环中断 4	25	同步循环中断
容余故障中断	OB70	I/O 冗余故障	25	只适用于 H CPU
	OB72	CPU 冗余故障	28	
	OB73	通信冗余故障	25	
异步错误中断	OB80	计时错误	26（如果异步错误存在于启动程序中，则为 28）	超出最大循环时间
	OB81	电源故障		电池错误
	OB82	诊断故障		输入模块短路
	OB83	热插拔故障		S7-400 CPU 运行时模块插/拔中断
	OB84	CPU 硬件故障		MPI 接口电平错误
	OB85	程序错误		模块映像区错误
	OB86	机架故障		扩展设备或 DP 从站错误
	OB87	通信故障		读取信息格式错误
	OB88	过程故障	28	过程中断
背景循环	OB90	背景循环	29	定义最小扫描时间比实际扫描时间长
启动	OB100	暖启动故障	27	当系统启动完毕，按照相应的启动方式执行相应的启动 OB
	OB101	热启动故障		
	OB102	冷启动故障		
同步错误	OB121	编程中断	同引起错误的 OB 优先级	编程错误
	OB122	访问中断		I/O 访问错误

由于不同的 CPU 模板具有不同的功能，因此并不是任何 CPU 模板都具有表 5-1 所示的全部组织块资源，如 CPU312 IFM 只有 OB1，OB40 和 OB100。

5.1.1　组织块的组成

组织块只能由操作系统启动，由变量声明表和用户程序组成。当操作系统调用时，每个 OB 提供 20 字节的变量声明表，其含义取决于 OB。变量名称是标准 STEP 7 规定的。OB 的变量声明表见表 5-2。

表 5-2　OB 的变量声明表

地址（字节）	内 容
0	启动中断事件的标识符，例如 OB40 的标识符为 B#16#11，表示硬件中断被激活
1	用代码表示与启动 OB 事件有关的信息

地址（字节）	内　　容
2	优先级，例如 OB40 的优先级为 16
3	OB 块的编号，例如 OB40 的块号为 40
4～11	附加信息，例如 OB40 的第 5 字节为产生中断的模板类型，16#54 为输入模板，16#55 为输出模板；第 6、7 字节组成的字为产生中断的模板的起始地址；第 8～11 字节组成的双字为产生中断的通道号
12～19	启动 OB 的日期和时间，按照字节顺序存放年、月、日、小时、分钟、秒、毫秒和星期

5.1.2　组织块的分类

① 循环执行的组织块：需要连续执行的程序安排在 OB1 中，执行完后又开始新的循环。

② 启动组织块：启动组织块用于系统的初始化，CPU 上电或操作模式改为 RUN 时，根据不同的启动方式来执行 OB100～OB102 中的一个。

③ 定期执行的组织块：定期执行的组织块包括日期-时间中断组织块（OB10～OB17）和循环中断组织块（OB30～OB38），可以根据设定的日期-时间或时间间隔执行中断。

④ 事件驱动的组织块：事件驱动的组织块包括延时中断（OB20～OB23）、硬件中断（OB40～OB47）、异步错误中断（OB80～OB87）和同步故障中断（OB121 和 OB122）。

⑤ 背景组织块：避免循环等待时间。

5.2　循环执行的组织块

循环执行的组织块就是主程序 OB1。

OB1 调用功能块（FB）、系统功能块（SFB），或使用功能调用（FC）和系统功能调用（SFC）的功能，OB1 被循环地处理。在启动 OB 被处理后（OB100 用于暖启动，或 OB101 用于热启动，或 OB102 用于冷启动），首先执行 OB1。在 OB1 循环结束时，操作系统传送过程映像输出表到输出模板。在 OB1 再开始前，操作系统通过读取当前的输入 I/O 的信号状态来更新过程映像输入表。这个过程连续不断地重复，即"循环执行"。所有被监视运行的 OB 中，OB1 的优先权最低，因此它可以被较高优先权的 OB 中断。

S7 PLC 的 CPU 允许监视最大循环时间，这就是处理 OB1 的时间，也可以保证能观察处理 OB1 的最小循环时间。如果已设置最小循环时间，则 CPU 操作系统将延时，达到此时间后才开始另一次 OB1。可以在 HW Config 中的"CPU Properties"下设置用于循环监视时间和最小循环时间的参数。关于 OB1 变量声明表的描述见表 5-3。

表 5-3　OB1 的变量声明表

变　量	数据类型	描　　述
OB1_EV_CLASS	BYTE	事件类别和标识符：B#16#11
OB1_SCAN_1	BYTE	B#16#01：暖启动结束 B#16#02：热启动结束 B#16#03：自由周期结束
OB1_PRIORITY	BYTE	优先权等级"1"
OB1_OB_NUMBR	BYTE	OB 号（1）
OB1_RESERVED_1	BYTE	保留

变　量	数据类型	描　　述
OB1_RESERVED_2	BYTE	保留
OB1_PREV_CYCLE	INT	以前循环的运行时间（ms）
OB1_MIN_CYCLE	INT	从最近的启动以来最小的循环时间
OB1_MAX_CYCLE	INT	从最近的启动以来最大的循环时间
OB1_DATE_TIME	DT	OB 被请求的日期和时间

以十六进制数字表达的格式：

数据类型　字节　　B#16#x（x 值范围为 0～FF）

数据类型　字　　　W#16#x（x 值范围为 0～FFFF）

数据类型　双字　　DW#16#x（x 值范围为 0～FFFFFFFF）

5.3　定期执行的组织块和中断处理

5.3.1　日期时间中断组织块（OB10～OB17）

在 SIMATIC S7 中，允许用户通过 STEP 7 编程，可在特定日期、时间（例如每分钟、每小时、每天、每周、每月、每年）执行一次中断操作，也可以从设定的日期、时间开始，周期性地重复执行中断操作。8 个日期时间中断（OB10～OB17）具有相同的优先级，CPU 按照启动事件发生顺序进行处理。

1．设置和启动日期时间中断

为了启动日期时间中断，首先要设置中断参数，然后再激活它。可以通过 3 种方法启动日期时间中断：

① 调用系统功能 SFC28 "SET_TINI" 设置参数，调用 SFC30 "ACT_TINI" 激活日期时间中断。

② 在 STEP 7 的 HW Config 中，双击 CPU，在 CPU 属性对话框中，单击 "Time-Of-Day" 标签，设置要产生中断的日期和时间，选中 "Active（激活）"，在 "Execution" 中选择执行方式（不执行、1 次、每分钟、每小时、每天、每周、每月、每年）。完成设置后下载到 CPU 中。

③ 在 STEP 7 的 HW Config 中，双击 CPU，在 CPU 属性对话框中，单击 "Time-Of-Day" 标签，设置要产生中断的日期和时间，不选中 "Active（激活）"，而是在用户程序中调用 SFC30 "ACT_TINI" 激活日期时间中断。

2．查询日期时间中断

通过调用系统功能 SFC31_ "QRY_TINT"，可以查询设置了哪些中断参数，或者查询中断状态表。

3．禁止日期时间中断

通过调用系统功能 SFC29 "CAN_TINT"，可以禁止日期时间中断。

【例 5-1】从 2005 年 1 月 1 日 8 时起，在 I0.0 的上升沿启动日期时间中断 OB10，每分钟中断一次，每次中断使 MW10 加 1。在 I0.1 为 1 时禁止日期时间中断 OB10。

OB1 中的相应程序为：

```
Network1：//查询 OB10 的状态
        CALL   SFC31                          //查询日期中断 OB10 的状态
```

```
            OB_NR          :=10                    //OB 的编号
            RET_VAL        :=MW190                 //保存错误代码
            STAUS          :=MW28                  //保存中断的状态字,MB29 为低字节
Network2: //合并日期时间
            CALL   FC3                             //调用 STEP 7 库中的 IEC 功能 D_TOD_TD
            IN1            :=D#2005-1-1            //设置启动中断的日期
            IN2            :=TOD#8: 0: 0.0         //设置启动中断的时间
            RET_VAL := #OUT_TIME_DATE              //合并日期和时间
Network3:  //在 I0.0 的上升沿设置和激活日期时间中断
            A      I0.0                            //如果 I0.0 的上升沿
            FP     M1.0                            // M1.0 为 1
            AN     M29.2                           //如果中断激活,M29.2 的动断触点闭合
            A      M29.4                           //如装载了日期时间中断,M29.4 动合触点闭合
            JNB    m001                            //不能同时满足以上 3 个条件时跳转
            CALL   SFC28                           //调用 SFC28,设置中断参数
            OB_NR      :=10  //OB 号
            SDT        := #OUT_TIME_DATE           //启动中断的时间
            PERIOD     :=W#16#201                  //每分钟产生 1 次中断
            RET_VAL    :=MW200                     //返回值
            CALL   SFC30                           //调用 SFC30,激活中断参数
                OB_NR      :=10                    //OB 号
                RET_VAL    :=MW204                 //保存错误代码
        m001: NOP  0
Network4:  //在 I0.1 为正时,禁止日期时间中断
            A      I0.1
            FP     M1.1                            //检测 I0.1 的上升沿
            JNB        m002                        //不是 I0.1 的上升沿则跳转
            CALL   SFC29                           //调用 SFC29,禁止日期时间中断
                OB_NR      :=10                    //OB 号
                RET_VAL    := MW210                //保存错误代码
        m002: NOP  0
            ......
OB10:
    L      MW10
    +1
    T      MW10
```

5.3.2 循环中断组织块(OB30~OB38)

循环中断是 CPU 进入 RUN 后,按一定的间隔时间循环触发的中断,因此用户定义的间隔时间要大于中断服务程序的执行时间。启动循环中断,需要在 STEP 7 参数设置时选中循环中断组织块,并按 1ms 的整数倍设置间隔时间。如果未做间隔时间设置,CPU 则按默认值 100ms触发循环中断。9 个循环中断(OB30~OB38)间隔时间的默认值见表 5-1。

如果两个不同的循环中断 OB 的时间间隔成整数倍,可能造成同时请求中断,为此可定义

一个相位偏移（以 ms 为单位）。当间隔时间到时，延时一定的时间后再执行循环中断。

可以用 SFC40 和 SFC39 来激活或禁止循环中断组织块。SFC40"EN_INT"，当其参数 MODE 为 0 时，可激活所有的中断和异步故障；MODE 为 1 时，可激活部分中断和故障；MODE 为 2 时，可激活指定的 OB 编号对应的中断和异步故障。SFC39 "DIS_INT" 禁止新的中断和异步故障，如果参数 MODE 为 2，可禁止指定的 OB 编号对应的中断和异步故障。MODE 必须要用十六进制数来设置。

【例 5-2】在 I0.0 的上升沿启动 OB35 对应的循环中断，在 I0.1 的上升沿禁止 OB35 对应的循环中断。在 OB35 中使 MW4 加 1。

先将 OB35 的循环周期由默认的 100ms 改为 1000ms，下载到 CPU 中。

```
OB1:
    Network1: //在 I0.0 的上升沿激活循环中断
            A       I0.0
            FP      M1.1                            //在 I0.0 的上升沿，M1.1 为 1
            JNB     m001                            //否则跳转
            CALL    SFC40                           //激活 OB35 对应的循环中断
              MODE          :=B#16#2                //用 OB 号指定中断
              OB_NR         :=35                    //组织块编号
              RET_VAL       :=MW100                 //保存错误代码
    m001:   NOP     0
    Network2: //在 I0.1 的上升沿禁止循环中断
            A       I0.1
            FP      M1.2                            //在 I0.1 的上升沿，M1.2 为 1
            JNB     m002                            //否则跳转
            CALL    SFC39                           //禁止 OB35 对应的循环中断
              MODE          :=B#16#2                //用 OB 号指定中断
              OB_NR         :=35                    //组织块编号
              RET_VAL       :=MW104                 //保存错误代码
    m002:   NOP     0
OB35:
    Network1:  L    MW4
               +    1
               T    MW4
```

5.4 事件驱动的组织块和中断处理

事件驱动的组织块包括延时中断（OB20～OB23）、硬件中断（OB40～OB47）、异步故障中断（OB80～OB87）和同步故障中断（OB121 和 OB122）。

5.4.1 延时中断组织块（OB20～OB23）

PLC 中的普通定时器的定时精度要受到不断变化的扫描周期的影响，使用延时中断可以达到以 ms 为单位的高精度的延时。

SIMATIC S7 通过调用系统功能 SFC32 "SRT_DINT"，可调用 1～4 个延时中断组织块

（OB20～OB23），可调用的 OB 个数与 CPU 型号有关。

如果延时中断已经启动，而延时时间尚未达到时，可通过调用系统功能 SFC33"CAN_DINT"取消延时中断的执行。还可以通过调用系统功能 SFC34"QRY_DINT"查询延时中断的状态。

【例 5-3】（1）在 I0.0 的上升沿启动延时中断 OB20，20s 后调用 OB20，在 OB20 中将 Q6.0置位，并立即输出。

（2）在延时过程中，如果 I0.1 由"0"变为"1"，则取消延时中断。

（3）当 I0.2 由"0"变为"1"时，Q 6.0 被复位。

```
OB1:
Network1: //在 I0.0 的上升沿启动延时中断 OB20
A        I0.0
FP       M1.0                    //在 I0.0 的上升沿，M1.0 为 1
JNB      m001                    //否则跳转
CALL     SFC32                   //启动 OB20
  OB_NR      :=20                //组织块编号
  DTIME      :=T#20S             //设置延时时间为 20s
  SIGN       :=MW12              //保存延时中断的启动标志
  RET_VAL    :=MW100             //保存错误代码
   m001:   NOP    0
Network2: //查询延时中断
CALL  SFC34                      //查询延时中断 OB20 的状态
        OB_NR    :=20            //组织块编号
        RET_VAL  :=MW102         //保存错误代码
        STATUS   :=MW4           //保存延时中断的状态字，MB5 为低字节
Network3: //在 I0.1 的上升沿取消延时中断
    A        I0.1
    FP       M1.1                //检测 I0.1 的上升沿
    A        M5.2                //延时中断未被激活或已完成（第 2 位为 0）时跳转
    JNB      m002
    CALL     SFC33               //禁止 OB20 中断
      OB_NR      :=20            //组织块编号
      RET_VAL    :=MW104         //保存错误代码
  m002: NOP    0
      A        I0.2
      R        Q6.0              //复位 Q6.0
OB20:
Network1: SET                    //将 RLO 置 1
        =        Q6.0            //将 Q6.0 无条件置位
Network2: L        QW6
        T        PQW6            //立即输出 Q6.0
```

必须将 OB20 作为用户程序的一部分，下载到 CPU 中。只有在 CPU 处于 RUN 时才能执行延时中断，暖启动或冷启动都会清除延时中断的启动事件。

5.4.2 异步故障中断组织块（OB80～OB87）

SIMATIC S7-300/400 系列 PLC 对于编程元件和内部寄存器,具有很强的故障检测和处理能力。当 CPU 检测到某个故障后,操作系统将调用相应的组织块,通过编写故障中断组织块（OB80～OB87）的程序,对检测到的故障进行处理,否则将进入 STOP 模式。为了避免发生某种故障时 CPU 进入 STOP 模式,可以在 CPU 中建立一个对应的空组织块。

1. 时间错误中断处理组织块（OB80）

CPU 默认的循环扫描的监控时间为 150ms,如果发生下列情况时将产生时间错误中断:
① 实际的循环扫描时间超过设置的循环扫描时间;
② 由于向前修改时间而跳过日期时间中断;
③ 在处理优先级时延时太多。

2. 电源故障处理组织块（OB81）

电源故障包括未安装后备电池或者电池失效和机架上的直流 24V 电源故障。当电源故障出现和消失时,操作系统都要调用 OB81。OB81 的变量声明表见表 5-4。

表 5-4 OB81 的变量声明表

变 量	数据类型	说 明
OB81_EV_CLASS	BYTE	事件类别和标识符, B#16#38 为故障消失, B#16#39 为故障产生
OB81_FLT_ID	BYTE	错误代码: B#16#21: CPU 机架至少有一个后备电池耗尽/问题排除 B#16#22: CPU 机架后备电压故障/问题排除 B#16#23: CPU 机架 24V 电源故障/问题排除 B#16#25: 至少有一个冗余的 CPU 机架后备电池耗尽/问题排除 B#16#26: 至少有一个冗余的 CPU 机架后备电压故障/问题排除 B#16#27: 至少有一个冗余的 CPU 机架 24V 电源故障/问题排除 B#16#31: 至少有一个冗余的扩展机架后备电池耗尽/问题排除 B#16#32: 至少有一个冗余的扩展机架后备电压故障/问题排除 B#16#33: 至少有一个冗余的扩展机架 24V 电源故障/问题排除
OB81_ PRIORITY	BYTE	优先权等级
OB81_ OB_NUMBR	BYTE	OB 号（81）
OB81_ RESERVED_1	BYTE	保留
OB81_ RESERVED_2	BYTE	保留
OB81_MDL_ADDR	INT	第 0～2 位为机架号, 第 3 位=0 为备用 CPU, 第 3 位=1 为主 CPU, 第 4～7 位为1111
OB81_ RESERVED_3	BYTE	仅与错代码 B#16#31、B#16#32、B#16#33 有关
OB81_ RESERVED_4	BYTE	第 0～5 位为 1 分别表示 16～21 号机架有故障
OB81_ RESERVED_5	BYTE	第 0～7 位为 1 分别表示 8～15 号机架有故障
OB81_ RESERVED_6	BYTE	第 0～7 位为 1 分别表示 1～7 号机架有故障
OB81_ DATE_TIME	DT	OB 被调用的日期和时间

【例 5-4】在 CPU 机架直流 24V 电压故障发生时, 将 Q4.0 置位, 当故障消失时, 将 Q4.0复位。

OB1:

```
Network1：24V 电压故障发生
    L       B#16#23
    L       #OB81_ FLT_ID
    = =I
    =       M0.1
    L       OB81_EV_CLASS
    L       B#16#39
    = =I
    =       M0.2
    A       M0.1
    A       M0.2
    S       Q4.0
Network1：24V 电压故障消失
    L       OB81_EV_CLASS
    L       B#16#38
    = =I
    =       M0.3
    A       M0.1
    A       M0.3
    R       Q4.0
```

其他中断组织块的变量声明表及编程应用可以查找相关技术手册，或者在 STEP 7 编程环境中查找在线帮助，此处不再赘述。

本 章 小 结

1．组织块由变量声明表和用户程序组成，在 OB1 中的用户程序是循环执行的主程序，它可以调用除了其他组织块的任何程序块。

2．各个组织块（除了 OB1）实质上是用于各种中断处理的中断服务程序。对于中断处理组织块的调用是由操作系统根据中断事件自动调用的，而不能由其他程序块调用。

3．编写中断处理组织块的程序时要尽量地短，不同的 CPU 具有的组织块的数量是不同的。

习 题 5

1．检查你所使用的 PLC 有多少个 OB 块，都具有哪些中断功能。

2．试设计一个整点报时器，使之在 1 时和 13 时响 1 声，2 时和 14 时响 2 声，……，11 时和 23 时响 11 声，12 时和 0 时响 12 声。

3．将本章书中提供的例题转换成梯形图格式，并上机模拟运行。

第6章 西门子 PLC 工业通信网络简介

信息技术的飞速发展导致了自动化领域的深刻变革，并逐渐形成了自动化领域的开放系统互连网络，将各个自控系统构成全分布式集成化网络，即各种工业自动化网络。

工业数据通信是工业自动化网络的基础和支撑条件，工业数据通信是面向自动化领域的，是针对工业生产现场的传感器、变送器和控制器设备间的数据信息通信传递技术。本章主要介绍以下内容：

- 通信的基本概念；
- 西门子 S7 工业通信网络的分类；
- Profibus-DP 通信；
- MPI 网络；
- AS-I 总线。

本章的重点是掌握通信的基本概念，在此基础上，了解 S7 的工业通信网络，尤其是对 Profibus-DP 及 MPI 通信的网络组态过程及编程思想要有比较清晰的认识和理解。

6.1 PLC 通信网络基础

无论计算机还是 PLC，它们都是数字设备，它们之间交换的信号是由 "0" 和 "1" 表示的数字信号。数字通信系统一般由传送设备、传送控制设备、传送协议、通信软件等组成。

6.1.1 PLC 网络含义

为了充分发挥计算机和 PLC 的工作效能，达到 "传输信息、共享资源、分散控制、集中管理" 的目的，可以把 PLC 和 PLC，或 PLC 和通用计算机，按照一定的协议，通过特定的介质，连成一个网络，这就是常说的 PLC 网络。

要想使多台 PLC 能联网工作，其硬件和软件都要符合一定的要求。硬件上一般要增加通信模块、通信接口、网卡、集线器、终端适配器、电缆、连接头、平衡电阻等设备和器件，以实现信息的正常传送；软件要按特定的网络协议，开发具有一定功能的通信程序和网络系统程序，以对 PLC 和计算机的软硬件资源进行统一的调度和管理。

6.1.2 PLC 网络的结构

对于相互连接的计算机或 PLC，按其作用有主站（又称主机、服务器）和从站（又称从机、子站、终端、客户机）之分。主站起控制、发送和处理信息等主导作用；从站主要是被动地接收、监视和执行主站的信息。

根据从站与主站的连接方式，可将 PLC 的网络结构分为三种基本形式（又称网络拓扑结构）：总线结构、环形结构和星形结构等，如图 6-1 所示。每一种结构都有优缺点，实际使用时可根据具体情况选择。

| (a) 总线结构 | (b) 环形结构 | (c) 星形结构 |

图 6-1　PLC 网络结构示意图

在自动化工厂中，PLC 网络系统通常可分为三级，如图 6-2 所示。

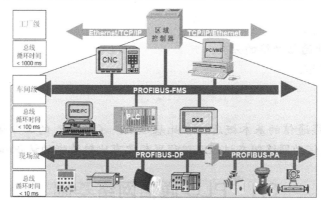

图 6-2　PLC 网络系统结构图

工厂级：网络的最高级。主要采用通用计算机（包括大、中型计算机），负责工程和产品设计、制定材料资源计划、处理有关生产数据、企业内部协调管理等方面的工作。

车间级：在生产线上使用计算机和 PLC 的数据控制级，又称为中间级，主要负责数据采集、编程调试、工艺优化选择、参数设定等工作。

现场级：网络的最低级。主要应用 PLC 及其相关控制设备对生产过程进行实时控制，直接操纵设备的运行，实现各种控制功能。

6.2　西门子 S7 的工业通信网络及分类

在很多 S7-300/400 的 CPU 中，集成有 MPI 和 DP 通信接口，还有 Profibus-DP 和工业以太网的通信模块以及点对点通信模块。通过 Profibus-DP 或 AS-I 现场总线，CPU 与分布式 I/O 模块之间可以周期性地自动交换数据。在自动化系统之间，PLC 与计算机和 HMI（人机接口）之间，均可以交换数据。数据通信可以周期性地自动进行，或者基于事件驱动（由用户程序调用）。

6.2.1　S7 的通信网络

1．MPI 通信

MPI 是多点接口（Multi Point Interface）的简称，所有 S7-300/400 的 CPU 都有 MPI 接口。这是一种最经济的通信网络。

MPI 接口属于 RS-485 串行接口，MPI 的通信速率为 19.2kbps～12Mbps，但如果直接连接 S7-200 CPU 通信口的 MPI 网，由于受 S7-200 CPU 最高通信速率的限制，其最高速率通常为

187.5kbps。PLC通过MPI能同时连接STEP 7的编程器、计算机、人机界面（HMI）及其他SIMATIC S7、M7、C7。STEP 7的用户界面提供了通信组态功能，使得通信的组态简单容易。在MPI网络上最多可以有32个站，一个网段的最长通信距离为50m（通信速率为187.5kbps时），更长的通信距离可以通过RS-485中继器扩展。

2．Profibus通信

工业现场总线Profibus是用于车间级监控和现场层的通信系统，它符合IEC 61158标准，凡是具有开放性、符合该标准的各个厂商生产的设备都可以接入同一网络中。S7-300/400 PLC可以通过通信处理器或集成在CPU上的DP接口连接到Profibus-DP网络上。

Profibus-DP用于现场层的高速数据传送，最高通信速率为12Mbps。主站周期地读取从站的输入信息，并周期地向从站发送输出信息。总线循环时间必须要比主站（PLC）程序循环时间短。除周期性用户数据传输外，Profibus-DP还提供智能化设备所需的非周期性通信以进行组态、诊断和报警处理。

Profibus-DP允许构成单主站或多主站系统。在同一总线上最多可连接126个站点（包括主站和从站）。系统配置的描述包括：站数、站地址、输入/输出地址、输入/输出数据格式、诊断信息格式及所使用的总线参数。每个Profibus-DP系统可包括以下三种不同类型设备。

① 一类DP主站（DPM1）：一类DP主站是中央控制器，它在预定的周期内与DP从站交换信息。典型的DPM1有：

● 带有Profibus-DP接口的S7-300/400的CPU，如PLC或PC；
● CP443-5、IM467、CP342-5或CP343-5。

② 二类DP主站（DPM2）：二类DP主站是编程器。组态设备或操作面板在DP系统组态操作时使用，完成系统的编程、组态和诊断。

③ DP从站：DP从站是进行输入和输出信息采集和发送的外围设备，典型的DP从站有：

● 分布式I/O设备；
● ET200B/L/M/S/X；
● 通过通信处理器CP342的S7-300；
● 带DP接口的S7-300 CPU；
● 通过通信处理器CP443-5的S7-400；
● 带EM277通信模块的S7-200。

Profibus-DP支持主从系统及多主多从系统，主站与主站之间采用令牌的传输方式，而主站在获得令牌后通过轮询的方式与从站通信。

3．工业以太网通信

工业以太网（Industrial Ethernet）是用于工厂管理和单元层的通信系统，符合IEEE 802.3国际标准，用于对时间要求不太严格、需要传送大量数据的通信场合，可以通过网关连接远程网络。它支持广域的开放型网络模型，可以采用多种传输介质。

西门子S7 PLC可以通过工业以太网ISO的协议，利用S7的通信服务器CP进行数据交换。CP通信处理器不会加重CPU的通信服务负担，S7-300最多可以使用8个通信处理器，每个能建立16条链路。

西门子的工业以太网又称为SIMATIC NET，有两种基本类型。

① 10Mbps工业以太网，应用基带传输技术，利用CSMA/CD介质访问方法的单元级、控制级传输网络。传输速率为10Mbps，传输介质为同轴电缆、屏蔽双绞线或光缆。

② 100Mbps快速以太网，基于以太网技术，传输速率为100Mbps，传输介质为屏蔽双绞

线或光缆。

西门子 S7 PLC 的工业以太网通信处理器，根据要连接的 PLC 情况，可以分为：

① 用于 S7-200 系列的工业以太网通信处理器 CP243-1；

② 用于 S7-300 系列的工业以太网通信处理器 CP343-1、CP343-1 ISO、CP343-1 TCP、CP343-1 IT、和 CP343-1 PN；

③ 用于 S7-400 系列的工业以太网通信处理器 CP443-1、CP443-1 ISO、CP443-1 TCP、CP443-1 IT；

④ 用于 SIMATIC PG/PC 以及工作站上的通信处理器 CP1613。

4．点对点连接

点对点连接（PtP）可以连接两台 S7 PLC，以及计算机、打印机、机器人控制系统、扫描仪和条码阅读器等非西门子设备。采用 CP340、CP341 和 CP441 通信处理器模块，或者通过 CPU313C-2 PtP 和 CPU314C-2 PtP 集成的通信接口，可以建立起经济的点对点连接。

点对点通信可以提供的接口有 20mA（TTY）、RS-232C 和 RS-422A/485。全双工模式（RS-232C）的最高传输速率为 19.2kbps，半双工模式（RS-485）的最高传输速率为 38.4kbps。

CP340 是 S7-300 PLC 与计算机进行交换的接口。CP340 的 RS-232C 接口连接到计算机后，通过背板总线与 PLC 的 CPU 连接。为减少通信时 CPU 的负担，CP340 为智能型的，它根据 CPU 的指令，自主管理通信口的接收及发送工作。

使用 CP340 编程时，可以调用 4 个专用通信功能：发送功能块 FB3（P_SEND）、接收功能块 FB2（P_RCV）、读 RS_232C 的 FC5（V24_STST）和接口信号状态设置功能块 FC6（V24_SET）。

5．AS-I 通信

执行器-传感器接口 AS-I，是位于控制系统最底层的网络，用来连接有 AS-I 接口的现场二进制设备，只能传送少量的数据，如开关的状态等。

CP342-2 通信处理器用于 S7-300 和分布式 I/O ET200M 的 AS-I 主站，它最多可以连接 62 个数字量或 31 个模拟量的 AS-I 从站。

通过 AS-I 接口，每个 CP 最多可以访问 248 个数字量输入和 186 个数字量输出。通过内部集成的模拟量处理程序，可以很容易处理模拟量。

6.2.2 S7 的通信分类

S7 的通信可以分为全局数据通信、基本通信及扩展通信。

1．全局数据通信

全局数据（GD）通信通过 MPI 接口在 CPU 间循环交换数据，用全局数据表来设置各个 CPU 之间需要交换数据存放的地址区和通信速率，通信是自动实现的，不需要用户编程。当过程映像被刷新时，在循环扫描检测点进行数据交换。

S7-300 CPU 每次最多可以交换 4 个包含 22 字节的数据包，最多可以有 16 个 CPU 参与数据交换。

S7-400 CPU 可以同时建立 64 个站的连接，MPI 网络最多有 32 个节点。在任意两个 MPI 节点之间可以串联 10 个中继器，以增加通信距离。每次程序循环最多 64 字节的数据包，最多可以有 16 个数据包。

通过全局数据通信，一个 CPU 可以访问另一个 CPU 的数据块、存储器位和过程映像等。全局通信用 STEP 7 中的 GD（全局变量）表进行组态。

2．基本通信（非配置的通信）

这种通信可以用于所有的 S7-300/400 CPU，通过 MPI 或站内的 K 总线（通信总线）来传送最多 76 字节的数据。在用户程序中，用系统功能 SFC 来传送数据。在调用 SFC 时，通信连接被动态地建立。

3．扩展通信（配置通信）

扩展通信可以用于所有的 S7-300/400 CPU，通过 MPI、Profibus 和工业以太网最多可以传送 64KB 的数据。通信是通过系统功能块来实现的，支持有应答的通信。在 S7-300 中，可以用 SFB15 "PUT" 和 SFB14 "GET" 来读写远端 CPU 的数据。

扩展的通信功能还能执行控制功能，如控制通信对象的启动和停机。这种通信方式需要用连接表配置连接，被配置的连接在站启动时建立并一直保持。

6.3　Profibus-DP 通信举例

【例 6-1】Profibus-DP 的 M1-S1 的组态。

1．控制要求

① 在由 2 台 PLC 组成的 Profibus-DP 通信网络中，有 1 个主站（Master），1 个从站（Slaver），主站地址为 2，从站地址为 3。

② 主站完成对从站设备 B 的启动-停止控制，且对设备 A、设备 B 的运行状态进行监视。

③ 从站完成对主站设备 A 的启动-停止控制，且对设备 A、设备 B 的运行状态进行监视。

2．通信组态过程

建立一个新的工程项目，可命名为 DP-M1-S1。依次插入 2 个 SIMATIC 300 站，对 SIMATIC 300（1）定义为主站，对 SIMATIC（2）定义为从站，如图 6-3 所示。

图 6-3　命名 SIMATIC 300 主站和从站

（1）对从站的组态过程

一般先组态从站，首先对从站进行硬件组态，按照硬件的安装顺序和订货号依次插入机架、电源、CPU、DI、DO 模板，从站的硬件组态如图 6-4 所示。

双击 CPU 的 DP 行，进行从站的 DP 属性设定，如图 6-5 所示。

① 单击"属性"按钮，设定从站的 DP 的地址为 3。单击"新建"按钮，建立 Profibus-DP 网络，在新建子网 Profibus 的属性中，选择"网络设置"选项卡，此时默认的传输率为 1.5Mbps，配置文件为 DP，单击"确定"按钮，会看到新建的 Profibus-DP（1）网，如图 6-6 所示。

② 在 DP 属性中，选择"工作模式"选项卡，设定为 DP 从站，如图 6-7 所示。

③ "属性"的"组态"选项卡设置：

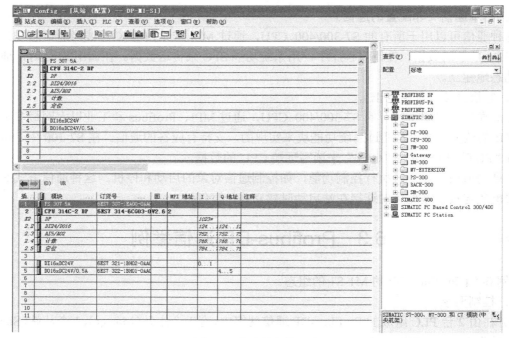

图 6-4　从站的硬件组态

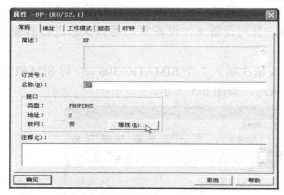

图 6-5　从站的 DP 属性　　　　　　　　图 6-6　新建的 Profibus（1）网

在进行 Profibus-DP 主从通信时，一个很重要的工作是进行输入/输出通信区的组态。如主站要发送信息（命令或监视）到从站，在主站要建立输出通信区、从站建立输入通信区。同样当从站要发送信息到主站，在从站要建立输出通信区、主站建立输入通信区。输入（输出）通信区和对应的输出（输入）通信区应有相同大小的地址空间，且有明确的对应关系。

输出通信区固定在 Q 区，地址设定不能与 DO 模板所占用的地址重复（在本例中，DO 模板占用的地址为字节 4 和字节 5）。输入通信区固定在 I 区，地址设定不能与 DI 模板所占用的地址重复（在本例中，DI 模板占用的地址为字节 0 和字节 1）。

对从站的输入/输出通信区的组态步骤：

● 在从站 DP 属性中，选择"组态"选项卡，进入组态窗口，单击"新建"按钮，对"行1"进行组态，如图 6-8 所示。

在图 6-8 中，首先要明确几个概念。

模式：是 MS（即主站-从站组态），以后还会涉及 DX 模式（从站-从站通信）。

DP 伙伴：主站，因为目前并没有对主站做任何组态，因此在 DP 伙伴（主站）是灰色的。

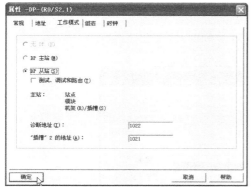

图 6-7　工作模式设定为 DP 从站

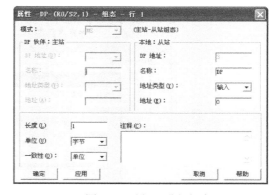

图 6-8　对行 1 进行组态

本地：从站，DP 地址为已经设定的 3，地址类型为输入或输出，本例中因为主从站间相互控制并监控，需要建立输入/输出通信区，以便接收/发出这些信息。

地址：是输入通信区的首地址，其地址设定不能与 DI 模板所占用的地址重复（本例中不能使用字节 0 和字节 1），可设定为 2。

单位：可选择字节或字，本例选择字节。

长度：因为本例只有几个位操作的信息，设定为 1 字节。

一致性：可选择单位或全部。所谓单位是指 1 字节、1 字节（或 1 个字、1 个字）的接收，所谓全部是指所有发来的信息通过打包的方式接收。

● 单击"新建"按钮，进行第 2 行的组态，地址类型选择为输出，地址按默认地址 0，如果地址冲突，系统会自动推荐新的地址，长度为 1，单位为字节，一致性为单位，确定后可以看到从站通信区（包括第 1 行和第 2 行）的组态，如图 6-9 所示。单击"确定"按钮，完成"组态"选项卡设置，回到从站的硬件配置。

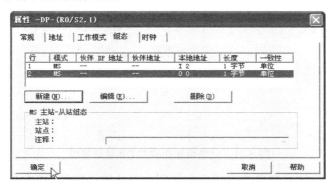

图 6-9　从站通信区的组态

④ 在从站的硬件配置界面，单击🖳️进行编译并保存后退出，对从站的组态暂时结束。

（2）对主站的组态过程

对主站进行硬件组态，按照硬件的安装顺序和订货号依次插入机架、电源、CPU、DI、DO 模板。当插入 CPU 时，此时注意要将 Profibus 的地址设置为 2，并在子网中选择 Profibus（1），如图 6-10 所示。

① 双击 CPU 的 DP 行，进入主站的 DP 属性，在工作模式中，将其定义为 DP 主站。单击"确定"按钮，回到主站的硬件配置。

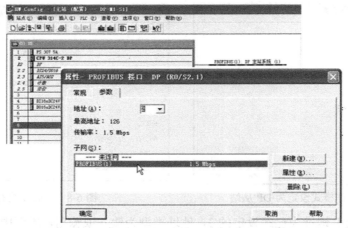

图 6-10 设置主站 CPU 的 Profibus 接口

② 将已经组态完成的从站与主站连接起来。在窗口右边的配置窗口中，打开 Profibus DP，再打开 Configured Station，找到 CPU31X，单击选中 Profibus（1）：DP 主站系统（1），使这条线变黑，双击 CPU31X，出现如图 6-11 所示的已经组态完成的 DP 从站属性窗口。

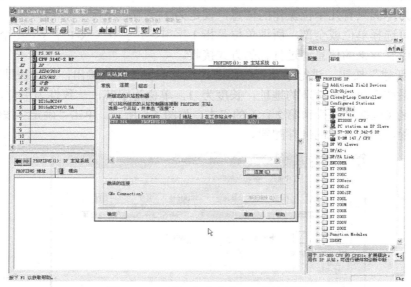

图 6-11 已经组态完成的 DP 从站属性

③ 单击"连接"按钮后再单击"确定"按钮，将从站连接到 DP 总线，如图 6-12 所示。

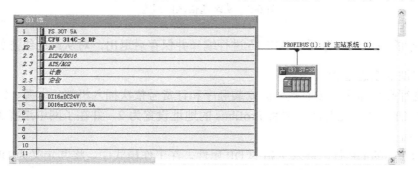

图 6-12 将从站连接到 DP 总线

④ 双击已经连接的从站，进入从站属性组态窗口，选择"组态"选项卡，单击"编辑"按钮，对伙伴地址（主站）的通信区进行组态。如图 6-13 所示。

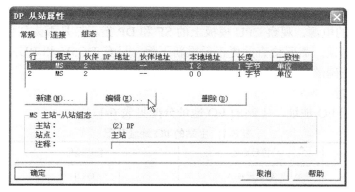

图 6-13　从站属性组态窗口

⑤ 对伙伴地址（主站）的通信区进行组态。注意：主站的输入通信区对应从站的输出通信区，字节数要相等，主站的输出通信区对应从站的输入通信区，字节数也要相等。主站输出通信区的组态如图 6-14 所示。

图 6-14　主站输出、输入通信区的组态

⑥ 组态好的输入/输出通信区如图 6-15 所示。确定后，编译保存，退出主站的硬件配置。

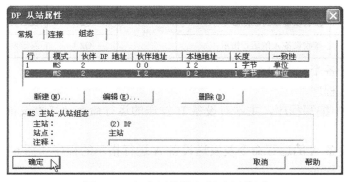

图 6-15　组态好的输入/输出通信区

3．下载硬件组态和通信组态

通过 MPI 接口将组态后的主站和从站分别下载到对应的 PLC 中，下载结束后关闭 PLC 的电源。

重新打开 PLC 的电源，观察 CPU 模板上的 SF 和 DP 指示灯是否为红色，如果为红色，说明组态过程中存在错误，需要检查并更正后重新下载。只有 DC5V 和 RUN 指示灯为绿色时，才说明组态过程是正确的。

4．编写通信程序

首先要正确分配 I/O 地址，主站的 I/O 地址分配见表 6-1。

表 6-1　主站的 I/O 地址分配

输入	物理地址	符号地址	输出	物理地址	符号地址
	I1.0	启动设备 A		Q4.0	监视设备 A
	I1.1	停止设备 A		Q4.1	监视设备 B

从站的 I/O 地址分配见表 6-2。

表 6-2　从站的 I/O 地址分配

输入	物理地址	符号地址	输出	物理地址	符号地址
	I1.0	启动设备 A		Q5.0	监视设备 A
	I1.1	停止设备 A		Q5.1	监视设备 B

然后根据输入/输出通信区的组态分配地址。在输入/输出通信区的组态中，主站的发送字节为 QB0，对应从站的接收字节为 IB2，即主站的 Q0.0 对应从站的 I2.0，主站的 Q0.1 对应从站的 I2.1，……，主站的 Q0.7 对应从站的 I2.7。从站的发送字节为 QB2，对应主站的接收字节为 IB2，即从站的 Q2.0 对应主站的 I2.0，从站的 Q2.1 对应主站的 I2.1，……，从站的 Q2.7 对应主站的 I2.7。主站通信区的地址分配见表 6-3。

表 6-3　主站通信区的地址分配

输入	物理地址	符号地址	输出	物理地址	符号地址
	I2.0	接收设备 A 的运行命令		Q0.0	发送设备 B 的运行命令
	I2.1	接收设备 B 的运行指示		Q0.1	发送设备 A 的运行指示

从站通信区的地址分配见表 6-4。

表 6-4　从站通信区的地址分配

输入	物理地址	符号地址	输出	物理地址	符号地址
	I2.0	接收设备 B 的运行命令		Q2.0	发送设备 A 的运行命令
	I2.1	接收设备 A 的运行指示		Q2.1	发送设备 B 的运行指示

只有事先规划好各个地址的作用，才能据此编程。

（1）主站的通信程序

在主站的 OB1 中编写程序，主站对设备 B 发送的运行命令及接收设备 B 运行指示的程序如图 6-16 所示。

主站对接收对设备 A 的运行命令及发送设备 A 运行指示的程序如图 6-17 所示。

（2）从站的通信程序

在从站的 OB1 中编写程序，从站对设备 A 发送的运行命令及接收设备 A 运行指示，以及从站接收对设备 B 的运行命令及发送设备 B 的运行指示程序如图 6-18 所示。

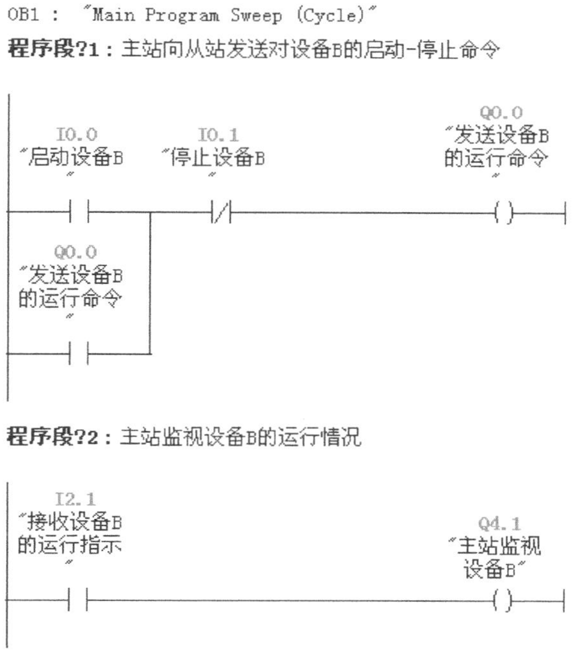

OB1 : "Main Program Sweep (Cycle)"

程序段?1：主站向从站发送对设备B的启动-停止命令

```
    I0.0           I0.1                        Q0.0
  "启动设备B       "停止设备B                "发送设备B
      "              "                        的运行命令
                                                 "
 ───┤ ├───┬───────┤/├────────────────────────( )───

    Q0.0
  "发送设备B
  的运行命令
      "
 ───┤ ├───┘
```

程序段?2：主站监视设备B的运行情况

```
    I2.1                                        Q4.1
  "接收设备B                                  "主站监视
  的运行指示                                    设备B"
      "
 ───┤ ├───────────────────────────────────────( )───
```

图 6-16　主站发送对设备 B 的运行命令及接收设备 B 运行指示

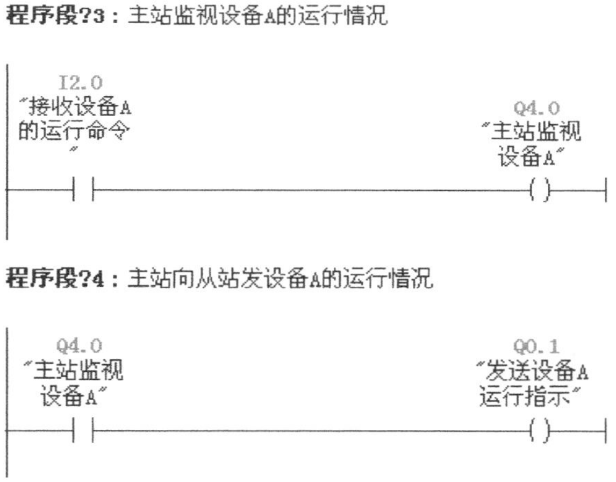

程序段?3：主站监视设备A的运行情况

```
    I2.0                                        Q4.0
  "接收设备A                                  "主站监视
  的运行命令                                    设备A"
      "
 ───┤ ├───────────────────────────────────────( )───
```

程序段?4：主站向从站发设备A的运行情况

```
    Q4.0                                        Q0.1
  "主站监视                                   "发送设备A
    设备A"                                    运行指示"
 ───┤ ├───────────────────────────────────────( )───
```

图 6-17　主站接收对设备 A 的运行命令及发送设备 A 运行指示

5．中断处理

采用 Profibus-DP 总线，最多可以连接 125 个从站，为防止某一个从站掉电或损坏，将产生不同的中断，并且调用相应的组织块。如果在程序中没有建立这些组织块，CPU 将停止运行，以保护人身和设备的安全。因此在主站和从站的程序中都要插入组织块 OB82，OB86，OB122，以便进行相应的中断处理。如果忽略这些故障让 CPU 继续运行，可以对这几个组织块不编写任何程序，只插入空的组织块，如图 6-19 所示。

6．测试

将主站和从站分别下载到对应的 PLC 中，注意在下载时需要将添加的组织块一并下载，从而进行测试。

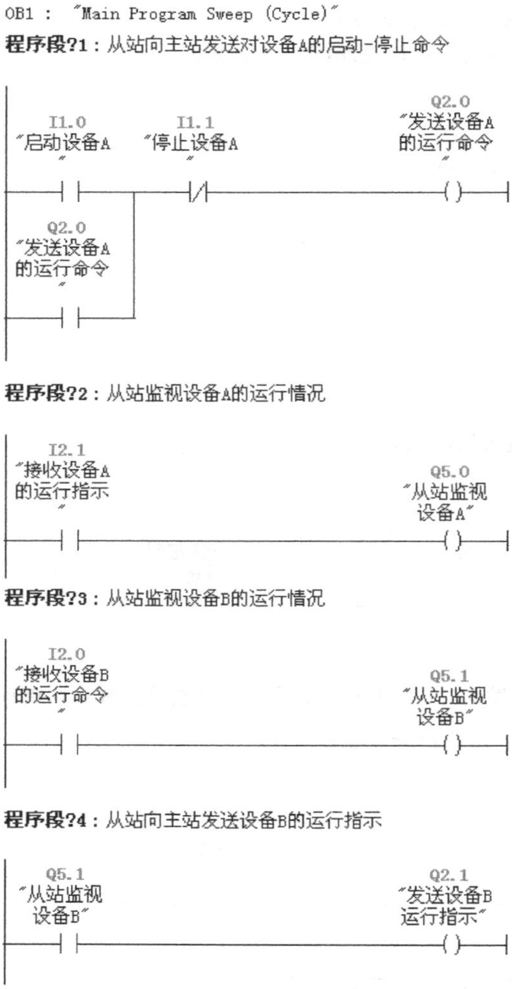

OB1 : "Main Program Sweep (Cycle)"
程序段?1：从站向主站发送对设备A的启动-停止命令
I1.0
"启动设备A"
I1.1
"停止设备A"
Q2.0
"发送设备A的运行命令"
Q2.0
"发送设备A的运行命令"
程序段?2：从站监视设备A的运行情况
I2.1
"接收设备A的运行指示"
Q5.0
"从站监视设备A"
程序段?3：从站监视设备B的运行情况
I2.0
"接收设备B的运行命令"
Q5.1
"从站监视设备B"
程序段?4：从站向主站发送设备B的运行指示
Q5.1
"从站监视设备B"
Q2.1
"发送设备B运行指示"

图 6-18　从站发送/接收控制程序

DP-M1-S1 -- C:\Program Files\Siemens\Step7\s7proj\DP-M1-S1
DP-M1-S1
从站
CPU 314C-2 DP
S7 程序(2)
源文件
块
主站
CPU 314C-2 DP
S7 程序(3)
源文件
块
系统数据
OB1
OB82
OB86
OB122

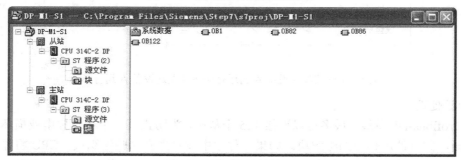

图 6-19　主站插入空组织块

【**例 6-2**】完成紧凑型和模块型从站的组态连接。

主站 CPU315-2DP，将 DP 从站 ET200M，ET200B 16DI/16DO 连接起来，传输速率为 1.5Mbps，并对 DP 从站输入和输出区进行访问，组态连接结构如图 6-20 所示。

1．生成项目

在 STEP 7 中创建一个新项目，插入 SIMATIC 300 Station，并重新命名为“主站”。插入一个 Profibus 网络，在右视图中双击 Profibus（1）对象，打开图形组态工具 NetPro，在该窗口显示出一条紫色的 Profibus 线。选中这条紫色的线并右击打开快捷菜单，选择命令"Object Properties"，打开 Profibus 网络参数对话框，选择"Network Settings"选项页，设置网络传输速率为"1.5Mbps"，行规为"DP"。如图 6-21 所示。

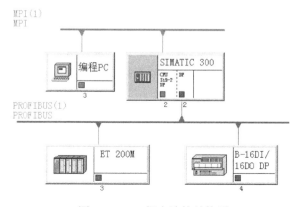

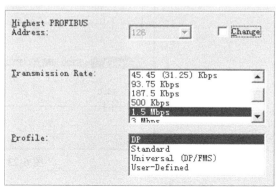

图 6-20　DP 组态连接结构图　　　　　　　　图 6-21　Profibus 网络参数设置

2. 组态主站

硬件组态：双击"主站"的"Hardware"，根据硬件安装次序和订货号依次插入机架、电源、CPU、信号模块、通信模块等，进行硬件组态。设置 Profibus 地址：CPU315-2DP 是集成了 DP 接口的 CPU，所以在机架上插入 CPU 时，会自动弹出 Profibus 网络的属性对话框，后期设置可以双击组态界面中的"DP"图标弹出对话框，我们设定主站 Profibus 地址为 2。

3. 组态 DP 从站 ET200M

将接口模块 IM153-2 拖到 Profibus 网络线上，设置站地址为 3。打开硬件目录中的 IM153-2 文件夹，插入 I/O 模块。

4. 组态 DP 从站 ET200B

组态从站 ET200B-16DI/16DO。设置站地址为 4，选择监控定时器功能。各站的输入/输出自动统一编址，具体地址为：

ET 200M｛I Address（2···.3），O Address（0···.1）｝；
ET 200B｛I Address（4···.5），O Address（2···.3）｝。
完成组态后编译保存，如图 6-22 所示，将组态后的配置文件通过 MPI 口下载到 CPU 中。

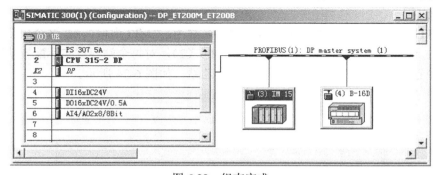

图 6-22　组态完成

5. 编程测试

在主站的 OB1 模块中编写图 6-23 的程序，可以对两个从站的 I/O 进行数据访问测试。

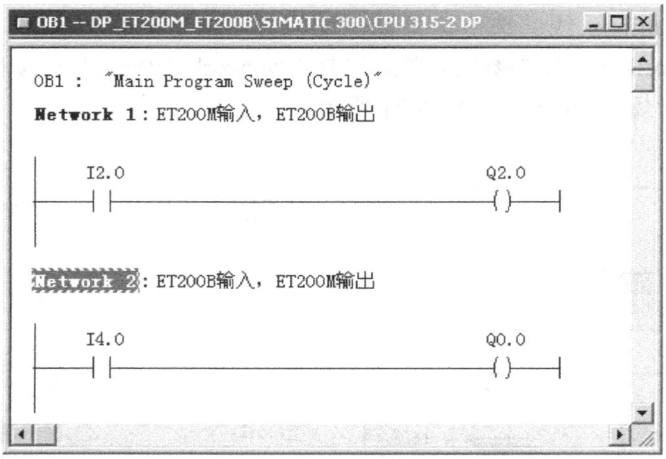

图 6-23　测试程序

6.4　MPI 通信举例

在 MPI 网络中经常采用的是全局数据包通信和无组态的 MPI 通信。当在 S7-300/400 的 PLC 之间进行少量数据交换时，可以采用全局数据包通信。如果在 S7-300、S7-400、S7-200 之间进行通信，可以采用无组态的 MPI 通信。无组态的 MPI 通信又分为双边编程和单边编程两种方式。本节主要介绍全局数据包的通信组态。

MPI 的全局数据包 GSD 通信只能在 S7-300/400 之间进行，通信网络中的各个站无主站和从站之分，只要在组态时对所有 MPI 通信的 PLC 站（节点）建立全局数据表，明确各个站的发送区与接收区即可。

【例 6-3】全局数据包的通信组态。

1．控制要求

（1）在 2 台 PLC 组成的 MPI 通信网络中，有 2 个站，甲站的 MPI 地址为 2，乙站的 MPI 地址为 3。

（2）将甲站从 MB10 开始的 4 字节，发送到乙站从 MB100 开始的 4 字节中。

（3）将乙站从 MB20 开始的 6 字节，发送到甲站从 MB200 开始的 6 字节中。

2．组态过程

（1）在 STEP 7 V5.4 中新建一个项目，项目名称为："MPI 通信"。在这个项目中，插入两个 S7-300 站：SIMATIC 300（1）和 SIMATIC 300（2），对每个站根据实际配置情况进行硬件组态，对两个已经组态好的站分别命名为甲站和乙站，如图 6-24 所示。

图 6-24　组态"MPI 通信"的 2 个站

（2）对于甲站的 MPI 地址设定，进入甲站的硬件配置，双击 CPU 的型号栏"CPU 314-2DP"，进入 CPU 属性设置画面。在 CPU 属性设置中，单击 MPI 接口的"属性"按钮，进入 MPI 接口属性的设置画面，如图 6-25 所示。MPI 地址为 2，MPI（1）通信速率为 18.7kbps，确定后完成甲站的 MPI 接口属性设定，将甲站连接到 MPI 网络中。在对甲站的硬件配置进行保存编译后退出，回到 SIMATIC Manager。

（3）对于乙站的 MPI 地址设定，进入乙站的硬件配置，双击 CPU 的型号栏"CPU 314-2DP"，进入 CPU 属性设置画面。在 CPU 属性设置中，单击 MPI 接口的"属性"按钮，进入乙站的 MPI 接口属性的设置画面，选中 MPI（1），通信速率为 187.5kbps，设定 MPI 的地址为 3，如图 6-26 所示。将组态好的乙站硬件配置编译保存后退出，回到 SIMATIC Manager。

图 6-25　甲站的 MPI 接口属性　　　　图 6-26　乙站的 MPI 接口属性

（4）将组态好的甲站和乙站分别下载到对应的 PLC 中。

（5）在 SIMATIC Manager，双击 MPI（1），进入网络组态 NetPro 画面，先选中 MPI 网络线，然后在菜单栏中选择"选项"，在下拉菜单中选择"定义全局数据"，进行 MPI 发送区及接收区的组态，如图 6-27 所示。

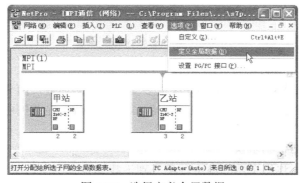

图 6-27　选择定义全局数据

（6）此时出现 MPI（1）的全局数据表，准备进行 MPI 全局数据组态，如图 6-28 所示。

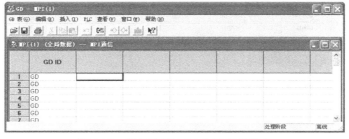

图 6-28　准备进行 MPI 全局数据组态

（7）双击全局数据"GD ID"的右边第 1 列，选择要组态的甲站及 CPU。如图 6-29 所示。

图 6-29　选择要组态的甲站及 CPU

（8）单击"确定"按钮，用同样的方法在全局数据"GD ID"的右边第 2 列，选择要组态的乙站及 CPU。两个要进行 MPI 通信的站出现在全局数据表中，根据任务要求，将甲站从 MB10 开始的 4 字节发送到乙站从 MB100 开始的 4 字节中，将乙站从 MB20 开始的 6 字节发送到甲站从 MB200 开始的 6 字节中。

现在开始组态甲站的发送区，在甲站\CPU314C-2DP 列的第 1 行，输入 MB10：4，在该单元格右击打开下拉菜单，选择"发送器"，如图 6-30（a）所示。甲乙站相互发送、接收，在发送区和接收区组态完毕后，进行编译，系统自动生成 ID 号，最终组态完成界面如图 6-30（b）所示。

（a）组态发送接收区　　　　　　　　　　　　　（b）进行编译系统自动生成 ID 号

图 6-30　组态发送接收区界面

每行通信区的 ID 号的格式为：GD A．B．C。

A 是全局数据包的循环数。S7-300 CPU 最多支持 4 个循环数，而 S7-400 CPU 则支持 8 个循环数，个别 S7-400 CPU（CPU416-2DP）支持 16 个循环数。在此例中只用了 1 个循环数。

B 是在一个循环里有几个数据包数。

C 是在一个数据包里的数据区。

（9）当组态结束后，将每个站的组态结果分别下载到各个站中。在 NetPro 界面中可以看到组态后的 MPI 网络，如图 6-31 所示。

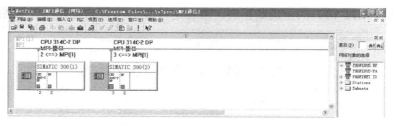

图 6-31　组态后的 MPI 网络

3. 编程

下面将通过简单的程序来验证 MPI 的通信过程。

（1）将甲站设备 A 的运行状态送到乙站显示。

（2）将乙站设备 B 的运行状态送到甲站显示。

甲站的输入/输出地址分配见表 6-5。

表 6-5　甲站的输入/输出地址分配

输入	地址	作用	输出	地址	作用
	I0.0	启动按钮		Q4.0	设备 A
	I0.1	停止按钮		Q4.1	显示 B 运行

乙站的输入/输出地址分配见表 6-6。

表 6-6　乙站的输入/输出地址分配

输入	地址	作用	输出	地址	作用
	I0.0	启动按钮		Q4.0	设备 B
	I0.1	停止按钮		Q4.2	显示 A 运行

在甲站的 OB1 中的梯形图中编写的控制及通信程序如图 6-32 所示。在图 6-30（b）MPI 组态中，已将甲站从 MB10 的 4 个字节发送到乙站从 MB100 开始的 4 个字节，即甲站 M10.0 信号送到乙站 M100.0 位。

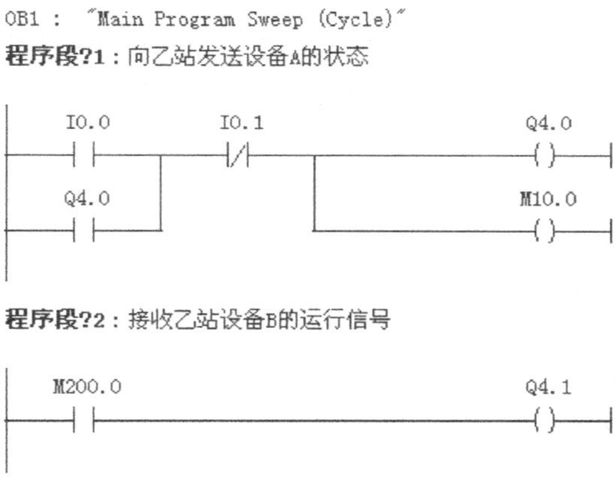

OB1：　"Main Program Sweep (Cycle)"

程序段?1：向乙站发送设备A的状态

```
     I0.0        I0.1                    Q4.0
   ──┤├────────┤/├──────────────────────( )──
     Q4.0                               M10.0
   ──┤├──────                           ─( )──
```

程序段?2：接收乙站设备B的运行信号

```
    M200.0                              Q4.1
   ──┤├────────────────────────────────( )──
```

图 6-32　甲站的控制及通信程序

在乙站的 OB1 中的梯形图中编写的控制及通信程序如图 6-33 所示。在图 6-30（b），将乙站从 MB20 开始的 6 个字节送到甲站 MB200 开始的 6 个字节，即乙站 M20.0 送到甲站的 M200.0 位，即互相显示出对方的运行状态。

OB1：　"Main Program Sweep (Cycle)"

程序段?1：向甲站发送设备B的状态

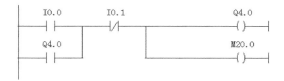

```
     I0.0        I0.1                    Q4.0
   ──┤├────────┤/├──────────────────────( )──
     Q4.0                               M20.0
   ──┤├──────                           ─( )──
```

程序段?2：接收来自甲站设备A的运行信号

```
    M100.0                              Q4.2
   ──┤├────────────────────────────────( )──
```

图 6-33　乙站的控制及通信程序

4．测试

将甲站和乙站的配置及程序下载到各自的 PLC 中，接好线路进行测试。

6.5　AS-I 总线通信举例

1．系统描述

AS-I（Actuator Sensor-Interface）是一种用来在控制器（主站）和传感器/执行器（从站）之间双向交换信息的总线网络。它属于现场总线（Fieldbus）下面底层的监控网络系统，利用两芯电缆连接大量传感器和执行器，替代传统的电缆束。它是具有单一主站的主/从通信网络。

（1）主站设备

AS-I 主站设备可以为下列设备中的一种：

① PLC 主机系统，需要安装 CP2413 通信卡；

② S-300 PLC 和分布式 I/O 中央控制单元，如 ET200M/X 等，需要安装 CP342-2 或 CP343-2 通信模块；

③ 其他具有 AS-I 接口的智能设备。

AS-I 系统与大多数复杂的总线系统不同，它是一个自组态系统，用户不需要做任何设置（如访问权限、波特率、数据类型等）。AS-I 主站能自动完成 AS-I 的各种功能，而且具有自诊断功能，可以对取下来维修的从站进行故障诊断，并自动为替换的从站模板分配地址。

（1）从站

AS-I 从站是整个 AS-I 系统中最重要的组成部件，从站能自动识别发自主站的数据帧，并向主站发送数据，每个标准的 AS-I 从站模板最多可以连接 4 个数字化的传感器和执行器。AS-I 从站模板可以是数字量、模拟量模板和气动模板，其从站设备有：

① 连接标准传感器/执行器的模板；

② 带有集成的从站 ASIC 的执行器和传感器；

③ 用于通过 AS-I 接口安全传输数据的安全型模板；

④ 其他用于 AS-I 的接口设备。

2．CP343-2 在 S7 编程器上的基址

在 S7 可编程控制器中为 AS-I 系统从站提供了连续的 16 个输入字节（IB）和 16 个输出字节（QB）的数据存储区，为系统中的 31 个从站而设。该存储区的基址由 CP343-2 模板所处的机架号和槽位号决定，和 S7-300 模拟量模板的编址完全相同。

（1）硬件组态

在 PC 上用 STEP 7 编程软件进行 S7-300 的硬件组态，例如主机架上模板依次为：电源模板 PS 307、CPU 315-2 DP、数字量输入模板 SM321、数字量输出模板 SM322、模拟量输入/输出模板 SM334、AS-I 主站 CP343-2。将各模板及相应的订货号拖入机架的相应插槽内，如图 6-34 所示。编译并完成硬件下载，组态正确，则机架上的 CPU 模板运行（RUN）指示灯亮。

（2）地址分配

CP343-2 的槽位号决定了该 AS-I 系统有一个固定的基址 n（在 CP343-2 属性对话框中地址标签（Addresses）的 I/O 区勾选 System selection），如图 6-34 硬件设置，CP343-2 处于主机架的 7 号槽位，则基址为 304，可访问数据的地址范围为 IB/QB：304～319，即 16 输入字节和 16 输出字节，每个从站地址对应 4 位（半字节）。编址方法见表 6-7。

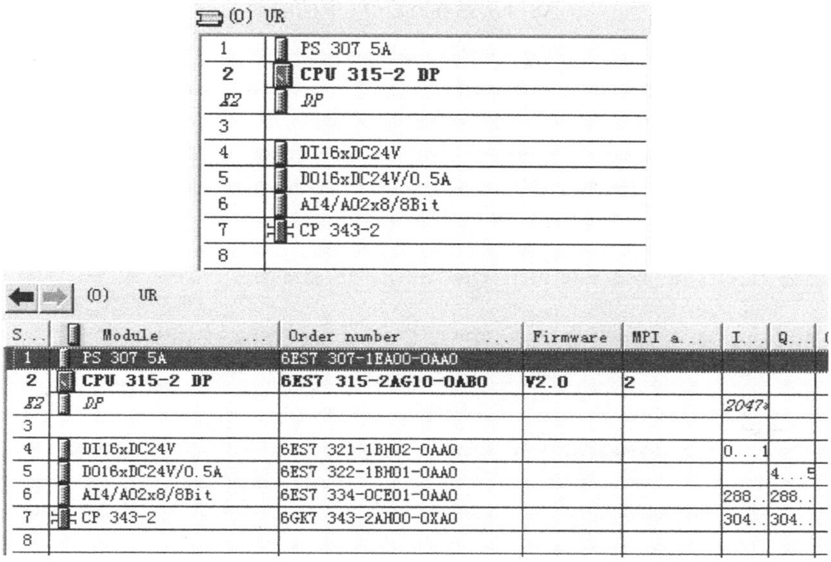

图 6-34　AS-I 系统 CP343-2 主站硬件组态

表 6-7　AS-I 从站地址映射

I/O 字节数	Bit7 | Bit6 | Bit5 | Bit4	Bit3 | Bit2 | Bit1 | Bit0	I/O 字节数	Bit7 | Bit6 | Bit5 | Bit4	Bit3 | Bit2 | Bit1 | Bit0
n+0	保留	从站 1 或 1A	n+8	从站 16 或 16A	从站 17 或 17A
n+1	从站 2 或 2A	从站 3 或 3A	n+9	从站 18 或 18A	从站 19 或 19A
n+2	从站 4 或 4A	从站 5 或 5A	n+10	从站 20 或 20A	从站 21 或 21A
n+3	从站 6 或 6A	从站 7 或 7A	n+11	从站 22 或 22A	从站 23 或 23A
n+4	从站 8 或 8A	从站 9 或 9A	n+12	从站 24 或 24A	从站 25 或 25A
n+5	从站 10 或 10A	从站 11 或 11A	n+13	从站 26 或 26A	从站 27 或 27A
n+6	从站 12 或 12A	从站 13 或 13A	n+14	从站 28 或 28A	从站 29 或 29A
n+7	从站 14 或 14A	从站 15 或 15A	n+15	从站 30 或 30A	从站 31 或 31A

如果基址 n=304，AS-I 从站地址（ADDR）分别为 2、3、4、5、12、15、16，其中 2、3、4、5、12 号从站为数字量信号，在 PLC CPU 中的映射如图 6-35 所示。

3. 数字信号的处理

由于输入/输出映像表（I/Q）是外设输入/输出存储区首 128B 的映像，对于 I/O 地址小于 128 的外设，I/O 数据存储与输入/输出映像表中可以以位、字节、字和双字格式访问；对于 I/O 地址大于 128 的外设，只能通过外设存储区进行访问（PI/PQ），可以以字节、字和双字格式访问，但不能以位方式访问。

【例 6-4】用从站 2 的 4 个输入控制从站 4 的 4 个输出；用从站 3 的 4 个输入控制从站 5 的 4 个输出；用从站 12 的 4 个输入控制本从站的 4 个输出。对应的语句表为：

```
L    PIB    305
T    PQB    306
L    PIB    310
T    PQB    310
```

【例 6-5】从站 2 的 1、3 点分别为某电机的启动按钮和停止按钮，从站 5 的 1 点为该电机的接触器线圈，完成简单的启停控制。对应的梯形图如图 6-36 所示。

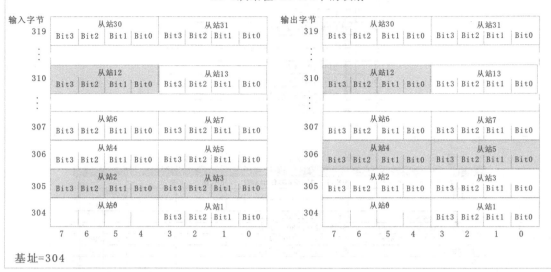

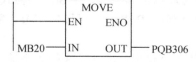

图 6-35　AS-I 数字量从站在 PLC CPU 中的映射

网络1：实时地将从站的输入信号以字节为单位取到中间寄存器中

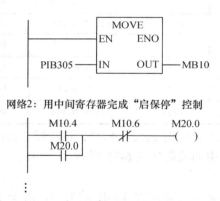

网络2：用中间寄存器完成"启保停"控制

网络n：将从站4、5对应到MB20中，逐位完成控制后，以字节为单位传送到对应从站中

图 6-36　标准 AS-I 从站数字量访问梯形图程序 1

注意：以上例 6-4、例 6-5 适用于 CP343-2 主站模板，对于 CP342-2 为主站构成的 AS-I 系统，从站的访问只能通过字（W）或双字（DW），不能对位（bit）或字节（B）直接访问。

例如：

正确：L　PIW　305

错误：T　PQB　306

错误：＝　PQ　306.3

4．用户编辑 AS-I 系统基址

由 PLC 系统决定 AS-I 的基址，其基址均大于 128 字节，使得对从站不能以位或字节的形式直接访问，无形中给编程带来了很大的麻烦。如果 AS-I 系统的基址可以由用户编辑、定义，并使 AS-I 从站在 CPU 中映射区小于 128 字节，这样 AS-I 从站的数据均处于输入/输出（I/Q）映射表，而不是外设输入/输出（PI/PQ）映射表中。数据可以以任何形式进行访问。

AS-I 系统基址的用户编辑如图 6-37 所示。在 S7-300 系统硬件（Hardware）的硬件配置（Hardware Configuration）窗口中，双击 CP343-2，则出现 CP343-2 属性对话框，选择 Addresses 标签，不勾选 System selection，则可以由用户决定 AS-I 系统的输入/输出的起始地址（基址）。注意：地址不能有重叠。例如将 AS-I 系统的基址定义为 100。

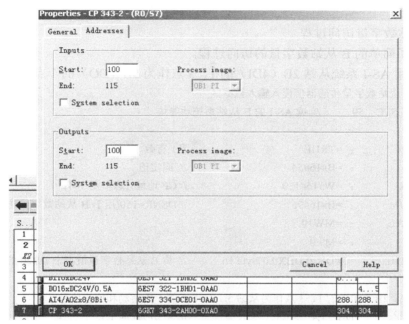

图 6-37　用户编辑 AS-I 系统的基址

重新编辑的 AS-I 系统的基址将给 AS-I 标准从站的数字量访问带来极大的方便。

【例 6-6】用重新编辑的 AS-I 系统的基址完成【例 6-5】的功能，其梯形图如图 6-37 所示。

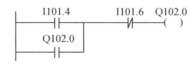

图 6-38　标准 AS-I 从站数字量访问梯形图 2

5．B 从站的数字量访问

（1）B 从站数字量的访问过程

用户程序可以通过系统功能块 SFC58/SFC59（"write_date_record" / "read_date_record"）访问 B 从站数字量。在这个过程中会经常使用数据记录号 150。其数据交换过程如图 6-39 所示。

（2）从站地址分配

CP343-2 负责分配给 B 从站两个 16 字节区域（一个区域给输入数据，一个区域给输出数据），B 从站的地址结构和标准 A 从站的地址结构完全相同，但需将从站用编址器定义为 B 地址模式。

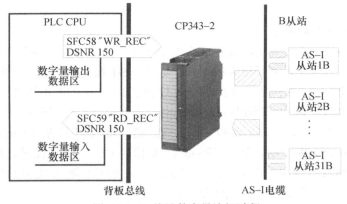

图 6-39 B 从站数字量访问过程

（3）B 从站数字量访问过程

以下给出了简单的 B 从站数字量的访问过程。

【例 6-7】用 AS-I 系统从站 2B（4DI）的 1、3 点作为 5B（DO）的 1 点启动和停止信号。

```
// 将 B 从站数字量传感器值读入输入数据区
CALL    SFC   59      // 读 AS-I 的 B 从站系统功能块

    REQ             :=TRUE               //1 有效
    IOID            :=B#16#54            // 固定值
    LADDR           :=W#16#130           // CP 地址 (这里是 304)
    RECNUM          :=B#16#96            //DSNR=150(用于 B 从站数字量访问)
    RET_VAL         :=MW10
    BUSY            :=M9.0
    RECORD:         =P#DB20.DBX0.0 Byte 16    // 将 B 从站数字量值存于 DB20 的头 16 字节

// 用从站 2B（DI）的 1、3 点作为从站 5B（DO）的 1 点启动和停止信号
    A               DBX 1.4             // 从站 2B 的 1 点
    S               DBX 22.0            // 从站 5B 的 1 点
    A               DBX 1.6             // 从站 2B 的 3 点
    R               DBX22.0             // 将运算结果输出到 B 从站的执行器中
CALL       SFC   58      // 写 AS-I 的 B 从站系统功能块
    REQ             :=TRUE               //1 有效
    IOID            :=B#16#54            // 固定值
    LADDR           :=W#16#130           // CP 地址 (这里是 304)
    RECNUM          :=B#16#96            //DSNR=150(用于 B 从站数字量访问)
    RECORD          :=P#DB20.DBX20.0 Byte 16   // 将运算结果存于 DB20 中从 DBX20.0 开始的 16
                                              字节
    RET_VAL         :=MW12
    BUSY            :=M9.1
```

6. 模拟量从站的访问

（1）CP343-2（主站）和 PLC CPU 间模拟量的访问过程

在 AS-I 系统中最多可有 31 个模拟量从站，每个从站最多可接入 4 路模拟量输入或 4 路模拟量输出。

在用户程序中可以通过系统功能块 SFC58/SFC59（"write_date_record"/"read_date_record"）访问 AS-I 从站模拟量。在这个过程中会经常使用数据记录号 140~147。其数据交换过程如图 6-39 所示。

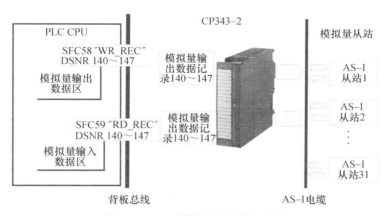

图 6-40　AS-I 模拟量从站访问过程

（2）模拟量从站地址分配

对于任何一个数据记录（DS140~DS147），用户可以使用的数据记录长度在 2 字节到 128 字节之间。

每个模拟量从站最多可有 4 路模拟量并对应着 8 字节的数据区，在数据记录中定义的字节长度是指所选用的数据记录（DS140~DS147）的起始点到所用模拟量从站地址所对应的结束字节数。具体的各模拟量从站和数据记录的对应关系见表 6-8。

表 6-8　访问 AS-I 模拟量从站对应的数据记录

AS-I 从站地址	为模拟量从站访问而设的数据记录							
	DS140	DS141	DS142	DS143	DS144	DS145	DS146	DS147
1	0~7							
2	8~15							
3	16~23							
4	24~31							
5	32~39	0~7						
6	40~47	8~15						
7	48~55	16~23						
8	56~63	24~31						
9	64~71	32~39	0~7					
10	72~79	40~47	8~15					
11	80~87	48~55	16~23					
12	88~95	56~63	24~31					
13	96~103	64~71	32~39	0~7				
14	104~111	72~79	40~47	8~15				
15	112~119	80~87	48~55	16~23				

AS-I 从站地址	为模拟量从站访问而设的数据记录							
	DS140	DS141	DS142	DS143	DS144	DS145	DS146	DS147
16	120~127	88~95	56~63	24~31				
17		96~103	64~71	32~39	0~7			
18		104~111	72~79	40~47	8~15			
19		112~119	80~87	48~55	16~23			
20		120~127	88~95	56~63	24~31			
21			96~103	64~71	32~39	0~7		
22			104~111	72~79	40~47	8~15		
23			112~119	80~87	48~55	16~23		
24			120~127	88~95	56~63	24~31		
25				96~103	64~71	32~39	0~7	
26				104~111	72~79	40~47	8~15	
27				112~119	80~87	48~55	16~23	
28				120~127	88~95	56~63	24~31	
29					96~103	64~71	32~39	0~7
30					104~111	72~79	40~47	8~15
31					112~119	80~87	48~55	16~23

表 6-8 数据记录 DS140~DS147 的使用方法举例如下：

① AS-I 模拟量从站地址处于 1~6 之间，可以选用 DS140，并且定义 48 字节作为数据记录的长度。

② 如果 AS-I 系统中只有 7 号从站是模拟量，可以使用 DS141，并且定义 24 字节作为数据记录的长度。

③ 当 AS-I 系统的 31 个从站均为模拟量，需要用 DS140 和 DS144，并将两个数据记录都定义为 128 字节，这样 DS140 覆盖了 1~16 号从站、DS144 覆盖了 17~31 号从站。

④ 模拟量从站地址为 29~31 时，用户可以选用 DS147，并定义 24 字节作为数据记录的长度。

一个模拟量从站最多可接 4 路模拟量输入（传感器）或 4 路模拟量输出（执行器），各从站中 4 路模拟量存储的详细映射关系见表 6-9。

表 6-9 AS-I 从站 4 路模拟量地址映射

字节号（起始地址+偏移）	模拟通道
起始地址+0	通道 1/高字节
起始地址+1	通道 1/低字节
起始地址+2	通道 2/高字节
起始地址+3	通道 2/低字节
起始地址+4	通道 3/高字节
起始地址+5	通道 3/低字节
起始地址+6	通道 4/高字节
起始地址+7	通道 4/低字节

注意：如果 CP343-2 用于 ET 200M 中，在 S7 CPU 的同一个扫描周期中，SFC58（"write_date_record"）和 SFC59（"read_date_record"）只有一个是有效的。如果多于一项作业被触发，作业系统将会因为系统资源暂时短缺而被终止，并给出故障代码 "80C3h"，被拒绝执行的作业必须被重新触发。

（3）程序举例

在 AS-I 系统中，模拟量从站的数据传输需要通过系统功能块 SFC59 和 SFC58 来完成，在数据交换过程中，首先要创建一个数据块（DB），用来存放模拟量从站的输入/输出数据。

【例 6-8】在 AS-I 系统中，从站 15 为模拟量输入从站（2AI），从站 16 为模拟量输出从站（2AO）。用从站 15 的第一路输入直接控制从站 16 的第一路输出；用从站 15 的第二路输入加 400 来控制从站 16 的第二路输出。其语句表（STL）如下：

```
Network1                                   // 将模拟量从站读入数据区
CALL  SFC  59                              // 读 AS-I 的模拟从站系统功能块

REQ       : =TRUE                          // 1 有效
IOID      : =B#16#54                       // 固定值
LADDR     : =W#16#130                      // CP 地址 (这里是 304)
RECNUM    : =B#16#8F                       // DSNR=143(用于模拟量从站 15 的访问)
RET_VAL   : =MW14
BUSY      : =M9.2
RECOR     : =P#DB10.DBX0.0 Byte 24         // 将模拟从站 15（2AI）的值存于 DB10 的第 16~19
                                              字节

   Network 2                               // 模拟量从站的运算处理
L         DB10DBW16                        // 从站 15，输入通道 1
T         DB10DBW54                        // 从站 16，输出通道 1
L         DB10DBW18                        // 从站 15，输入通道 2
+         400
T         DB10DBW56                        // 从站 16，输出通道 2
Network3                                   // 将运算结果输出到 B 从站的执行器中
CALL  SFC  58                              // 写 AS-Ⅰ的模拟量从站系统功能块

REQ       : =TRUE                          // 1 有效
IOID      : =B#16#54                       // 固定值
LADDR     : =W#16#130                      // CP 地址 (这里是 304)
RECNUM    : =B#16#8F                       // DSNR=143(用于模拟从站 16 的访问)
RECORD    : =P#DB10.DBX30.0 Byte 32        // 将运算结果存于 DB10 中从 DBX30.0 起的 32
                                              字节，16 号从站（2AO）的值位于 DBW54、DBW56

RET_VAL   : =MW16
BUSY      : =M9.3
```

本 章 小 结

工业通信网络是在单机自动化、单站自动化及单线自动化的基础上，将这些"自动化孤岛"通过通信网络连接起来，将信号检测、数据处理、设备控制等连接在一起，以实现更大范围的资源共享、信息管理及过程控制。

（1）西门子的 SIMATIC S7 系统拥有多种现场总线形式，S7 的通信网络有 MPI 通信、Profibus 通信、工业以太网通信、点对点通信、AS-I 通信。本章主要介绍用于车间监控层的 Profibus 总线系统、MPI 通信和现场总线 AS-I 系统的概述及访问方式。

（2）Profibus 是用于车间级监控和现场层的通信系统，带有 Profibus-DP 与分布式 I/O。最多可以与 126 个网络上的节点进行数据交换。网络中最多可以串接 10 个中继器来延长通信距离。

（3）AS-I 是应用于靠近现场的传感器、执行器和操作员终端的现场总线系统，AS-I 是自动化技术连接最底层控制系统设备的一种最简单、成本最低的解决方案。每个 AS-I 从站的最大配置为 4 点数字量或模拟量信号。数字量访问相对简单，模拟量访问要借助系统功能块 SFC58 和 SFC59 以及数据记录才能完成，相对较复杂。

（4）在进行网络组态时，一定要事先规划好地址，根据需要通信的数据量，安排好发送区域和接收区域。在组态的过程中，要谨慎细致，先将网络调通，再编写程序。

习 题 6

1. 由 2 台 PLC 组成 Profibus-DP 主从网络。控制要求为：

（1）主站 DP 地址为 2，从站 DP 地址为 3。主站的设备为 A，从站的设备为 B。

（2）主站完成对设备 A 及从站设备 B 的启动-停止控制，且对设备 A、设备 B 的运行状态进行监视。

（3）从站完成对设备 B 及主站设备 A 的启动-停止控制，且对设备 A、设备 B 的运行状态进行监视。

2. 由 2 台 PLC 组成 Profibus-DP 主从网络。控制要求为：

（1）主站 DP 地址为 2，从站 DP 地址为 3。

（2）主站每隔 15s 向从站发送 2 字节的数据。

（3）如果从站收到的数据为全"1"或全"0"，分别向主站返回不同的信息，且在主站上有对应的信号指示。

3. 由 2 台 PLC 组成 MPI 通信网络。控制要求为：

（1）甲站 MPI 地址为 2，乙站 MPI 地址为 3。甲站的设备为 A，乙站的设备为 B。

（2）甲站完成对乙站设备 B 的启动-停止控制，且对设备 A、设备 B 的运行状态进行监视。

（3）乙站完成对甲站设备 A 的启动-停止控制，且对设备 A、设备 B 的运行状态进行监视。

4. 由 3 台 PLC 组成 MPI 网络。控制要求为：

（1）甲站 MPI 地址为 2，乙站 MPI 地址为 3，丙站 MPI 地址为 4。

（2）甲站向乙站发送 3 字节的数据。

（3）甲站向丙站发送 2 字节的数据。

5. 由 CP343-2 作为主站构建的 AS-I 系统，CP343-2 位于主机架的 6 号槽位上，由系统选择 AS-I 从站数据访问地址，则对应的起始地址应为多少？并用从站 2（2DI）作为从站 10（4DO）的第三个点的启停控制信号。

第7章　可编程控制器应用系统的设计

与其他计算机控制系统一样，PLC 控制系统的应用设计过程可以分为总体设计、可靠性设计、硬件设计和软件设计 4 个过程。也可以分为硬件设计和软件设计两个部分，将总体设计和可靠性设计并入硬件设计范畴。本章主要介绍以下内容：

- PLC 控制系统的总体设计；
- STEP 7 的结构化程序设计方法；
- PLC 数字量控制系统应用设计举例；
- PLC 控制系统模拟量的检测和控制。

本章的重点是掌握 PLC 控制系统的设计原则，能够正确、合理地选择机型，初步熟悉控制系统的可靠性设计的内容和方法。通过几个应用设计实例，掌握 PLC 控制系统的设计步骤和方法，对 PLC 控制系统的设计过程有一个完整清晰的思路。

7.1　可编程控制器控制系统总体设计

随着可编程控制器本身功能的不断拓宽与增强，它已经从完成复杂的顺序逻辑控制的继电器控制柜的替代物，逐渐进入到过程控制和闭环控制等各个领域，它所能控制的系统越来越复杂，控制规模越来越宏大。因此，如何用可编程控制器完成实际控制系统的应用设计，是每个从事电气自动化控制技术人员所面临的实际问题。根据可编程控制器的工作特点和以往的经验，提出 PLC 控制系统设计应当遵循的基本原则和一般的设计步骤，以及实际应用时的注意事项。

可编程控制器的一个重要特点就是一旦选择好机型后，就可以同步进行系统设计和现场施工。当采用 PLC 构成一个实际的控制系统时，这种系统的设计就是 PLC 的应用设计。

7.1.1　PLC 控制系统设计的原则与内容

1. 设计原则

每一个成熟的 PLC 控制系统在设计时要达到的目的都是实现对被控对象的预定控制。为实现这一目的，在进行 PLC 控制系统的设计时，应遵循以下基本原则：

① 最大限度地满足被控对象的控制要求，系统设计前，与工艺师和实际操作人员密切配合，共同拟订电气控制方案；

② 在满足控制要求的前提下，力求使控制系统简单、经济、操作及维护方便；

③ 保证控制系统的安全性、可靠性，同时采取"软硬兼施"的办法共同提高系统的可靠性；

④ 易于扩展和升级，PLC 容量及 I/O 点数应适当留有 15%～20%左右的裕量；

⑤ 人机界面友好，应充分体现以人为本的理念。

2. 设计内容

PLC 控制系统的设计主要内容包括硬件选型、设计和软件的编制两个方面，基本由以下几部分组成。

① 拟订控制系统设计的技术条件，它是整个控制系统设计的依据。

② 选择外围设备，根据系统设计要求选择外围输入设备和输出设备。

③ 选定 PLC 的型号，PLC 是整个控制系统的核心部件，合理选择至关重要。

④ 分配 I/O 点，根据系统要求，编制 PLC 的 I/O 地址分配表，并绘制 I/O 端子接线图。

⑤ 设计操作台、电气柜及非标准电器元件。

⑥ 软件编写。控制系统的软件包括 PLC 控制软件和上位机控制软件。在编制 PLC 控制软件前，要深入了解控制要求与主要控制的基本方法，以及系统应完成的动作、自动工作循环的组成、必要的保护和联锁等方面的情况。对比较复杂的控制系统，可利用状态图和顺序功能图进行全面的分析，必要时还可将控制任务分解成几个比较独立的部分，利用结构化或模块化方法进行编程，这样可化繁为简，有利于编程和调试。

对于有人机界面的 PLC 控制系统，上位机软件的编制也尤为重要。因为上位机软件是系统操作人员与控制系统之间交互的纽带。良好的人机界面可以让操作人员的操作更为容易，利用上位机软件还能制作历史趋势图、打印报表、记录数据库和故障警报等，使工作效率更加提高。

（7）系统技术文件的编写，包括说明书、电气原理图、元件明细表、元件布置图、机柜接线图、系统维护手册、系统安装调试报告等。

以上是一个 PLC 控制系统设计的基本内容。在具体应用时，可以根据控制系统的规模、控制流程的繁简程度等情况适当增减。

7.1.2　PLC 控制系统设计的一般步骤

用可编程控制器进行控制系统设计的一般步骤可以参考图 7-1。

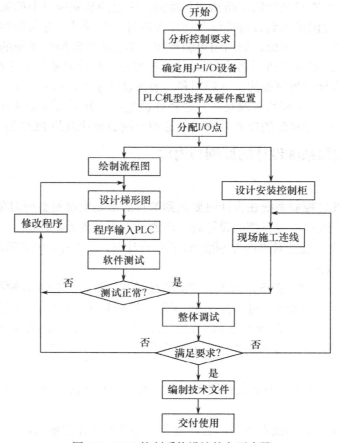

图 7-1　PLC 控制系统设计的主要步骤

1．深入了解和分析被控对象的工艺条件和控制要求

控制要求主要是指控制的基本方式、应完成的动作、自动工作循环的组成、必要的保护和联锁等。PLC系统的控制要求并不仅仅局限于设备或生产过程本身的控制功能，除此之外，PLC系统还应具有操作人员对生产过程的高水平监控与干预功能、信息处理功能、管理功能等。PLC对设备或生产过程的控制功能是PLC系统的主体部分，其他功能是附属部分。PLC系统设计应围绕主体展开，兼顾考虑附属功能。对一个较复杂的生产工艺过程，通常可将控制任务分成几个独立部分，而每个部分往往又可分解为若干个具体步骤。这样在调试阶段，有助于调试工作分步化、系统化。

2．确定I/O设备

根据被控对象对PLC控制系统的功能要求，确定系统所需的用户输入、输出设备。常用的输入设备有按钮、选择开关、行程开关、传感器等，常用的输出设备有继电器、接触器、指示灯、电磁阀等。

3．选择合适的PLC并分配I/O点

根据已确定的用户I/O设备，统计所需的输入信号和输出信号的点数，选择合适的PLC类型，包括机型的选择、容量的选择、I/O模块的选择、电源模块的选择等。

分配PLC的输入/输出点，编制出输入/输出分配表或者画出输入/输出端子的接线图。接着就可以进行PLC程序设计，同时也可进行控制柜或操作台的设计和现场施工。

4．选择恰当的程序结构

在程序编制过程中，首要的就是根据控制任务，选择恰当的程序结构。对于一些规模较小、运行过程比较简单的控制程序可采用线性编程；而对于一些控制规模较大、运行过程比较复杂、分支较多的程序应采用分部结构编程；当系统中存在大量相似或相同的部件（如开关阀、电机启/停）需要控制，则可选择结构化编程来编制一些通用的指令块（FB），并通过给指令块提供的参数进一步说明各部件的控制差异，这样结构化的程序能够反复调用这些通用指令块，使程序结构更加清晰。

5．编制PLC程序并进行模拟调试

在绘制完电路图之后，就可以着手绘制PLC程序了。在编程时，除了要保证程序正确、可靠之外，还要考虑程序要简洁、省时，便于阅读、修改。编好一个程序块后要进行模拟调试，这样便于查找问题，便于及时修改，最好不要整个程序完成后才调试。

6．现场调试

只有通过现场调试才能发现控制回路和控制程序不能满足系统要求之处；只有通过现场调试才能发现控制电路和控制程序发生矛盾之处；只有进行现场调试才能最后实地测试和调整控制电路及控制程序，以适应控制系统的要求。

7．编写技术文件

经过现场调试以后，控制电路和控制程序基本被确定了，整个系统的硬件和软件没有问题了，这时就要全面整理技术文件，包括电路图、PLC程序、使用说明及帮助文件。到此，程序编制工作及PLC系统设计工作基本结束。

7.1.3　PLC控制系统的可靠性设计

PLC控制系统的可靠性设计主要包括供电系统设计、接地设计和冗余设计。

1．PLC供电系统设计

通常所说的PLC供电系统设计是指CPU工作电源、I/O模板工作电源的设计。

（1）CPU 工作电源的设计

可编程控制器一般都使用市电（交流 220V，50Hz），电网的冲击、频率的波动将对控制系统产生一定的干扰，直接影响到控制系统的精度和可靠性。在 CPU 工作电源的设计中，一般可采取隔离变压器、交流稳压器、UPS 电源、晶体管开关电源等措施。

PLC 的电源模板可能包括多种输入电压，有 220VAC、110VAC 和 24VDC，而 CPU 电源模板所需要的工作电源一般是 5V 直流电源，在实际应用中要注意电源模板输入电压的选择。在选择电源模板的输出功率时，要保证其输出功率大于 CPU 模板、所有 I/O 模板及各种智能模板总的消耗功率，并且要考虑 30%左右的裕量。当一个电源模板同时为主机和扩展机供电时，要保证从主机到最远一个扩展机的线路压降小于 0.25V。

（2）I/O 模板工作电源的设计

I/O 模板工作电源是为系统中的传感器、执行机构、各种负载与 I/O 模板之间的供电电源。在实际应用中，基本上都是采用 24V 直流供电电源或 220V 交流供电电源。由于各个 I/O 模板上一般不安装电源开关，为了安装、调试和维护的方便，对各个模板的供电线路上要设立单独的开关。

2．接地设计

接地设计有两个目的：消除各个支路电流流经公共地线阻抗时所产生的噪声电压；避免磁场与电位差的影响。在电气控制系统中，接地是抑制干扰、使系统可靠工作的主要方法。

对于接地的一般要求是：

● 接地电阻在要求范围内，对于 PLC 控制系统，接地电阻要小于 4Ω；
● 要保证足够的机械强度；
● 要具有耐腐蚀的能力并做防腐处理；
● 在整个工厂中，PLC 的控制系统要单独设计接地。

3．冗余设计

冗余设计是指在系统中人为地设计某些"多余"的部分。冗余配置代表 PLC 适应特殊需要的能力，是高性能 PLC 的体现。冗余设计的目的是在 PLC 已经可靠工作的基础上，再进一步提高其可靠性，减少出故障的概率，减少出故障后修复的时间。

冗余设计主要有以下几种形式。

① 冷备份冗余设计。对于容易出故障的模板，多购一套或若干套放在库房中备份。

② 热备份冗余设计。对于比较重要的场合，冗余的模板在线工作，只是不参与控制。一旦正在参与控制的模板出现故障，它可自动接替工作，系统可不受停机损失。

③ 表决系统冗余配置。在特别或者非常重要的场合，为了做到万无一失，可配置成表决系统。多套模板同时工作，其输出依照少数服从多数的原则裁决。

7.1.4 系统调试

当 PLC 的软件设计完成之后，应首先在实验室进行模拟调试，看是否符合工艺要求。当控制规模较小时，模拟调试可以根据所选机型，外接适当数量的输入开关作为模拟输入信号，通过输出端的发光二极管，观察 PLC 的输出是否满足要求。

对于一个较大的可编程控制器控制系统，程序调试一般需要经过单元测试、总体实验室联调和现场联机统调等几个步骤。对于 PLC 软件而言，前两步的调试具有十分重要的意义。

1．实验室模拟调试

和一般的过程调试不同，PLC 控制系统的程序调试需要大量的过程 I/O 信号方能进行。但是在程序的前两步调试阶段，大量的现场信号不能接入 PLC 的输入模板。因此，靠现场的实际信号来检查程序的正确性通常是不可能的。只能采用模拟调试法，这是在实践中最常用、也是最有效的调试方法。

在进行 PLC 控制系统的程序调试时，所需要的信息可分为三类：

- 程序运算中产生的；
- 操作人员输入的；
- 现场实际状态返回的。

在控制程序的实验室联调阶段，前两类信息一般没有问题，只有第三类信息不容易解决。模拟调试法的基本思想是：模拟发生第三类信号，为程序的调试创造出最大限度逼近现场实际情况的环境。

模拟方法主要有两种。

（1）硬件模拟法

这种方法通常用于 PLC 的 I/O 点数裕量不大，内存较为紧张的场合。此时还需要一些设备，如用另一台 PLC 来模拟现场发生的信号，并将这些信号以硬连线的方式接到用于控制的 PLC 的输入模板中。

（2）软件模拟法

这种方法适用于 PLC 的点数和内存均有一定裕量的场合。这时不需要另外附加设备，只需要另外编写一套模拟软件，简便、实用、易行。

采用软件模拟法，在 PLC 中要同时运行两套程序，一套是控制程序，另一套是模拟程序。模拟程序的编写，应尽可能符合现场的实际情况，但是在响应速度上，通常可以大大加快。

要使模拟程序的计算结果取代控制程序中的第三类信号，常常采用变量置换的方法和并联条件的方法。

变量置换的基本做法是：用模拟程序计算结果的变量名，置换控制程序中相应的第三类输入信号的变量名，待程序调试结束后再行恢复。

并联条件的基本做法是：将模拟程序的计算结果同相应的第三类输入信号相"或"后并联使用，待程序调试结束后再将并联条件删去。

2．现场联机统调

当现场施工和软件设计都完成以后，就可以进行现场联机统调了。在统调时，一般应首先屏蔽外部输出，再利用编程器的监控功能，采用分段分级调试方法，通过运行检查外部输入量是否无误，然后再利用 PLC 的强迫置位/复位功能逐个运行输出部件。具体调试过程简述如下。

（1）做好调试准备

拔出全部模板，主机及所有各通道站的电源开关处于"OFF"位置，检查交流 220/110V 切换开关或跨接线是否正确。

MCC（Motor Control Center）盘、继电器柜等直接有关设备已经通电检查完毕，全部电源开关处于切断状态。

（2）主机系统通电

检查各个状态指示灯及风扇的运行情况。

（3）编程器联机调试

编程器与主机正确连接后通电，检查显示、风扇以及装载磁带、磁盘的功能。进行初始化操作，清内存，装入磁带或磁盘。用编程器对主机进行启动、停止操作，然后进行编程操作试验。

（4）PLC 系统组态配置调整

① PLC 各低压电源通电，MCC 盘操作电源通电。检查各模板端子上是否有高压存在，这时不能插入模板，如有问题立即解决。

② 各 PLC 柜接通本身电源，检查电压与极性；电源模板通电检查。

③ 将通道站通信模板插入机架并进行检查。

④ 对各站模板逐一组态配置并检查。

（5）I/O 模板调试

① 数字量模板。测试数字量输入模板，只要利用模板端子上的电源接线端，逐一短接各个输入端子，检查输入点 LED 指示及从编程器上看该点状态即可。

测试数字量输出模板时，利用编程器强置各个输出点为 ON，或编一段简单程序给各个输出点置位，检查各个输出点 LED 指示和输出电压。

② 模拟量模板。测试模拟量输入模板时，用一个电压源或电流源作为信号，用电位器分压或分流，提供模拟量输入信号，用电压表或电流表测出输入端信号，然后与 PLC 内的数字信号进行换算比较，以检查精度。

测试模拟量输出模板时，用编程器给出 0 点、中点、满数字，实际测量输出电流和电压。

（6）PLC 系统与操作台、模拟屏、MCC 盘的联调

① 逐个操作操作台上的按钮、开关，检查输入信号。

② 逐个给 MCC 盘、继电器盘上的继电器、接触器通电，检查连到 PLC 的输入信号。

③ 通过 PLC 的输出信号来驱动模拟屏的信号灯，进行逐点检查。

此时应尽量按设备分组进行调试。注意，必须切断主电路。

（7）PLC 与现场输入设备和传动设备的联调

某些现场信号，如行程开关、接近开关的信号，需人工在现场给出模拟信号，在 PLC 侧检查。给 PLC 提供信号的专用仪表，如料位计、数码开关、模拟量仪表等，也要从信号端给出模拟信号，在 PLC 侧检查。

用模拟量输出信号驱动电气传动装置的，要专门进行联调，以检查 PLC 模板的负载能力和控制精度。

（8）用调试程序进行系统静调

系统静调是在 MCC 盘和现场设备未投入或未完全投入的情况下，模拟整个生产过程的控制，主要是为了调试完善应用软件。

为了模拟生产过程，需要对应用软件做必要的临时改动，以变成可连续进行的调试程序。调试程序应尽量保持应用程序原貌，否则就失去了调试意义，但是必须要变动一部分，主要是：

① 用时间来模拟现场设备实际动作行程，如开命令发出后，延时得到开到位信号。

② 对随时间变化量，如秤斗装料放料过程，可用定时器发出空或满信号的方法来模拟。

③ 由于程序中有大量的信号联锁，如开甲门要求乙门关到位、丙门开到位等，要求调试程序中的模拟信号具有自保持性质，即定时驱动一个自保持线圈或定时后使一个寄存器置位等，一直等到相反驱动命令来时才复位。

④ 许多操作台输入命令的开关信号还带有一系列硬件联锁，这时要适当短接一些联锁，以保证输入命令有效。

⑤ 用内部时钟或定时器产生料流模拟。

用调试程序使生产过程在模拟屏上得到模拟，主要是利用定时功能取代实际变化信号，应用程序主体没有动，所以通过这种模拟调试，应用程序基本得到了验证，命令输入和模拟显示

系统都得到了调试。

（9）系统空操作调试

MCC 盘上主电路不送电，而操作回路给电，在操作台上（包括就地操作台）进行就地手动、自动各种操作，检查继电器、接触器动作情况，这种调试称为空操作试验，此时应用程序全部投入。由于这时机电设备没有运转，一部分硬件联锁条件不能满足，需要临时短接处理。

（10）空载单机调试

逐台给单机主回路送电，进行就地手动试车，主要是配合机械调试，同时调整转向、行程开关、接近开关、编码设备、定位等。要仔细调整应用程序，以实现各项控制指标，如定位精度、动作时间、速度响应等。

（11）空载联动试车

尽可能把全系统所有设备都纳入空载联调，这时应使用实际的应用程序，但某些在空载时无法得到的信号仍然需要模拟，如料斗装放料信号、料流信号等，可用时间程序产生。

空载联调时，局部或系统的手动/自动/就地切换功能、控制功能、各种工作制的执行、电气传动设备的综合控制特性、系统的抗干扰性、对电源电压的动态和瞬时断电的适应性等主要性能，都应得到检查。空载联调应保证有足够的时间，很多接口中的问题往往这时才能暴露。

（12）实际热负载试车

热负载试车尽量采取间断方式，即试车—处理—再试车。这时 PLC 系统硬件、软件的考验完善阶段。要随时复制程序，随时修改图样，一直到正式投产。

7.2　STEP 7 的结构化程序设计

在采用结构化程序设计时，STEP 7 的应用程序通常由组织块（OB）、功能块（FB）、功能（FC）和数据块（DB）组成。各个程序块的调用关系如图 7-2 所示。

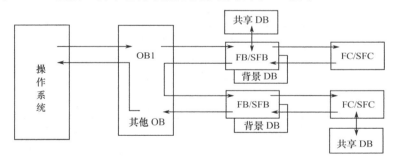

图 7-2　STEP 7 程序块调用关系

7.2.1　功能块及其组成

功能块 FB 或功能 FC 实质上是用户编写的子程序，功能块（FB）有一个数据结构与该功能块的参数完全相同的数据块（DB），称为背景数据块，背景数据块依附于功能块，它随着功能块的调用而打开，随着功能块的结束而关闭。存放在背景数据块中的数据在功能块结束时继续保持。而功能 FC 则不需要背景数据块，功能调用结束后数据不能保持。

功能块主要由两部分组成：局部变量声明表和控制程序。局部变量声明表对当前逻辑块所使用的局部变量进行声明。当调用功能块时，通过参数传递的方式将外部数据传递给功能块（为功能块的形式参数赋以实际值），使功能块具有通用性。

7.2.2 功能块局部变量声明表

用 STEP 7 进行程序设计时，在打开的每一个逻辑块（OB、FB、FC、DB）的前部，都有一个变量声明表，用于定义在当前逻辑块中使用的参数和局部变量。

在局部变量声明表中，可以对局部变量的名称、类型、数据类型进行定义，还可以对局部变量设置初始值和加注释。某个功能块的变量声明表如图 7-3 所示。

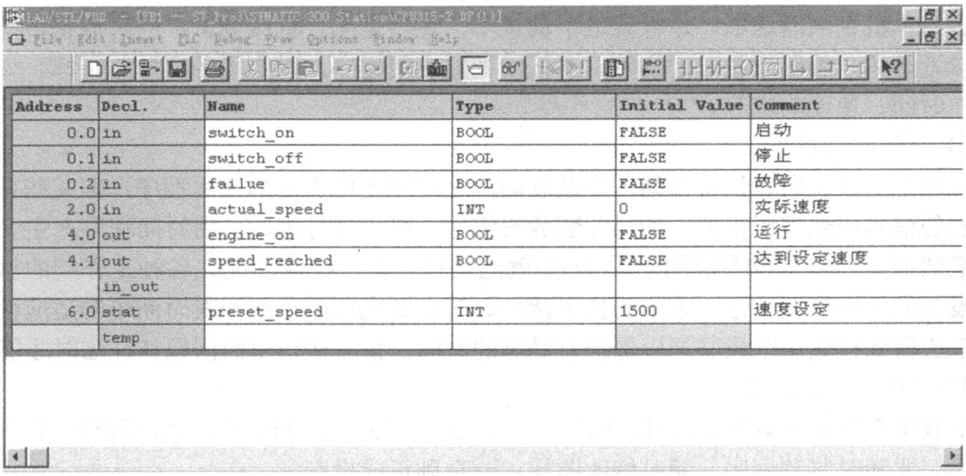

Address	Decl.	Name	Type	Initial Value	Comment
0.0	in	switch_on	BOOL	FALSE	启动
0.1	in	switch_off	BOOL	FALSE	停止
0.2	in	failue	BOOL	FALSE	故障
2.0	in	actual_speed	INT	0	实际速度
4.0	out	engine_on	BOOL	FALSE	运行
4.1	out	speed_reached	BOOL	FALSE	达到设定速度
	in_out				
6.0	stat	preset_speed	INT	1500	速度设定
	temp				

图 7-3 某个实际功能块的变量声明表

变量声明表的参数是指在调用块和被调用块之间传递的数据，可分为输入参数、输出参数或 I/O 参数。局部变量又可分为静态变量和临时变量。参数和局部变量的说明见表 7-1。

表 7-1 参数和局部变量的说明

类型	参数/变量	说　明
In	输入参数	由调用块向被调用块提供数据
Out	输出参数	将被调用块的执行结果数据，返回到调用块
In_Out	I/O 参数	由调用块向被调用块提供数据，经被调用块处理后，返回到调用块
Stat	静态变量	静态变量存储在背景数据块中，块调用结束后，其内容被保留
Temp	临时变量	临时变量存储在 L 堆栈中，块执行结束后，其内容不保留

对于在被调用块中不需要使用的参数和变量，可不必在变量声明表中进行定义。

对于功能块 FB，操作系统为参数和静态变量分配的存储空间是背景数据块，当调用功能块结束后，其运行结果在背景数据块中留有备份。如果在调用 FB 时没有提供实际参数，则功能块使用背景数据块中的数值。

对于功能 FC，因为没有背景数据块，不能使用静态变量，操作系统在 L 堆栈中为 FC 的临时变量分配存储空间。输入参数、输出参数、I/O 参数以指向实际参数的指针形式存储在操作系统为这些参数传递而保留的额外空间中。

对于组织块 OB，其调用是由操作系统管理的，用户不能参与，因此，组织块 OB 只有定义在 L 堆栈中的临时变量。

7.2.3 形式参数与实际参数

为保证功能块对同类设备控制的通用性，用户在对功能块编程时不使用具体设备对应的存储区地址参数（如 I0.0、Q4.3 等），而是使用这些设备的抽象地址参数，即形式参数（简称形参）。

当调用功能块时，将具体设备对应的存储区地址参数，即实际参数（简称实参），传递给功能块，以实参代替形参，从而实现对某个具体设备的控制。

形参是在功能块的变量声明表中进行定义，实参则是在调用功能块时给出的。在功能块的不同调用处，只要实参与形参的数据类型相同，就可以为形参提供不同的实参。通过参数传递，可将调用块的信息传递给被调用块，也可以将被调用块的运行结果返回给调用块。

7.2.4 局部变量的数据类型

为了使操作系统为局部变量分配确定的存储空间，在变量声明表中要对局部变量的数据类型进行说明。数据类型可以是基本数据类型（见表 4-1），或者是复式数据类型（见表 4-2），也可以是专门用于参数传递的所谓"参数类型"。参数类型包括定时器、计数器、块的地址或指针等，参数类型的说明见表 7-2。

表 7-2 局部变量的参数类型说明

参数类型	大小	说明
定时器（Timer）	2 字节	在功能块中定义一个定时器形参，调用时赋以定时器实参
计数器（Counter）	2 字节	在功能块中定义一个计数器形参，调用时赋以计数器实参
块：Block_FB 　　Block_FC 　　Block_DB 　　Block_SDB	2 字节	在功能块中定义一个功能块或数据块形参变量，调用时给功能块类或数据块类形参赋予实际的功能块或数据块编号，如 FC20、DB33
指针（Pointer）	6 字节	在功能块中定义一个形参，该形参说明的是内存的地址指针。例如：调用时可以给形参赋予实参，P#M10.0，以访问内存 M10.0
ANY	10 字节	当实参的数据类型未知时，可以使用该类型

1．定时器或计数器参数类型

当在功能块中定义一个定时器或计数器的形参后，在功能块中就能使用定时器或计数器编程，而不需要指定定时器号或计数器号，等到调用该功能块时，再为形参分配实参，如 T20 或 C26，从而确定具体的定时器号或计数器号。

2．块参数类型

在定义一个块时，可通过参数类型确定块的类型（FB、FC、DB 等）。在为块参数形参分配实参时，可使用物理地址，如 FB20，也可使用符号地址，如 Motor_On。

3．指针参数类型

一个指针给出的是变量的地址，而不是变量的数值。通过定义指针类型的形参，就能在功能块中先使用一个虚设的指针，等调用功能块时，再为指针类型的形参分配实参，赋予确定的地址。如 P#M10.0。

4．ANY 参数类型

如果不能确定实参的数据类型，或者在调用功能块时需要改变数据类型，可以把形参定义为 ANY 参数类型，这样就可以用任何数据类型的实参为形参赋值，而不必像其他参数类型那样要保证形参和实参的数据类型一致。当定义了 ANY 参数类型后，CPU 自动为 ANY 参数分配 80 位的内存单元，用于存储实参的起始地址、数据类型和长度编码。

例如，功能 FC10 有 3 个定义为 ANY 类型的输入参数 In_data1，In_data2，In_data3，当功

能块 FB1 调用 FC10 时，FB1 可以向 FC10 的 3 个形参传递的数据类型是整数（静态变量 Speed）、字（MW100）和数据块 DB2 中的双字（DB2.DBD0）。而当功能块 FB2 调用 FC10 时，FB2 向 FC10 的 3 个形参传递的数据类型可以是实数数组（Matrix）、布尔值（M3.3）和定时器（T4）。在这两次调用 FC10 时，传送的实参类型却完全不同。

7.2.5　功能块（或功能）的编程及调用举例

功能块的编程分两步进行，首先定义变量声明表，然后用梯形图或语句表编写要执行的程序，并在编程过程中使用已定义的局部变量。

1. 定义局部变量声明表

① 分别定义形参、静态变量和临时变量（在 FC 中无静态变量）。

② 确定各个变量的声明类型（Decl.）、变量名（Name）、数据类型（Data Type）。

③ 确定变量的初始值（Initial Value），尽管对有些变量设置初始值可能没有意义。

④ 如果需要，可以为局部变量加注释。

2. 编写功能块控制程序

编写功能块控制程序时，要使用功能块局部变量声明表中定义过的局部变量，可以采用以下两种方式。

① 使用局部变量名，局部变量名的表达形式与符号表中的符号地址很相似，如图 7-3 中的 Name 栏的 switch_on，为了与符号表中的符号地址（符号地址是用于全局变量的）相区别，在局部变量前加前缀#。在增量编程模式下，STEP 7 自动增加前缀#，并能自动产生局部变量地址。

② 直接使用局部变量的地址，如图 7-3 中 Address 栏的 0.0。这种方式只对背景数据块及 L 堆栈有效。

在调用功能块 FB 时，要说明其背景数据块，背景数据块应在调用前生成。在增量编程方式下调用背景数据块时，STEP 7 会自动提醒并生成背景数据块。背景数据块中设置的初始值要与变量声明表中定义的初始值相同。也可以为背景数据块设置当前值（Current Value），当前值存储在 CPU 中。

【例 7-1】 设计一个单按钮启停的控制功能 FC1。

当控制功能比较单一，且输入点数比较紧张时，可以考虑采用单按钮启停控制程序，即用一个按钮既可以作为启动按钮，也可以作为停止按钮。具体操作是：按单数次时为启动按钮，按双数次时为停止按钮。在此例中，按钮 SB1 控制 1 号风机的启停，按钮 SB2 控制 2 号风机的启停，1 号风机和 2 号风机不同时工作，通过选择开关 SA 进行控制。

1. 编程元件的地址分配

编程元件的地址分配见表 7-3。

表 7-3　编程元件的地址分配表

地址	符号	作用
I0.0	SA	选择开关
I0.1	SB1	1 号风机的控制按钮
I0.2	SB2	2 号风机的控制按钮
Q4.1	KM1	控制 1 号风机的接触器
Q4.2	KM2	控制 2 号风机的接触器

2. FC1 的变量声明表及程序

（1）FC1 的变量声明表见表 7-4。

表 7-4　FC1 的变量声明表

Address	Decl.	Symbol	Data Type	Initial Value	Comment
0.0	In	SB	BOOL	FALE	启停按钮
1.0	Out	KM	BOOL	FALSE	电机接触器
2.0	In_Out	M0	BOOL	FALSE	正跳沿检测辅助位
2.1	In_Out	M1	BOOL	FALSE	正跳沿标志
2.2	In_Out	M2	BOOL	FALSE	偶数次正跳沿标志

（2）FC1 的 LAD 控制程序。

FC1 的 LAD 控制程序如图 7-4 所示，在编写过程中，需要采用变量声明表 7-4 中的变量来编写程序，而不要采用物理地址（如 I0.0，M0.4 等）来编程。

3．OB1 的控制程序

编写完子程序 FC1，只有通过主程序 OB1 的调用，FC1 才能被执行。由于子程序 FC1 带有参数，所以在调用的过程中，还需要完成参数的传递过程，即实参向形参的参数传递过程。注意，实参与形参必须个数一致、数据类型一致。参考主程序的梯形图如图 7-5 所示。

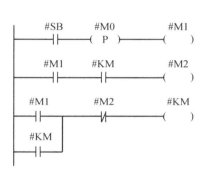

图 7-4　FC1 的单按钮程序

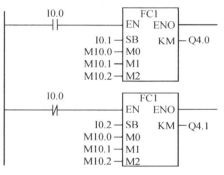

图 7-5　OB1 的控制程序

4．程序下载、调试

在程序编辑下载过程中，一定注意：先生成变量声明表，然后再用变量声明表中的变量编辑程序；先编辑下载功能块 FC1，然后再编辑下载主程序 OB1，否则会出现 CPU 故障，程序无法顺利调试成功。

7.3　程序设计应用举例

7.3.1　十字路口交通信号灯的控制

1．交通信号灯设置

某十字路口的东西方向和南北方向分别安装红、绿、黄交通信号灯，设置示意图如图 7-6 所示。

2．控制要求

交通信号灯在白天和夜晚的工作状态不同，由选择开关 SA 进行控制。

（1）交通信号灯在白天工作时的具体控制要求为：当选择开关 SA 选在白天位置时，信号灯按照预先规定的时序循环往复地工作，具体控制要求见表 7-5。控制时序图如图 7-7 所示。

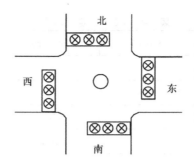

图 7-6 交通信号灯设置示意图

表 7-5 交通信号灯的具体控制要求

东西方向	信号灯	绿灯亮	绿灯闪烁	黄灯亮	红灯亮		
	信号时间	25s	3s（1 次/s）	2s	30s		
南北方向	信号灯	红灯亮			绿灯亮	绿灯闪烁	黄灯亮
	信号时间	30s			25s	3s（1 次/s）	2s

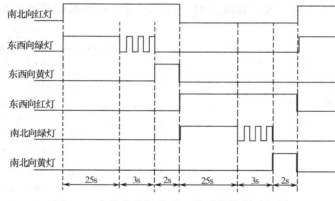

图 7-7 交通信号灯白天工作时的控制时序图

（2）交通信号灯在夜晚工作时的具体控制要求。

当选择开关 SA 选在夜晚位置时，红灯和绿灯停止工作，只有黄灯一直闪烁，闪烁的频率为 1s/次。

3．控制系统硬件设计

PLC 控制系统的模板配置见表 7-6。

表 7-6 PLC 控制系统的模板配置表

槽位号	模板名称	模板型号	数量
1	电源模板 PS307 5A	6ES7 307-1EA00-0AA0	1
2	CPU 模板 CPU314	6ES7 314-1AE04-0AB0	1
4	DI 模板 SM321	6ES7 321-1BH01-0AA0	1
5	DO 模板 SM322	6ES7 322-1BH01-0AA0	1

4．控制系统软件设计

（1）采用线性编程

因为本控制比较简单，可考虑线性编程。

① 编程元件地址分配表、输入/输出继电器及其他编程元件地址分配见表 7-7。

表 7-7　输入/输出继电器地址分配表

编程元件	I/O端子	电路器件	作用	编程元件	地址	PV 值	作用
输入	I0.0	SB1	启动按钮	辅助继电器	M0.0		白天工作
	I0.1	SB2	停止按钮		M0.1		夜晚工作
	I0.2	SA_1	选择白天工作		M100.5	（在 STEP 7 软件中设定）	1Hz 时钟存储器
	I0.3	SA_2	选择夜晚工作	定时器	T0	30s	南北向红灯亮
输出	Q4.0	K1	东西向绿灯		T1	25s	东西向绿灯常亮
	Q4.1	K2	东西向黄灯		T2	3s	东西向绿灯闪烁
	Q4.2	K3	东西向红灯		T3	2s	东西向黄灯亮
	Q4.3	K4	南北向绿灯		T4	30s	东西向红灯亮
	Q4.4	K5	南北向黄灯		T5	25s	南北向绿灯常亮
	Q4.5	K6	南北向红灯		T6	3s	南北向绿灯闪烁
					T7	2s	南北向黄灯亮

② 梯形图控制程序如图 7-8 所示。

（2）采用结构化编程

在本例中，由于在十字路口的东西方向和南北方向的交通信号灯具有相同的变化规律，因此可以采用结构化编程。通过对功能 FC1 的编程，实现某个方向的交通信号灯的顺序控制，然后通过在组织块 OB1 中调用功能 FC1，完成结构化编程。

① 编程元件的符号地址分配，见表 7-8。

表 7-8　编程元件的符号地址分配表

编程元件	I/O 端子	符号	电路器件	作用
输入继电器	I0.0	Start	SB1	启动按钮
	I0.1	Stop	SB2	停止按钮
	I0.2	Switch_Day	SA_1	选择白天工作
	I0.3	Switch_Night	SA_2	选择夜晚工作
输出继电器	Q4.0	EW_Green	K1	东西向绿灯
	Q4.1	EW_Yellow	K2	东西向黄灯
	Q4.2	EW_Red	K3	东西向红灯
	Q4.3	SN_Green	K4	南北向绿灯
	Q4.4	SN_Yellow	K5	南北向黄灯
	Q4.5	SN_Red	K6	南北向红灯
定时器	T0	T_SN_Red		南北向红灯亮持续时间
	T1	T_EW_Green		东西向绿灯亮持续时间
	T2	T_EW_Green_F		东西向绿灯闪烁持续时间
	T3	T_EW_Yellow		东西向黄灯亮持续时间
	T4	T_EW_Red		东西向红灯亮持续时间
	T5	T_SN_Green		南北向绿灯亮持续时间
	T6	T_SN_Green_F		南北向绿灯闪烁持续时间
	T7	T_SN_Yellow		南北向黄灯亮持续时间
辅助继电器	M0.0	Day_Light		白天工作
	M0.1	Night_Light		夜晚工作
	M100.5	M100.5		时钟存储器

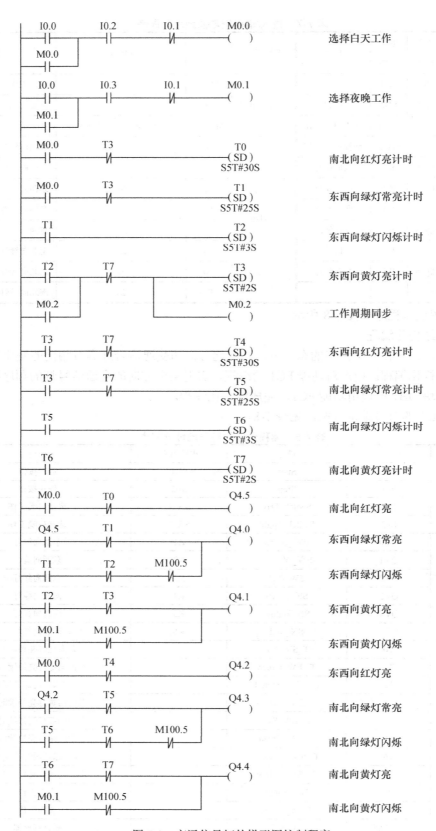

图 7-8　交通信号灯的梯形图控制程序

② 功能 FC1 的变量声明表。在编写功能 FC1 时，要首先定义变量声明表，见表 7-9。

表 7-9　FC1 的变量声明表

Address	Decl.	Symbol	Data Type	Initial Value	Comment
0.0	In	Red_On	BOOL	FALSE	红灯开始亮
2.0	In	T_Red	TIMER	0	红灯亮持续时间
4.0	In	T_Green	TIMER	0	绿红亮持续时间
6.0	In	T_Green_F	TIMER	0	绿灯闪烁持续时间
8.0	In	T_Yellow	TIMER	0	黄灯亮持续时间
10.0	Out	Red	BOOL	FALSE	红灯亮
10.1	Out	Green	BOOL	FALSE	绿灯亮
10.2	Out	Yellow	BOOL	FALSE	黄灯亮

③ 功能 FC1 的梯形图控制程序如图 7-9 所示。

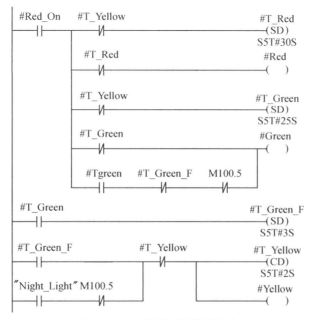

图 7-9　FC1 的梯形图控制程序

④ 组织块 OB1 的控制程序如图 7-10 所示。

7.3.2　立体仓库的结构化程序设计

1. 立体仓库模型简介

本节通过对立体仓库模型的控制，来说明 S7-300 系列 PLC 的结构化程序设计过程。如图 7-11 所示，该立体仓库模型共有 21 个物体存区处，即货架为 4 层、5 列；外设 1 个物件的进出槽位。可在任意两个物位间取放，物件的存取定位由 X 轴和 Y 轴轨道上的齿孔来共同决定，Z 轴上的电磁夹钳伸出、回缩由 Z 轴上安装的限位开关控制。

2. 系统 I/O 地址分配

系统 I/O 的地址分配见表 7-10。

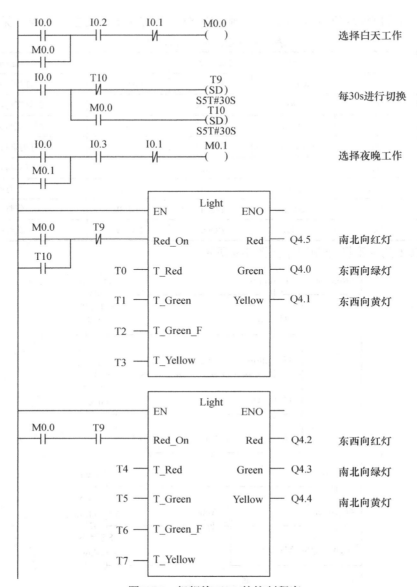

图 7-10 组织块 OB1 的控制程序

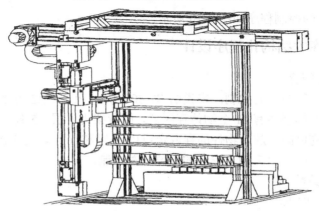

图 7-11 立体仓库模型图

表 7-10 系统具体的 I/O 地址分配

类 型	地址	符号	作 用	类 型	地址	符号	作 用
输入	I0.0	SA	自动运行开关	输出	Q4.0	KM1	机械手右行接触器
	I0.1	SB1	机械手手动右行按钮		Q4.1	KM2	机械手左行接触器
	I0.2	SB2	机械手手动左行按钮		Q4.2	KM3	机械手上行接触器
	I0.3	SB3	机械手手动上行按钮		Q4.3	KM4	机械手下行接触器
	I0.4	SB4	机械手手动下行按钮		Q4.4	KM5	机械手前伸接触器
	I0.5	SB5	机械手手动前伸按钮		Q4.5	KM6	机械手回缩接触器
	I0.6	SB6	机械手手动回缩按钮		Q4.6	KM7	电磁夹钳得电电磁阀
	I0.7	SB7	机械手手动得电按钮				
	I1.0	SQ1	X 轴右限位				
	I1.1	SQ2	X 轴左限位				
	I1.2	PSX	X 轴光电开关（定位孔）				
	I1.3	SQ3	Y 轴上限位				
	I1.4	SQ4	Y 轴下限位				
	I1.5	PSY	Y 轴光电开关（定位齿孔）				
	I1.6	SQ5	Z 轴前限位				
	I1.7	SQ6	Z 轴后限位				

3. 系统结构化程序构成

系统虽然完全由数字量的输入/输出构成，但由于以下原因，其仍不失为一个复杂的控制系统，用线性编程及分部式编程使程序变得烦琐而不易实现。

（1）根据控制要求自动完成 21 个物品中的任意两个物位间的物件传送。

（2）物件放在货架的凹槽里，要求电磁夹钳夹紧后稍做提升才能安全取出；放下物件时也应稍做下降才能释放。即要求在 Y 轴上要能做到细微调节，为此 Y 轴金属板边缘上拥有 28 个小定位齿孔来精确定位 Y 轴的具体位置。

根据以上问题，编程时组成了如图 7-12 所示的结构化程序结构，具体的解决办法为：

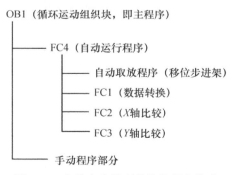

图 7-12 立体仓库模型结构化程序构成

（1）货架上的 20 个槽位用其列数和其层数来定义，分别为（1，1）～（5，4），物件的进出位为（6，4），其列的定位由 X 轴轨道金属板上的 6 个定位孔决定。Y 轴定位的 4 层对应 Y 轴的 28 个定位孔，由数据转换功能块 FC1（数据转换）完成。

（2）机械手在 X 轴、Y 轴的运行方向由机械手所处位置的当前值与要到达的目的值比较，分别由 FC2（X 轴比较）和 FC3（Y 轴比较）完成。

（3）主程序 OB1 传送取物地址和放物地址给自动控制程序 FC4（auto_program），完成任意两个地址间的自动传输控制，同时完成系统的手动控制，用于系统的调试及点动运行测试。

4. 系统各功能块设置及其编程

由于结构化编程方法要求通用指令块间的参数传递，即首先生成被调用的块。所以在编程时，应先生成 FC1（程序略）。FC1 主要应用了算术运算指令，来完成货架列数和层数与定位孔之间的数据转换，并对其进行基准定位，使机械手准确到达抓物/放物目标处；然后生成 FC2 及 FC3（程序略）。FC2 及 FC3 主要应用了比较指令，来控制机械手在 X 轴、Y 轴的运行方向。通过 OB1 输入的物件所在位置来和机械手所在的位置进行比较。若物件位和机械手位不相等，按照比较的大小，分别输出到标志位（X 轴方向，当物件位小于机械手位时，自动左行 M1.0 为"1"，当物件位大于机械手位时，自动右行 M0.0 为"1"；Y 轴方向，当物件位小于机械手位时，自动下行 M3.0 为"1"，当物件位大于机械手位时，自动上行 M2.0 为"1"）。当物件位和机械手位相等时，模块输出信号 1，结束比较。

编辑完 FC1、FC2 和 FC3 后，接着编辑 FC4。FC4 主要应用了移位指令、逻辑运算指令、比较指令及调用程序块指令，主要来完成系统的自动化控制。通过调用 FC1 进行数据转换，然后调用 FC2 和 FC3 来进行输入坐标和机械手坐标之间的比较，通过比较来确定机械手的运动方向以及到达取/放物位，停止机械手的运行。自动运行过程由移位指令构成步进架，共由 4 大步：到取物处，取物；到放物处，放物。共计 13 小步组成。机械手自动运行流程图如图 7-13 所示。

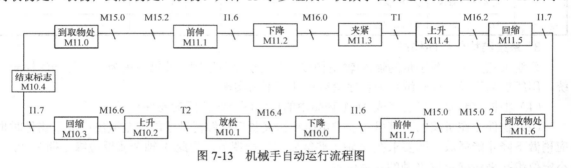

图 7-13　机械手自动运行流程图

机械手取放货物的自动运行，利用移位指令编辑主要流程的步进控制，通过算术运算指令、比较指令和定时器来具体判断机械手的微调下降、微调上升、夹紧、放松等步骤。FC4 具体程序如图 7-14 所示。

在 FC4 中，用 M11.0 的开点作为使能端调用 FC2、FC3，并将 6 和 4 作为实参传递过去，只有在 FC2 中当 X 轴的当前值（MW30）和 X 轴取物设定位相等时，且在 FC3 中，Y 轴的当前值（MW32）与 Y 轴取物设定位也相等，即#Case-x 和#Case-y 均为 1 时，完成此步，进入下一步（放物）。

5. PLC 主程序 OB1

下面以将物件从（6，4）传送到（2，3）为例，描述系统 X 轴的运行过程，相关的 OB1 程序如图 7-15 所示。按下 I0.0，通过传送指令使 M11.0 为 1，启动系统的第一步（到取物处），同时调用 FC4，当 M10.4 为 1 时，运行周期结束。

在主程序（OB1）中，除了自动程序外，还设置了手动操作，例如在非自动运行周期（M50.0 为 0），按下手动右行 I0.1，Q4.0 接通，机械手右行，并使 C1 计数，使程序无论运行与自动还是手动状态，计数器 C1 都参与计数，确保 MW30 存放的是 X 轴的当前值。

```
M11.0      M15.0      M15.2                    M12.0
─┤├─────────┤├─────────┤├──────────────────────( )──┤        //位移步进架的移位脉冲

M11.1      I1.16
─┤├─────────┤├─

M11.2      M16.0
─┤├─────────┤├─

M11.3      T1
─┤├─────────┤├─

M11.4      M16.2
─┤├─────────┤├─

M11.5      I1.7
─┤├─────────┤├─

M11.6      M15.0      M15.2
─┤├─────────┤├─────────┤├─

M11.7      I1.6
─┤├─────────┤├─

M10.0      M16.4
─┤├─────────┤├─

M10.1      T2
─┤├─────────┤├─

M10.2      M16.6
─┤├─────────┤├─

M10.3      I1.7
─┤├─────────┤├─
```

```
M12.0           ┌─── SHL-W ───┐
─┤├─────────────┤EN      ENO├──────── //无符号字左移位，构成移位步进架
                │           │
        MW10 ───┤IN      OUT├─ MW10
      W#16#1 ───┤N          │
                └───────────┘
```

```
M11.0           ┌──── FC1 ────┐
─┤├────┬────────┤EN      ENO├──────── //Y轴数据转换
       │        │           │
   #y0 │────────┤yzb     ycs├─ MW40
       │        └───────────┘
       │                              **到取物处
       │        ┌──── FC2 ────┐
       │────────┤EN      ENO├──────── //X轴比较，到目的地时，M15.0为"1"
       │        │           │
   #X0 │────────┤xx   case_x├─ M15.0
       │        └───────────┘
       │        ┌──── FC3 ────┐
       └────────┤EN      ENO├──────── //Y轴比较，到目的地时，M15.2为"1"
                │           │
  MW40 ─────────┤yy   case_y├─ M15.2
                └───────────┘
```

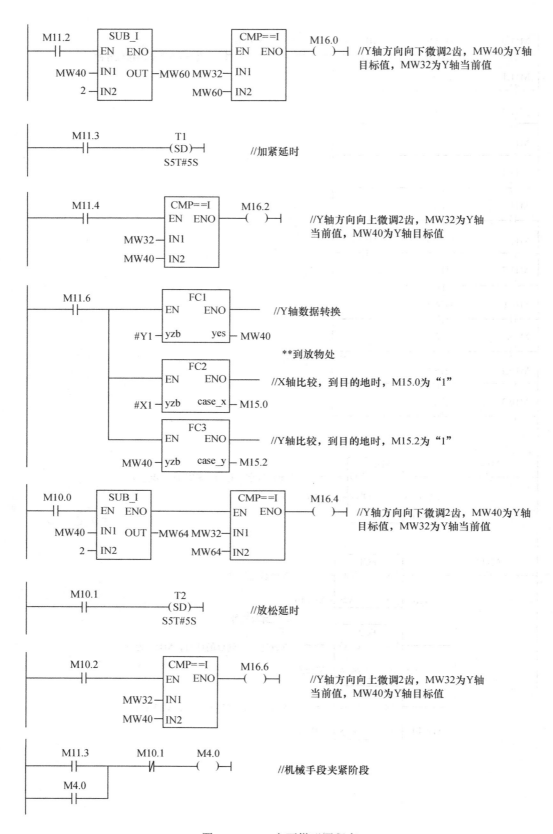

图 7-14 FC4 主要梯形图程序

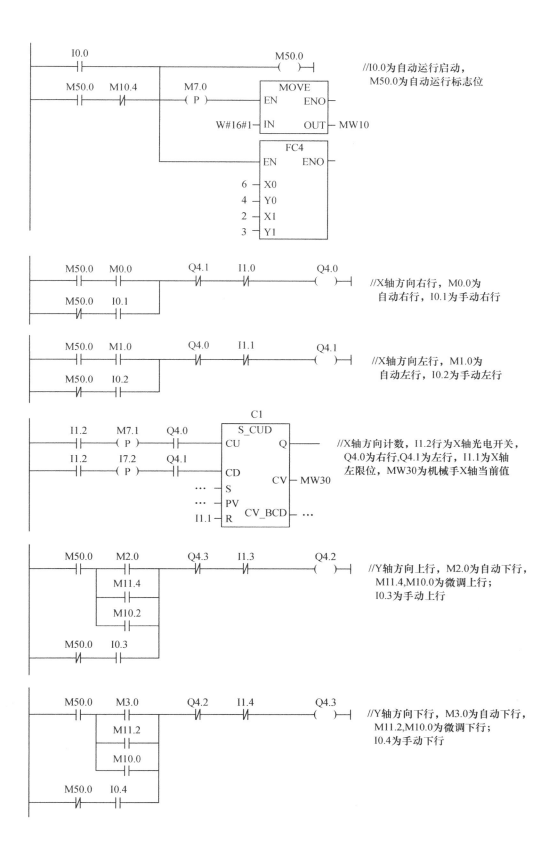

//I0.0为自动运行启动，
M50.0为自动运行标志位

//X轴方向右行，M0.0为
自动右行，I0.1为手动右行

//X轴方向左行，M1.0为
自动左行，I0.2为手动左行

//X轴方向计数，I1.2行为X轴光电开关，
Q4.0为右行,Q4.1为左行，I1.1为X轴
左限位，MW30为机械手X轴当前值

//Y轴方向上行，M2.0为自动下行，
M11.4,M10.0为微调上行；
I0.3为手动上行

//Y轴方向下行，M3.0为自动下行，
M11.2,M10.0为微调下行；
I0.4为手动下行

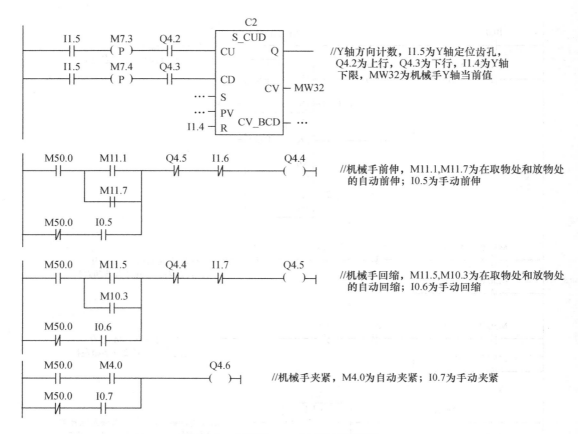

图 7-15　主程序 OB1 主要梯形图程序

7.4　模拟量的检测和控制

在工程实践中，除了要对开关量进行检测和控制外，还要经常对模拟量进行检测和控制。当系统的被控量是连续变化的物理量（如温度、压力、流量、液位、转速、位移、角度、电流、电压等）时，就必须对这些模拟量进行检测和控制。

7.4.1　模拟量的检测

1．变送器的选择

为了将传感器检测到的电量或非电量信号转换为标准的直流电流或直流电压信号，需要用到变送器。根据变送器输出的是恒流源或恒压源信号，变送器分为电流输出型（如 4～20mA）和电压输出型（如 0～10V）。电流输出型变送器具有较低的输入阻抗（约 250Ω），线路上的干扰信号在模拟量输入模板的输入阻抗上产生的干扰信号较低，适宜远程传送（最远达 200m）。

2．量程调节块的选择

在使用通用的模拟量输入模板时，为了区分不同的模拟量类型和量程，必须首先确定变送器或传感器的信号类型。正确设置模拟量输入模块的量程，可以通过改变安装在模板侧面量程调节块的位置来设定。在 6ES7-331-7KF02-0AB0 上有 8 个模拟量输入通道，每两个通道为一组，公用一个量程调节块。在量程调节块上有 A、B、C、D 4 个位置，出厂时预设在 B 位置。在 B

位置包括 4 种不同的电压量程；C 位置包括 5 种不同的电流量程；D 位置只有 4～20mA 的电流量程；A 位置包括温度传感器、电阻测量或电压测量的 21 种量程。

3．模板的组态

可以利用 STEP 7 软件对模拟量输入模板进行组态。

（1）设置模板的诊断和中断

在进行硬件组态时，可以双击已经组态的模拟量输入模板，进入到属性（Properties）窗口，选择"Inputs"选项卡，可以设置是否允许诊断中断和模拟量超过限制值的硬件中断。如果选择了超过限制值的中断，窗口下部的"High Limit（上限）"和"Low Limit（下限）"由灰变白，每两个通道为一组进行诊断。模拟量输入模板的组态画面如图 7-16 所示。

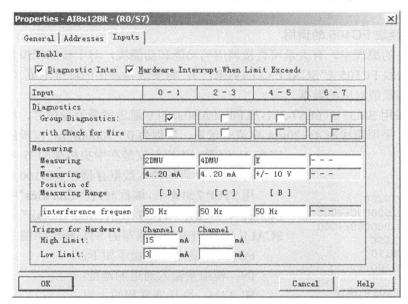

图 7-16 模拟量输入模板的组态

（2）选择输入信号的类型和量程

电流变送器可分为两线制和四线制。两线制电流和四线制电流都只有两根信号线，它们之间的主要区别在于：两线制电流的两根信号线既要给传感器或变送器供电，又要提供电流信号；而四线制电流的两根信号线只提供电流信号。因此，通常提供两线制电流信号的传感器或变送器是无源的；而提供四线制电流信号的传感器或变送器是有源的。因此，当将模板输入通道设定为连接四线制传感器时，PLC 只从模板通道的端子上采集模拟信号；如果将模板输入通道设定为连接两线制传感器时，PLC 的模拟输入模板的通道上还要向外输出一个直流 24V 的电源，以驱动两线制传感器工作。

在图 7-16 中，0 号通道和 1 号通道设置了断线检查，变送器是两线制 4～20mA 电流变送器（量程调节块在 D 位置）。2 号和 3 号通道没有设置断线检查，变送器是四线制 4～20mA 电流变送器（量程调节块在 C 位置）。4 号和 5 号通道没有设置断线检查，变送器是±10V 电压变送器（量程调节块在 B 位置）。6 号和 7 号通道未使用，为了减少模拟量输入模板的扫描时间，应选择禁止使用。

在组态时，要保证量程调节块的位置设定与 STEP 7 的组态设置相同，否则可能损坏模拟量输入模板。

（3）设置模板的测量精度和转换时间

模拟量输入模板 SM331 采用积分式 A/D 转换器，积分时间直接影响到 A/D 转换时间、转换精度和干扰抑制频率。积分时间长，精度高，但快速性差。积分时间与干扰抑制频率互为倒数，对于 50Hz 的干扰，通常选择积分时间为 20ms。

SM331 的每个通道的转换时间由积分时间、电阻测量的附加时间（1ms）和断线监视的附加时间（10ms）组成。一个模板 N 个通道总的转换时间（循环时间）为各个通道的转换时间之和。

（4）设置模拟值的平滑等级

有些模拟量输入模板可以用 STEP 7 设置模拟值的平滑等级：无、低、平均、高，设定的平滑等级越高，平滑后的模拟值越稳定（但是快速性越差），对于变化缓慢的模拟值的精确测量很有意义。

4．比例变换块 FC105 的调用

在 STEP 7 的编程中，有大量可直接调用的功能和功能块，对于检测模拟量的输入，可直接调用比例变换块 FC105（"SCALE CONVERT"），将变送器输出的标准电流（或电压）信号，变换为与实际测量值对应的数据。

【例 7-2】采用 SM331（6ES7-331-7KF02-0AB0）的 0 通道测量流量信号，检测的流量范围为 $0\sim800\text{m}^3/\text{h}$，采用两线制 $4\sim20\text{mA}$ 电流变送器，量程为 $0\sim1000\text{m}^3/\text{h}$，模板的量程调节块设定在 D 位置。该模板安装在中央机架的 6 号槽位，地址为 288。比例变换后的输入数据存储在 MD100 中。

```
CALL  "SCALE"
 IN    :=PIW288
 HI_LIM:=1.000000e+003
 LO_LIM:=0.000000e+000
 BIPOLAR:=FALSE
 RET_VAL:=MW110
 OUT   :=MD100
```

图 7-17　FC105 的编程

用 STEP 7 组态后，编程时，在 "Libraries" 中选择 "Standard Library"，再选择 "TI-S7 Converting Blocks"，再选择 "FC105 SCALE CONVERT"，编写的 STL 程序如图 7-17 所示。

FC105 的各个参数说明如下：

IN：模拟量输入通道的地址；

HI_LIM：变送器量程的上限；

LO_LIM：变送器量程的下限；

BIPOLAR：测量信号的极性，单极性为 0（FALSE），双极性为 1（TRUE）；

RET_VAL：返回变量的存储地址，通过返回变量可以知道比例变换过程是否正常；

OUT：比例变换后的输入数据的存储地址。

7.4.2　模拟量的控制——连续 PID 控制器 SFB41

PID 控制器是目前应用最广泛的闭环控制器，约 90%的闭环控制采用 PID 控制器。在 PLC 和 DCS 中，都有 PID 控制模板或 PID 控制功能。在 S7-300 PLC 中，功能模板 FM355 可实现闭环控制。也可以在不配置 FM355 的情况下，通过调用系统功能模块 SFB41，实现连续 PID 控制。

1．SFB41 的框图和参数

编程时，在 "Libraries" 中选择 "Standard Library"，再选择 "System Function Blocks"，调用 SFB41。SFB41 的框图如图 7-18 所示。

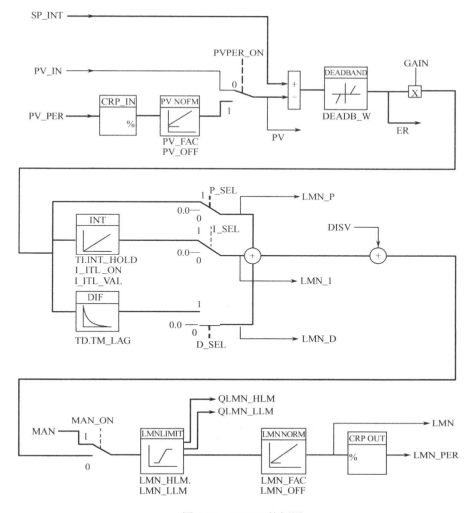

图 7-18　SFB41 的框图

SFB41 的输入参数见表 7-11。

表 7-11　SFB41 的输入参数

参数名称	数据类型	地址	说明	默认值
COM_RST	BOOL	0.0	Complete Restart，完全重启动，为 1 时执行初始化程序	FALSE
MAN_ON	BOOL	0.1	Manual Value On，为 1 时控制循环将被中断，手动值被设置为操作值	TRUE
PVPER_ON	BOOL	0.2	Process Variable Periphery On，使用外部设备输入时的过程变量	FALSE
P_SEL	BOOL	0.3	Proportional Selection，为 1 时打开比例操作	TRUE
I_SEL	BOOL	0.4	Integral Selection，为 1 时打开积分操作	TRUE
INT_HOLD	BOOL	0.5	Integral Hold，为 1 时积分操作保持	FALSE
I_ITL_ON	BOOL	0.6	Initialization Of Integral On，为 1 时将 I_ITLVAL 作为积分器的初始值	FALSE
D_SEL	BOOL	0.7	Derivative Select，为 1 时打开微分操作	FALSE
CYCLE	TIME	2	Sample Time，采样周期，取值范围：>=20ms	T#1s
SP_INT	REAL	6	Internal Setpoint，内部设定值输入，取值范围：±100.0%或物理值	0.0
PV_IN	REAL	10	Process Variable In，过程变量输入	0.0

参数名称	数据类型	地址	说明	默认值
PV_PER	WORD	14	Process Variable Periphery，外部设备输入的过程变量值	16#0000
MAN	REAL	16	Manual Value，操作员接口输入的手动值，取值范围：±100.0%或物理值	0.0
GAIN	REAL	20	Proportional Gain，比例增益	2.0
TI	TIME	24	Integral Time，积分时间常数	T#20s
TD	TIME	28	Derivative Time，微分时间常数	T#10s
TM_LAG	TIME	32	Time Lag Of The Derivative Action，微分操作的延迟时间	T#2s
DEADB_W	REAL	36	Dead Band Width，死区宽度：≥0.0	0.0
LMN_HLM	REAL	40	Manipulated Value High Limit，控制器输出上限值，取值范围：Lmn_Llm～100.0%或物理值	100.0
LMN_LLM	REAL	44	Manipulated Value Low Limit，控制器输出下限值，取值范围：－100.0%～Lmn_Hlm 或物理值	0.0
PV_FAC	REAL	48	Process Variable Factor，输入的过程变量的系数	1.0
PV_OFF	REAL	52	Process Variable Offset，输入的过程变量偏移量	0.0
LMN_FAC	REAL	56	Manipulated Value Factor，控制器输出量的系数	1.0
LMN_OFF	REAL	60	Manipulated Value Offset，控制器输出量的偏移量	0.0
I_ITLVAL	REAL	64	Initialization Value Of Integral Action，积分操作的初始值	0.0
DISV	REAL	68	Disturbance Variable，扰动输入变量	0.0

SFB41 的输出参数见表 7-12。

表 7-12　SFB41 的输出参数

参数名称	数据类型	地址	说明	默认值
LMN	REAL	72	Manipulated Value，浮点数格式的控制器输出值	0.0
LMN_PER	WORD	76	Manipulated Value Periphery I/O，I/O 的浮点数格式的控制器输出值	16#0000
QLMN_HLM	BOOL	78.0	High Limit Of Manipulated Value Reached，控制器输出超过上限	FALSE
QLMN_LLM	BOOL	78.1	Low Limit Of Manipulated Value Reached，控制器输出低于下限	FALSE
LMN_P	REAL	80	Proportionality Component Of Manipulated Value，控制器输出值中的比例分量	0.0
LMN_I	REAL	84	Integral Component Of Manipulated Value，控制器输出值中的积分分量	0.0
LMN_D	REAL	88	Derivative Component Of Manipulated Value，控制器输出值中的微分分量	0.0
PV	REAL	92	Process Variable，格式化后的过程变量	0.0
ER	REAL	96	Error Signal，死区处理后的误差输出	0.0

2. 设定值与过程变量的处理

（1）设定值的输入

浮点数格式的设定值用变量 SP_INT（内部设定值）输入。

（2）过程变量的输入

可以用两种方法输入过程变量（反馈值）：

① 用 PV_IN 输入浮点格式的过程变量，此时 PVPER_ON 应为 0 状态；

② 用 PV_PER 输入外围设备格式的过程变量，即用模拟量输入模板的数字值作为 PID 控制的过程变量，此时 PVPER_ON 应为 1 状态。

（3）过程变量转变为实数

外部设备的过程变量的正常范围是 0～27648，27648（C600H）对应着最大值。在 SFB41 框图 7-18 中 CPR_IN 的功能是将外部设备的输入值转换为-100%～+100%之间的实数格式的数值，CPR_IN 的输出（以%为单位）为

$$PV\_R = PV\_PER \times 100/27648$$

（4）过程变量的标准化

在 SFB41 框图 7-18 中 PV_NORM 的功能是将 CPR_IN 的输出 PV_R 格式化

$$PV\_NORM \text{ 的输出} = PV\_R \times PV\_FAC + PV\_OFF$$

3．PID 控制算法

（1）误差的计算与处理

用实数格式的设定值 SP_INT 减去过程变量 PV，得到负反馈的误差。为了抑制由于控制器输出量的量化造成的连续的较小的振荡，用死区非线性对误差进行处理。死区的宽度由参数 DEADB_W 来定义，如果 DEADB_W=0，则关闭死区。

在 SFB41 框图 7-18 中的 ER 为中间变量。

（2）控制器的结构

SFB41 采用位置式 PID 算法，可以将控制器组态为常用的 P、PI、PD 和 PID 控制器。引入扰动量 DISV（Disturbance Variable）可以实现前馈控制。

GAIN：比例部分的增益或比例系数。

TI：积分时间常数。

TD：微分时间常数。

TM_LAG：微分操作的延迟时间，建议为 TD/5。

P_SEL：选择比例作用，为 1 时激活，为 0 时禁止。

I_SEL：选择积分作用，为 1 时激活，为 0 时禁止。

D_SEL：选择微分作用，为 1 时激活，为 0 时禁止。

LNM_P：PID 控制器输出中的比例分量。

LNM_I：PID 控制器输出中的积分分量。

LNM_D：PID 控制器输出中的微分分量。

（3）积分器的初始值

在 SFB41 中有一个初始化程序，当 COM_RST 为 1 时，执行初始化操作。如果 I_ITL_ON 为 1，将 I_ITLVAL 作为积分器的初始值。如果在执行循环中断中调用 SFB41，它将从初始值开始继续运行，所有其他输出都设置为默认值。

4．控制字输出值的处理

（1）手动模式

MAN_ON（手动值 ON）：为 1 时手动模式，为 0 时自动模式。在手动模式下，用手动选择的值 MAN（手动值）代替控制器的输出值。

在手动模式下，如果令微分项为 0，将积分（INT）部分设置为 LMN_HLM_P-DISV 时，可以保证手动到自动的无扰切换。

（2）输出限幅

LMNLIMIT（输出量限幅）的功能是对控制器的输出值进行限幅。

（3）输出量的格式化处理

LMNLIMIT（输出量限幅）的输出量格式化 LMN_NORM（输出量格式化）的功能可以用公式来定义

$$LMN = LMN\_LIM \times LMN\_FAC + LMN\_OFF$$

式中，LMN 是格式化后实数格式的控制器输出值；LMN_FAC 是输出量的系数，默认值为 1.0；LMN_OFF 是输出量的偏移量，默认值为 0.0。

（4）输出量转化为外围设备（I/O）的格式

控制器输出值如果要送给模拟量输出模块中的 D/A 转换器，需要用 CPR_OUT 功能转化为外围设备（I/O）格式的变量 LMN_PER。转换公式为

$$LMN\_PER = LMN \times 27648/100$$

用参数赋值工具可以进行参数检查，给出错误信息。

【例7-3】储水罐液位控制（PID 功能块（SFB41 "CONT_C"）应用）。

储水罐液位控制系统模板如图 7-19 所示，模板供电为±15V，储水罐进水口 Q1 的入水阀 U_{V1} 可以选用电动阀（0～10V，模拟量），也可以选用电磁阀（0/3...24V，开关量）控制；出水口 Q2 和 Q3 的出入水阀 U_{V2}、U_{V3}，同样可以选用电动阀（0～10V，模拟量），也可以选用电磁阀（0/3...24V，开关量）控制；液位高度检测为 U_H（0～10V）。

本例中为了更好地模拟真实系统，出水口不做自动控制，通过出水口右侧的旋钮随意控制储水量的大小。检测的液位高度 U_H（0～10V）接入 S7300 主机架 6 号槽的 SM334（4AI/2AO）的第一个输入端，用其第一个输出控制进水电动阀 U_{V1}（0～10V）。

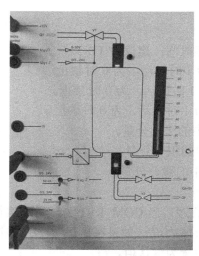

图 7-19　储水罐液位控制系统模板

如图 7-20 所示，在组织块 OB1 中直接调用的 SFB41 功能块。因为所有的引脚都有默认值，用户可以根据自己的需要选择设定 SFB41 "CONT_C" 的引脚。

（1）手动模式：参数 MAN_ON（手动值 ON）为 1 时为手动模式，为 0 时为自动模式，默认为手动模式。想设置为 PID 自动调节，通过 "I0.6=0" 实现。

（2）设定值的输入：浮点数格式的设定值用变量 SP_INT（内部设定值）输入。50.0 表示液位设定高度为液位的 50%。

（3）过程变量的输入/输出

① PVPER_ON 为 0 时，选用 PV_IN 输入浮点格式的过程变量（默认）；

② PVPER_ON 应为 1，即 I0.7=1 时，用 PV_PER 直接输入外围设备（I/O）格式的过程变量，如图 7-20 所示，PV_PER 输入参数为 PIW288，LMN_PERR 输出参数为 PQW288（不建议使用）。

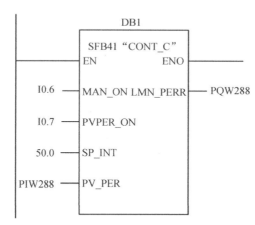

图 7-20　PID（SFB41）功能块调试 1

经过程序图 7-20 的控制，系统的进水量会跟随出水口的手动调节变化而变化，使液位高度始终保持在 50%附近微调。

采用工程过程变量地址直接输入/输出虽然简单，但不建议使用，因为通过 A/D 或 D/A 模块转换，在 PLC 内部参与编程的是 0～27648 这一范围的数，没有明确的物理意义，不便于编程和上位机监控。所以建议将过程值转化成物理值（FC105、FC106），通过监控编程物理值（浮点格式）完成控制，即所有模拟量的编程思路如图 7-21 所示。

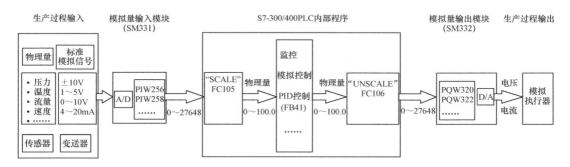

图 7-21　S7-300/400PLC 模拟量的编程控制思路

采用上述控制思路的 PID 控制程序如图 7-22 所示。

在图 7-22 程序中，先将模拟过程值（即液位高度检测）通过 FC105 转化成 0～100.0 间的物理量存于 MD22，然后调用 PID 功能块 FB41，这时"I0.6=0（自动），I0.7=0（采用物理量输入）"，PID 的输出存于 MD30（入水阀开度的百分数），最后经过 FC106 再转化成 0～27648 范围的整数控制输出模拟量，即入水阀开度。

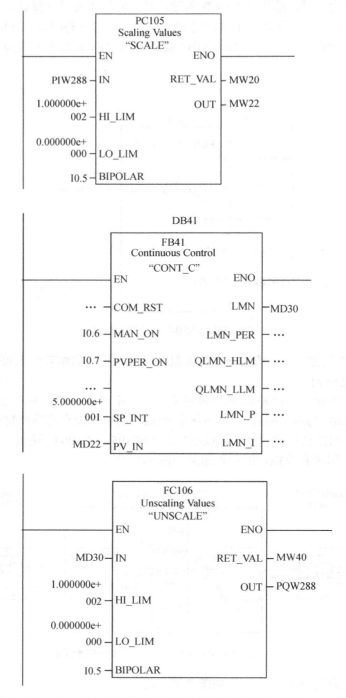

图 7-22 PID（SFB41）功能块调试 2

本 章 小 结

PLC 控制系统的应用设计是学习可编程控制器的核心和目的, 系统设计是应用设计的关键,程序设计是应用设计的核心。

1．PLC 控制系统的设计原则：根据控制任务，在最大限度地满足生产机械或生产工艺对电气控制要求的前提下，运行稳定，安全可靠，经济实用，操作简单，维护方便。

2．PLC 控制系统的主要设计步骤：明确设计任务，制定设计方案，合理选择机型，可靠性分析和设计，应用软件设计，程序分段调试，交付使用。

3．PLC 应用程序的设计方法没有固定的模式和统一的标准，在完成控制任务的前提下，应具有良好的可读性，占用较少的内存。

习　题　7

1．设计 PLC 控制系统时要遵循的基本原则是什么？

2．设计 PLC 控制系统应包含哪些任务？

3．PLC 控制系统的可靠性设计有哪些内容？

4．采用结构化编程方式控制三段传送带的启动和停止，如图 7-23 所示。

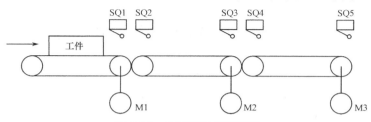

图 7-23　传送带控制系统图

控制要求：

（1）按下启动按钮，电动机 M1 运行，当传送带尾的行程开关（如 SQ1）检测到工件到来时，自动启动下一传送带电动机（如 M2）运行；当传送带前侧的行程开关（如 SQ2）检测到工件离开时，自动停止前一传送带电动机（如 M1）运行。

（2）当行程开关 SQ5 检测到工件到来时，自动停止电动机 M3 运行。

（3）可随时停车。

第8章 PLC 控制技术课程设计指导

课程设计在整个教学过程中，是一个非常重要的实践性教学环节，尤其是要掌握 PLC 的控制技术，仅仅了解 PLC 的工作原理和指令系统是远远不够的。学习 PLC 控制和应用的目的，是要最大限度地满足生产工艺和机械设备的要求。为了实现这个目标，还应该结合 PLC 控制和应用技术的特点，进行初步的工程训练，这就是进行 PLC 控制技术课程设计的基本指导思想。

在进行 PLC 控制系统设计时，需要全面系统地考虑系统的控制要求，最大限度地满足系统的控制要求，从实际出发，设计一个可靠性高、技术先进合理、易操作、易维护、低成本的 PLC 控制系统。

PLC 控制技术的课程设计，是通过一些浅显易懂的工程实例，从工程的角度，尤其是要从操作的角度，尽可能全面地考虑问题和处理问题，进而完成 PLC 控制系统的设计。

8.1 课程设计的目的、要求和主要内容

课程设计一般需要 1～2 周的时间，根据时间安排就可看出，它与毕业设计，或者与课后作业所应达到的训练目的、训练过程和训练方法均有较大的不同。

8.1.1 课程设计的目的

PLC 控制技术的课程设计的主要目的，是通过对某个简单的自动化生产设备、某条简单的自动化生产线、某些简单的工艺过程的调查研究，使学生明确生产工艺对电气控制提出的各项要求。根据这些要求，进行基本的原理设计、工艺设计和操作设计，使学生在课程设计的全过程中，进一步明确设计任务中的各项要求，建立设计工作的整体概念，从工程环境、实现手段和操作方式的各个环节入手来设计控制程序，通过不断调试和完善程序设计，最终能够满足这些要求。

课程设计以培养工程应用能力为主，在独立完成设计任务的同时，还要进行诸多方面能力的培养和提高，为毕业设计打下良好的基础。这些能力包括：

- 独立工作能力；
- 综合运用所学过的基础知识和专业知识，提高解决工程应用问题的能力；
- 能够运用各种现代化手段，获取相关资料的能力；
- 调试程序的能力；
- 工程绘图能力；
- 编写技术资料的能力；
- 创新能力。

8.1.2 课程设计的基本要求

课程设计以学生的独立工作为主，教师的指导为辅。要充分调动学生的积极性，培养学生的自主性和创新意识。

1. 教师的指导作用
- 制定课程设计任务书。
- 向学生解释任务书的具体要求。
- 引导学生建立设计思路，确定设计方案。
- 指导学生拟订工作进度安排，合理安排时间。
- 进行适当的答疑。

2. 学生的独立工作
- 在接收到设计任务书后，迅速明确设计任务，详细了解各种设计要求和设计指标。
- 制定设计方案或者拟订课程设计任务书。
- 拟订工作进度计划。
- 确定所需要的 I/O 点数，合理选择控制装置（这里是 PLC）的型号。
- 编写控制程序。
- 在规定时间内完成课程设计。
- 尽可能调试程序，直至调试成功。
- 完成课程设计说明书。

8.1.3 课程设计任务书

对课程设计的要求是通过课程设计任务书的形式来体现的。课程设计任务书可以由指导教师制定，也可以根据控制要求和应完成的工作，由学生自己来拟订。课程设计任务书一般要包括以下内容：

- 课程设计题目；
- 控制对象的描述，如控制对象的名称、作用、工作原理及工艺过程；
- 应采用的控制器和对控制变量的检测方式、联锁条件、驱动方式和保护方式；
- 各个控制变量的动作顺序和时间要求；
- 应完成的其他控制任务；
- 应编制的控制程序和绘制的工程图纸；
- 应编写的设计说明；
- 工作进度计划。

8.1.4 课程设计报告的主要内容

在明确了设计任务后，就应当按照拟订的工作进度计划开展实质性设计工作。当课程设计结束后，应及时完成课程设计报告。课程设计报告应包括以下内容。

1. 目录
目录或者目次是整个设计的导引，通过目录的安排可清晰地看出课程设计报告的结构和组成。目录的各级标题可以按照章节的顺序，也可以按照数字的顺序，如：1、1.1、1.1.1，一般列出三级标题即可。

2. 引言
引言是在课程设计正文前的简短介绍。在引言中，要写明本课题的研究背景、设计目的、设计的主要过程及主要的设计内容。

3. 控制方案的选择及论证
从工程实际出发，在制定控制系统的方案时，要充分考虑系统功能的组成及实现，主要从以下方面考虑：

    ① 机械部件的动作顺序、动作条件、必要的保护和联锁；

    ② 系统的工作方式（如手动、自动、半自动）；

    ③ 生产设备内部机械、电气、仪表、气动、液压等各个系统之间的关系；

    ④ PLC 同上位计算机、交/直流调速器、工业机器人等智能设备的关系；

    ⑤ 系统的供电方式、接地方式及隔离屏蔽问题；

    ⑥ 网络通信方式；

    ⑦ 数据显示的方式及内容；

    ⑧ 安全保护措施及紧急情况处理。

4．控制器的选型及依据

由于 PLC 是 PLC 控制系统的核心器件，因此正确选择 PLC 的机型，是进行 PLC 系统设计的首要内容。主要根据系统的控制类型和系统控制对象的要求来选择 PLC 机型。

5．主电路设计

进行主电路设计时，主要考虑以下几个方面。

    ① 控制对象的控制方式。如果为电动机负载，应根据其功率及驱动负载的性质，选择合理的启动线路。

    ② 是否需要过载保护、短路保护、过流保护等保护环节。

    ③ 是否需要调速、如何调速。

    ④ 是否需要采用制动，如果需要制动，采用哪种制动。

6．PLC 硬件组态

在选定 PLC 的机型后，就要对所选机型进行系统组态。PLC 硬件组态是指配置 PLC 系统的硬件部分的功能和参数。进行一个 PLC 系统的组态应包含很多内容，例如：对输入/输出的组态；对通信设备的组态；对各种功能模板的组态等。最基本、最常用的系统组态是对输入/输出进行组态。

7．PLC 编程元件的地址分配

在对系统进行组态后，要对系统的编程元件进行地址分配。首先要对输入/输出点进行地址分配，从而建立 I/O 编程地址表。在进行地址分配时，理论上说，可以随意分配，但是从工程实际上，应考虑地址分配与电缆布线、程序编制、系统调试、维护检修的联系，使之便于施工布线、便于编制和调试程序、便于维护检修。

在可能的情况下，对其他编程元件也要进行地址分配。例如位存储器、定时器、计数器等，使之在调试控制程序时更方便、更敏捷。

为了使编写的程序具有可读性，在建立符号表时，建议采用符号地址（中文、英文或汉语拼音）。

8．PLC 的输入/输出接线图

在建立了 I/O 地址表之后，还要根据 I/O 地址表绘制 I/O 接线。在 I/O 接线图中可以清楚地看到：

    ① 在 I/O 接线图的输入端子上接入的触点是常开的还是常闭的；

    ② 输入电源是采用 PLC 主机的内置电源（一般是 24V DC），还是采用外部电源；

    ③ 输入端子的分组情况（隔离式/汇点式/分组式）；

    ④ 在 I/O 接线图的输出端子上所驱动的负载的性质（交流/直流、电感性/电阻性、直接驱动/间接驱动）；

⑤ 为驱动负载所需要的电源的电流种类及电压等级，该电源是由用户自备的；

⑥ 输出端子的分组情况（隔离式/汇点式/分组式）。

9. 编写控制系统的流程图

在编写较复杂的控制程序前，一般要先编写系统的流程图。流程图是程序设计中很有用的工具，它直观、清晰易懂，便于检查和修改。编写流程图时，首先要根据控制要求，将要完成的控制任务分解成几个主要的相对独立的部分（环节），分析各个部分（环节）之间的关系或联系，结合结构化程序设计的概念，编写出有顺序结构、循环结构或分支结构的流程图。

为了更有效地用流程图指导编程，可以对每个顺序结构和分支结构中的顺序结构进行细化分解，在此基础上，找到每个顺序结构的各个状态的转移条件，即画出状态转移图。只要画出了状态转移图，编写控制程序就是很容易的事情了。

10. 编写 PLC 的梯形图控制程序及程序设计说明

根据流程图中分解出来的各个部分内容及控制要求，用所熟悉的编程语言（一般是用梯形图）编写控制程序。为了便于阅读所编写的控制程序，除了在程序中添加必要的注释外，还要用文字对该部分程序做简单或详细的说明。对于功能相似的其他部分，可以对有代表性部分的程序进行设计说明。

11. 程序调试及调试说明

对于初学者而言，所编写的程序不可避免地存在这样或那样的缺陷，必须经过不断的调试，才能不断地发现新问题，不断地解决问题；在完成课程设计任务要求的前提下，通过反复修改使控制程序更加完善。

调试是一个非常重要的过程，无论是通过仿真软件调试，还是进行联机调试，都要先进行部分程序调试，各个部分调试通过后，再进行统调，直至满足控制要求为止。

调试说明也是课程设计的组成部分，可以将设计中遇到的主要问题及解决方法、调试过程及方法、在调试过程中对原设计的程序做了哪些有意义的改进，以及联机统调结果，通过调试说明的方式进行阐述。

12. 操作（或使用）说明

按照控制要求调试通过的程序，可以交付操作者使用。但是操作者如何按照工艺要求进行操作、正常操作的步骤、非正常操作（或误操作）的影响、紧急情况下的处理等，都需要在操作说明中进行阐述。

13. 结束语

结束语是对本课题设计的简要总结，通过设计获得了什么样的成果、有哪些创新点、有什么样的应用和推广意义。

14. 主要参考文献

在设计过程中主要参考了哪些文献，要注意参考文献的书写格式。

15. 附录

附录是附在课程设计正文后的有关材料，包括完成控制任务的全部控制程序、所有工程图纸及其他的辅助说明材料。

8.2　课程设计举例

本节以一个实际的工业混合搅拌系统的控制为例，说明进行 PLC 控制技术课程设计时需要考虑的问题及设计的过程。

8.2.1 课程设计任务书

课程设计题目：工业混合搅拌系统的 PLC 控制。

1．任务描述

某个工业混合搅拌系统，要将两种流质物料（简称 A、B）按一定比例混合，搅拌均匀后送出，混合的比例及搅拌时间完全由操作者控制（即手动控制），系统的示意图如图 8-1 所示。

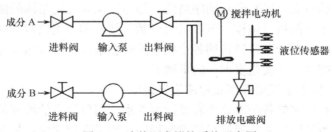

图 8-1　液体混合搅拌系统示意图

由图 8-1 可以看出系统由三部分组成：成分 A 的进料控制、成分 B 的进料控制和搅拌桶的搅拌控制。对成分 A 控制的设备有成分 A 输入泵、进料阀 A 和出料阀 A。对成分 B 控制的设备有成分 B 输入泵、进料阀 B 和出料阀 B。对搅拌桶控制的设备有搅拌电动机、液位传感器、排放电磁阀。当进料阀或出料阀打开到位时，压到一个微动开关上，产生一个输入信号（本设计暂不考虑对进料阀或出料阀的控制）。混合搅拌系统的操作站如图 8-2 所示。

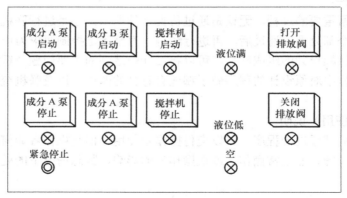

图 8-2　混合搅拌系统操作站

2．控制要求

（1）输入泵 A（B）的工作条件

● 进料阀已打开，出料阀已打开，排放阀关闭。

● 搅拌桶未满。

● 输入泵电动机的驱动无故障（如果驱动接触器的线圈通电后，在 8s 之内，其动合触点未接通，则认为有故障）。

● 紧急停止按钮未动作。

（2）搅拌电动机的工作条件

● 搅拌桶未空，排放电磁阀关闭。

● 搅拌电动机的驱动无故障（如果驱动接触器的线圈通电后，在 8s 之内，其动合触点未接通，则认为有故障）。

● 紧急停止按钮未动作。

（3）排放电磁阀的工作条件
- 搅拌电动机停止工作。
- 紧急停止按钮未动作。

（4）工作状态指示
- 输入泵的 A 和输入泵 B 的工作状态指示。
- 搅拌机的工作状态指示。
- 液位传感器的工作状态指示。

8.2.2 系统配置及输入/输出继电器地址分配

根据控制要求，本设计只需要数字量控制，不需要模拟量控制，共需要数字量输入点 19 个，数字量输出点 15 个。

从实训的角度，选择 S7-300 作为主控制器。CPU 模板可选择 CPU313；数字量输入模板选择 DI16×24V DC，2 块；数字量输出模板 DO16×24V DC，1 块；电源模板 PS307，5A，1 块。

系统的硬件组态如图 8-3 所示。

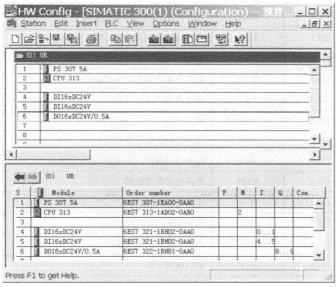

图 8-3　混合搅拌系统的硬件组态

1．输入/输出继电器地址分配

系统的输入/输出继电器地址分配表见表 8-1。

表 8-1　输入/输出继电器地址分配表

编程元件	I/O 端子	电路器件	作　用
输入继电器	I0.0	KM1	成分 A 输入泵电动机接触器辅助常开触点
	I0.1	SQ1	成分 A 进料阀开到位
	I0.2	SQ2	成分 A 出料阀开到位
	I0.3	SB1	成分 A 输入泵启动按钮
	I0.4	SB2	成分 A 输入泵停止按钮
	I1.0	KM2	成分 B 输入泵电动机接触器辅助常开触点
	I1.1	SQ3	成分 B 进料阀开到位

编程元件	I/O 端子	电路器件	作　用
输入继电器	I1.2	SQ4	成分 B 出料阀开到位
	I1.3	SB3	成分 B 输入泵启动按钮
	I1.4	SB4	成分 B 输入泵停止按钮
	I4.0	KM3	搅拌电动机接触器辅助常开触点
	I4.1	SB5	搅拌电动机启动按钮
	I4.2	SB6	搅拌电动机停止按钮
	I4.4	SB7	排放阀启动按钮
	I4.5	SB8	排放阀停止按钮
	I5.0	SL1	液位传感器（低位），液面淹没时为 ON
	I5.1	SL2	液位传感器（空），液面淹没时为 ON
	I5.2	SL3	液位传感器（满），液面淹没时为 ON
	I5.7	SB9	紧急停止按钮
输出继电器	Q8.0	KM1	成分 A 输入泵电动机接触器
	Q8.1	HL1	成分 A 输入泵运行指示灯
	Q8.2	HL2	成分 A 输入泵停止指示灯
	Q8.3	KM2	成分 B 输入泵电动机接触器
	Q8.4	HL3	成分 B 输入泵运行指示灯
	Q8.5	HL4	成分 B 输入泵停止指示灯
	Q8.6	HL5	搅拌电动机运行指示灯
	Q8.7	HL6	搅拌电动机停止指示灯
	Q9.0	KM3	搅拌电动机接触器
	Q9.2	YV	排放电磁阀线圈
	Q9.3	HL7	排放电磁阀开启指示灯
	Q9.4	HL8	排放电磁阀关闭指示灯
	Q9.5	HL9	液位满指示灯
	Q9.6	HL10	液位低指示灯
	Q9.7	HL11	液位空指示灯

2．系统配置图

混合搅拌系统配置图如图 8-4 所示。

8.2.3　系统的 I/O 接线图

混合搅拌系统的输入模板接线图如图 8-5 所示。
混合搅拌系统的输出模板接线图如图 8-6 所示。

8.2.4　系统的流程图

混合搅拌系统的流程图如图 8-7 所示。

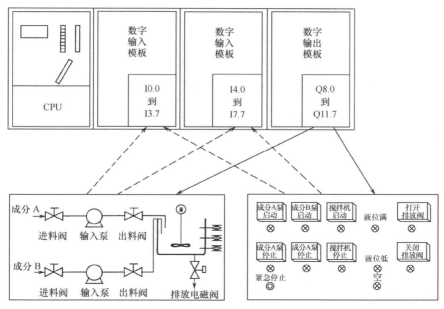

图 8-4   混合搅拌系统配置图

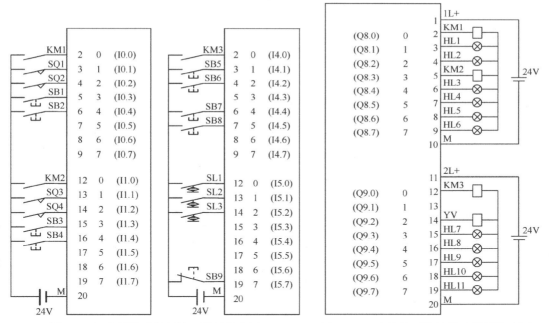

图 8-5   混合搅拌系统的输入模板接线图   图 8-6   混合搅拌系统的输出模板接线图

8.2.5   用 STEP 7 编程语言进行软件设计

STEP 7 编程语言为程序设计提供了三种程序设计方法：线性编程、分部式编程及结构化编程，分别介绍如下。

1. 采用线性编程

线性编程就是将用户程序连续放置在一个指令块内，通常为 OB1，程序按线性或按顺序执行每条指令。这种结构最初是 PLC 模拟继电器电路的逻辑模型，具有简单、直接的结构。由于所有的指令都放置在一个指令块内，所以只有一个程序文件，其软件的管理功能非常简单。这种编程方法适用于由一个人来编写控制程序。

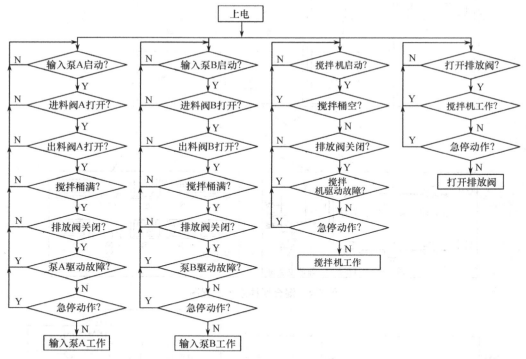

图 8-7　混合搅拌系统的流程图

（1）程序变量声明表

采用 STEP 7 编程语言时，首先要对程序变量进行声明。线性编程程序变量声明表见表 8-2。

表 8-2　线性编程程序变量声明表

地址	说明	名称	类型
0	暂时 Temp	OB1_EV_CLASS	字节 BYTE
1	暂时 Temp	OB1_SCAN1	字节 BYTE
2	暂时 Temp	OB1_PRIORITY	字节 BYTE
3	暂时 Temp	OB1_OB_NUMBER	字节 BYTE
4	暂时 Temp	OB1_RESERVED_1	字节 BYTE
5	暂时 Temp	OB1_RESERVED_2	字节 BYTE
6	暂时 Temp	OB1_PREV_CYCLE	整数 INT
8	暂时 Temp	OB1_MIN_CYCLE	整数 INT
10	暂时 Temp	OB1_MAX_CYCLE	整数 INT
12	暂时 Temp	OB1_DATE_TIME	日期和时间 DATE_AND_TIME
20.0	暂时 Temp	Permit_A	布尔 BOOL
20.1	暂时 Temp	Permit_B	布尔 BOOL
2.02	暂时 Temp	Permit_C	布尔 BOOL
20.3	暂时 Temp	InA_M_F	布尔 BOOL
20.4	暂时 Temp	InB_M_F	布尔 BOOL
20.5	暂时 Temp	A_M_F	布尔 BOOL
22	暂时 Temp	Cur_Tim1_Bin	字 WORD
24	暂时 Temp	Cur_Tim1_Bcd	字 WORD
26	暂时 Temp	Cur_Tim2_Bin	字 WORD
28	暂时 Temp	Cur_Tim2_Bcd	字 WORD
30	暂时 Temp	Cur_Tim3_Bin	字 WORD
32	暂时 Temp	Cur_Tim3_Bcd	字 WORD

（2）线性编程参考控制程序

梯形图参考控制程序如图 8-8 所示。

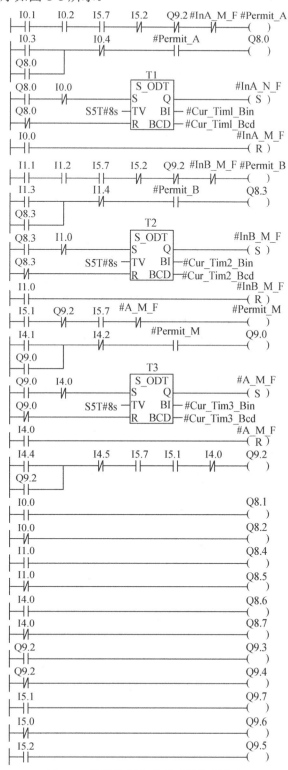

图 8-8　线性编程参考梯形图控制程序

2．采用分部式编程

将一项控制任务分解成若干个独立的子任务，如一套设备的控制或一系列相似工作，每个子任务由一个功能 FC 完成，而这些功能的运行是靠组织块 OB1 内的指令来调用的。在进行分部式程序设计时，既无数据交换，也无重复利用的代码。所以这种编程方法允许多个设计人员同时编程，而不必考虑因设计同一内容可能出现的冲突。

在工业混合搅拌控制系统中，根据控制系统的要求和对控制对象的分析，可以将控制软件分成 5 个功能：

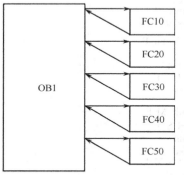

图 8-9　分部式程序调用结构

- FC10，用于控制成分 A 的输入泵电动机；
- FC20，用于控制成分 B 的输入泵电动机；
- FC30，用于控制搅拌电动机；
- FC40，用于控制排放电磁阀；
- FC50，用于控制操作站的指示灯。

这些功能是由组织块 OB1 的指令调用的，组织块 OB1 与各个功能之间的关系如图 8-9 所示。

（1）组织块 OB1 程序的设计

在采用分部式编程设计时，OB1 的内容与线性编程不同，其主要内容是对各个功能的调用。OB1 的变量声明表见表 8-3，OB1 的梯形图控制程序如图 8-10 所示。

表 8-3　OB1 的变量声明表

地址	说明	名称	类型
0	暂时 Temp	OB1_EV_CLASS	字节 BYTE
1	暂时 Temp	OB1_SCAN1	字节 BYTE
2	暂时 Temp	OB1_PRIORITY	字节 BYTE
3	暂时 Temp	OB1_OB_NUMBER	字节 BYTE
4	暂时 Temp	OB1_RESERVED_1	字节 BYTE
5	暂时 Temp	OB1_RESERVED_2	字节 BYTE
6	暂时 Temp	OB1_PREV_CYCLE	整数 INT
8	暂时 Temp	OB1_MIN_CYCLE	整数 INT
10	暂时 Temp	OB1_MAX_CYCLE	整数 INT
12	暂时 Temp	OB1_DATE_TIME	日期和时间 DATE_AND_TIME

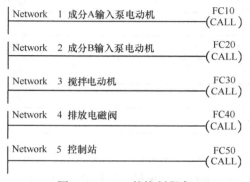

图 8-10　OB1 的控制程序

（2）功能 FC10（成分 A 输入泵电动机）程序的设计

FC10 用于实现成分 A 输入泵电动机的启动、停止、延时及安全保护方面的控制。FC10 的变量声明表见表 8-4。梯形图参考控制程序如图 8-11 所示。

表 8-4　FC10 的变量声明表

地址	说明	名称	类型	初始值
0.0	暂时 Temp	Permit_A	布尔 BOOL	FALSE
0.1	暂时 Temp	InA_M_F	布尔 BOOL	FALSE
2	暂时 Temp	Cur_Tim1_Bin	字 WORD	W#16#0000
4	暂时 Temp	Cur_Tim1_Bcd	字 WORD	W#16#0000

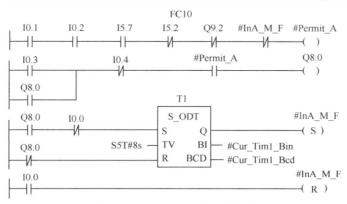

图 8-11　功能 FC10 的控制程序

（3）功能 FC20（成分 B 输入泵电动机）程序的设计

FC200 用于实现成分 B 输入泵电动机的启动、停止、延时及安全保护方面的控制。FC20 的变量声明表见表 8-5。梯形图参考控制程序如图 8-12 所示。

表 8-5　FC10 的变量声明表

地址	说明	名称	类型	初始值
0.0	暂时 Temp	Permit_B	布尔 BOOL	FALSE
0.1	暂时 Temp	InB_M_F	布尔 BOOL	FALSE
2	暂时 Temp	Cur_Tim2_Bin	字 WORD	W#16#0000
4	暂时 Temp	Cur_Tim2_Bcd	字 WORD	W#16#0000

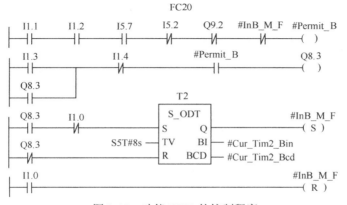

图 8-12　功能 FC20 的控制程序

（4）功能 FC30（搅拌电动机）程序的设计

FC30 用于实现搅拌电动机的启动、停止、延时及安全保护方面的控制。FC30 的变量声明表见表 8-6。梯形图参考控制程序如图 8-13 所示。

表 8-6　FC30 的变量声明表

地址	说明	名称	类型	初始值
0.0	暂时 Temp	Permit_M	布尔 BOOL	FALSE
0.1	暂时 Temp	A_M_F	布尔 BOOL	FALSE
2	暂时 Temp	Cur_Tim3_Bin	字 WORD	W#16#0000
4	暂时 Temp	Cur_Tim3_Bcd	字 WORD	W#16#0000

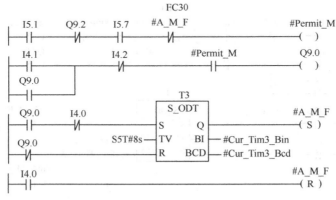

图 8-13　功能 FC30 的控制程序

（5）功能 FC40（排放电磁阀）程序的设计

FC40 用于实现对排放电磁阀的打开和关闭的控制。在 FC40 中不使用任何特有的或暂时的变量。梯形图参考控制程序如图 8-14 所示。

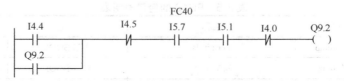

图 8-14　功能 FC40 的控制程序

（6）功能 FC50（控制站指示灯）程序的设计

FC50 用于实现对控制站上的各种指示灯进行接通和关断的控制。在 FC50 中不使用任何特有的或暂时的变量。梯形图参考控制程序如图 8-15 所示。

3．采用结构化编程

结构化编程是指对系统中控制过程和控制要求相近或类似的功能进行分类，编写通用的指令模块，通过向这些指令模块以参数形式提供有关信息，使得结构化程序可以重复利用这些通用的指令模块。采用结构化编程，可以优化程序结构，减少指令存储空间，缩短程序执行时间。

在本设计课题中，对成分 A 和成分 B 的输入泵电动机的控制过程和控制要求是完全相同的，对于搅拌电动机的控制与输入泵电动机的控制非常相似，可以将这三台设备的控制用一个通用的指令模块来完成。其结构化程序示意图如图 8-16 所示。

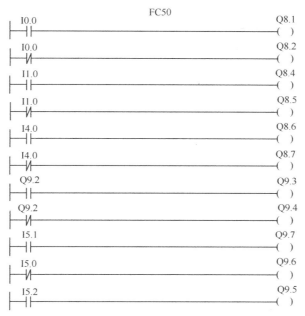

图 8-15　功能 FC50 的控制程序

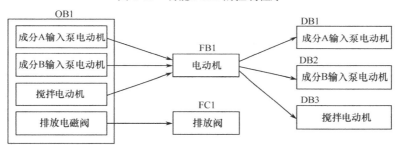

图 8-16　工业混合搅拌控制的结构化程序示意图

（1）创建符号地址表

在 STEP 7 程序设计中，可使用由符号表定义的符号地址，控制输入泵电动机和搅拌电动机的符号地址表见表 8-7。控制排放阀的符号地址表见表 8-8。液位传感器和指示灯的符号地址表见表 8-9。其他编程元素的符号地址表见表 8-10。

表 8-7　输入泵和搅拌电动机的符号地址表

符号名	地址	说明
InA_M_Fb	I0.0	成分 A 输入泵启动器辅助触点
InA_Iv_Op	I0.1	成分 A 进料阀打开
InA_Fv_Op	I0.2	成分 A 出料阀打开
InA_Sta_PB	I0.3	成分 A 输入泵启动按钮
InA_Sto_PB	I0.4	成分 A 输入泵停止按钮
InA_M_Co	Q8.0	成分 A 输入泵启动线圈
InA_Sta_Lt	Q8.1	成分 A 输入泵启动指示灯
InA_Sto_Lt	Q0.2	成分 A 输入泵停止指示灯
InB_M_Fb	I1.0	成分 B 输入泵启动器辅助触点
InB_Iv_Op	I1.1	成分 B 进料阀打开

符号名	地址	说明
InB_Fv_Op	I1.2	成分 B 出料阀打开
InB_Sta_PB	I1.3	成分 B 输入泵启动按钮
InB_Sto_PB	I1.4	成分 B 输入泵停止按钮
InB_M_Co	Q8.3	成分 B 输入泵启动线圈
InB_Sta_Lt	Q8.4	成分 B 输入泵启动指示灯
InB_Sto_Lt	Q0.5	成分 B 输入泵停止指示灯
A_M_Fb	I4.0	搅拌电动机启动器辅助触点
A_M_Sta_PB	I4.1	搅拌电动机启动按钮
A_M_Sto_PB	I4.2	搅拌电动机停止按钮
A_M_Sta_Lt	Q8.6	搅拌电动机运行指示灯
A_M_Sto_Lt	Q8.7	搅拌电动机停止指示灯
A_M_Co	Q9.0	搅拌电动机启动线圈
InA_M_Fa	M10.0	成分 A 驱动回路故障
InB_M_Fa	M10.1	成分 B 驱动回路故障
A_M_Fa	M10.2	搅拌电动机驱动回路故障

表 8-8 控制排放电磁阀的符号地址表

符号名	地址	说明
Drn_Op_PB	I4.4	打开排放阀按钮
Drn_Cl_PB	I4.5	关闭排放阀按钮
Drn_So	Q9.2	排放电磁阀线圈
Drn_Op_Lt	Q9.3	排放阀运行指示灯
Drn_Cl_Lt	Q9.4	排放阀停止指示灯

表 8-9 液位传感器和指示灯的符号地址表

符号名	地址	说明
Tank_Lo	I5.0	液位低位传感器
Tank_Em	I5.1	液位空传感器
Tank_Fu	I5.2	液位满传感器
Tank_Fu_Lt	Q9.5	液位满指示灯
Tank_Lo_Lt	Q9.6	液位低指示灯
Tank_Em_Lt	Q9.7	液位空指示灯

表 8-10 其他编程元素的符号地址表

符号名	地址	说明
E_Stop_Off	I5.7	紧急停止按钮
Motor	FB1	控制输入泵和搅拌电动机的功能模块 FB
Drain	FC1	控制排放电磁阀的功能模块 FC
InA_Data	DB1	控制成分 A 输入泵电动机的数据块
InB_Data	DB2	控制成分 B 输入泵电动机的数据块
M_Data	DB3	控制搅拌电动机的数据块

（2）电动机功能块 FB1 的程序设计

FB1 功能块是通过调用数据块 DB1、DB2 和 DB3，实现对成分 A 输入泵、成分 B 输入泵和搅拌机的三台电动机的控制。根据对 FB1 的要求，对数据块的参数内容要求是：

● 有来自操作站的启动（Start）和停止（Stop）电动机的信号；
● 有电动机启动器辅助触点的反馈信号（Fbk）；
● 有定时器号（Time_num）和定时器设定值（Fbk_tim）；
● 有指示电动机运行（Start_Lt）和停止（Stop_Lt）的信号；
● 有驱动启动器线圈（Coil）的信号；
● 有故障信号（Fault）；
● 有允许功能模块 FB1 输入（EN）和输出信号（ENO）。

FB1 数据块 DB 的参数内容如图 8-17 所示。

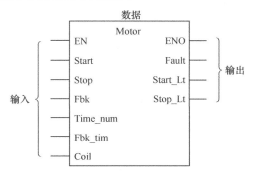

图 8-17　FB1 数据块 DB 的描述内容

在编程时，必须定义输入、输出参数，这些定义包括变量名、数据类型和声明类型。FB1 的变量声明表见表 8-11。

表 8-11　FB1 的变量声明表

地址	声明	名称	类型	初始值
0.0	Input	Start	布尔 BOOL	FALSE
0.1	Input	Stop	布尔 BOOL	FALSE
0.2	Input	Fbk	布尔 BOOL	FALSE
2	Input	Time_num	Timer	W#16#0000
4	Input	Fbk_tim	S5Time	S5T#0ms
6.0	Output	Fault	布尔 BOOL	FALSE
6.1	Output	Start_Lt	布尔 BOOL	FALSE
6.2	Output	Stop_Lt	布尔 BOOL	FALSE
8.0	In/Out	Coil	布尔 BOOL	FALSE
10	Stat	Cur_tim_Bin	字 WORD	W#16#0000
12	Stat	Cur_tim_Bcd	字 WORD	W#16#0000

功能块 FB1 的梯形图控制程序如图 8-18 所示。

（3）排放电磁阀功能 FC1 的程序设计

排放电磁阀功能 FC1 要完成对排放电磁阀的打开、关闭控制及相应信号检测。

其输入信号有：

● 打开电磁阀的按钮信号（Open）；

- 关闭电磁阀的按钮信号（Close）；
- 电磁阀已打开的输入信号（Coil）；
- 允许输入信号（EN）。

其输出信号有：

- 电磁阀打开的指示灯（Open_Lt）；
- 关闭电磁阀的指示信号（Close_Lt）；
- 驱动电磁阀线圈信号（Coil）；
- 允许输出信号（ENO）。

排放电磁阀功能 FC1 的构造示意图如图 8-19 所示。

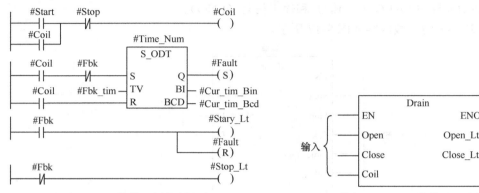

图 8-18　FB1 的梯形图控制程序　　　　图 8-19　FC1 的构造示意图

排放电磁阀功能 FC1 的变量声明表见表 8-12。

表 8-12　FC1 的变量声明表

地址	声明	名称	类型	初始值
0.0	Input	Open	布尔 BOOL	FALSE
0.1	Input	Close	布尔 BOOL	FALSE
1.0	Output	Open_Lt	布尔 BOOL	FALSE
1.1	Output	Close_Lt	布尔 BOOL	FALSE
1.2	Output	Coil	布尔 BOOL	FALSE

排放电磁阀功能 FC1 的梯形图控制程序如图 8-20 所示。

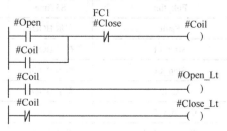

图 8-20　功能 FC1 的梯形图控制程序

（4）组织块 OB1 的程序设计

组织块 OB1 的程序设计应包含系统所有的逻辑关系，组织块的执行过程就是在程序中调用不同的数据块 DB。图 8-21 是组织块 OB1 的程序框图，它表示了 OB1 的程序结构和调用顺序。

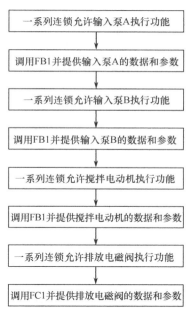

图 8-21　组织块 OB1 的程序框图

组织块 OB1 的变量声明表见表 8-13。

表 8-13　OB1 的变量声明表

地址	说明	名称	类型
0	暂时 Temp	OB1_EV_CLASS	字节 BYTE
1	暂时 Temp	OB1_SCAN1	字节 BYTE
2	暂时 Temp	OB1_PRIORITY	字节 BYTE
3	暂时 Temp	OB1_OB_NUMBER	字节 BYTE
4	暂时 Temp	OB1_RESERVED_1	字节 BYTE
5	暂时 Temp	OB1_RESERVED_2	字节 BYTE
6	暂时 Temp	OB1_PREV_CYCLE	整数 INT
8	暂时 Temp	OB1_MIN_CYCLE	整数 INT
10	暂时 Temp	OB1_MAX_CYCLE	整数 INT
12	暂时 Temp	OB1_DATE_TIME	日期和时间 DATE_AND_TIME
20.0	暂时 Temp	Permit_A	布尔 BOOL
20.1	暂时 Temp	Permit_B	布尔 BOOL
20.2	暂时 Temp	Permit_Dr	布尔 BOOL
20.3	暂时 Temp	Permit_M	布尔 BOOL
20.4	暂时 Temp	M_Done	布尔 BOOL
20.5	暂时 Temp	B_Done	布尔 BOOL
20.6	暂时 Temp	A_Done	布尔 BOOL
20.7	暂时 Temp	D_Done	布尔 BOOL
21.0	暂时 Temp	Start_condition	布尔 BOOL
21.1	暂时 Temp	Stop_condition	布尔 BOOL

组织块 OB1 的梯形图控制程序如图 8-22 所示。

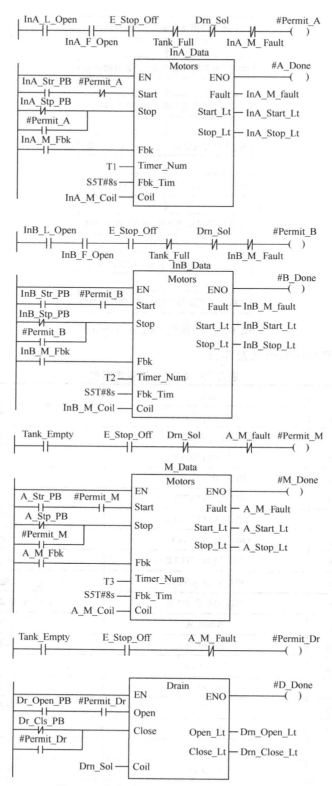

图 8-22 组织块 OB1 的梯形图控制程序

8.3 课程设计选题

8.3.1 智力抢答器的 PLC 控制

1. 任务描述

在各种形式的智力竞赛中,抢答器作为智力竞赛的评判装置得到了广泛的应用。

设计抢答器的原则是:

① 可以根据参赛者的情况,自动设定答题时间;

② 能够用声光信号表示竞赛状态,调节赛场的气氛;

③ 用数码管显示参赛者的得分情况。

为简单起见,在赛场安排 3 个抢答桌,系统组成如图 8-23 所示。

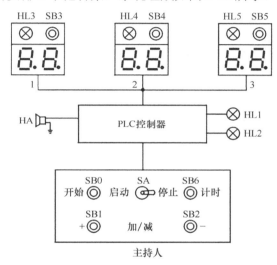

图 8-23 智力抢答器组成框图

在每个抢答桌上都有抢答按钮,只有最先按下的抢答按钮有效,伴有声、光指示。在规定的时间内答题正确时加分,否则减分。

2. 控制任务和要求

① 竞赛开始时,主持人接通启动/停止开关（SA）,指示灯 HL1 亮。

② 当主持人按下开始抢答按钮（SB0）后,如果在 10s 内无人抢答,赛场的音响（HA）发出持续 1.5s 的声音,指示灯 HL2 亮,表示抢答器自动撤销此次抢答信号。

③ 当主持人按下开始抢答按钮（SB0）后,如果在 10s 内有人抢答（按下抢答按钮 SB3、SB4 或 SB5）,则最先按下抢答按钮的信号有效,相应抢答桌上的抢答灯（HL3、HL4 或 HL5）亮,赛场的音响发出短促音（0.2s ON,0.2s OFF,0.2s ON）。

④ 当主持人确认抢答有效后,按下答题计时按钮（SB6）,抢答桌上的抢答灯灭,计时开始,计时时间到时（假设为 1min）,赛场的音响发出持续 3s 的长音,抢答桌上的抢答灯再次亮。

⑤ 如果抢答者在规定的时间内正确回答问题,主持人或助手按下加分按钮,为抢答者加分（分数自定）,同时抢答桌上的指示灯快速闪烁 3s（闪烁频率为 0.3s ON,0.3s OFF）。

⑥ 如果抢答者在规定的时间内不能正确回答问题,主持人或助手按下减分按钮,为抢答者减分（分数自定）。

3．设计方案提示

① 抢答控制程序可以用 PLC 的基本指令完成。

② 指示灯显示和音响输出，可以由 PLC 的输出端子直接接通。

③ 抢答者的得分情况可以通过数码管来显示，得分值的显示程序是本课题设计的难点。如何节省 PLC 的 I/O 资源，是降低控制成本的关键。可以利用 PLC 的移位指令及译码组合电路来完成。

4．设计报告要求

① 完整的设计任务书。

② 完成系统组态或硬件配置。

③ 正确合理地进行编程元件的地址分配（如果采用分部式编程或结构化编程，要对变量进行声明）。

④ 画出输入/输出接线图及相关的图纸。

⑤ 设计梯形图控制程序。

⑥ 编制系统的操作说明。

⑦ 编制系统的调试说明及注意事项。

⑧ 设计体会（可选）。

⑨ 参考文献。

8.3.2 自动售货机的 PLC 控制

1．任务描述

一台用于销售汽水和咖啡的自动售货机，具有硬币识别、币值累加、自动售货、自动找钱等功能，此售货机可接受的硬币为 0.5 元和 1 元。汽水的售价为 2.5 元，咖啡的售价为 3 元。其示意图如图 8-24 所示。

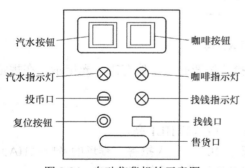

图 8-24　自动售货机的示意图

2．控制任务和要求

① 当投入的硬币总值等于或超过 2.5 元时，汽水指示灯亮；当投入的硬币总值等于或超过 3 元时，汽水和咖啡的指示灯都亮。

② 当汽水指示灯亮时，按汽水按钮，则汽水从售货口自动售出，汽水指示灯闪烁（闪烁频率为 1s ON，1s OFF），8s 后自动停止。

③ 当咖啡指示灯亮时，按咖啡按钮，则咖啡从售货口自动售出，咖啡指示灯闪烁（闪烁频率为 1s ON，1s OFF），8s 后自动停止。

④ 当按下汽水按钮或咖啡按钮后，如果投入的硬币总值超过所需钱数时，找钱指示灯亮，售货机自动退出多余的钱，8s 后自动停止。

⑤ 如果售货口发生故障，或顾客投入硬币后又不想买了（未按汽水按钮或咖啡按钮），可按复位按钮，则售货机可如数退出顾客已投入硬币。

⑥ 具有销售数量和销售金额的累加功能。

3．设计方案提示

① 硬币的投入总值可以采用计数指令（或采用加 1 指令）和加法指令。

② 为简单起见，可考虑售货机找回（或退出）的钱均为 0.5 元的硬币。

③ 可用计数器的设定值表示应找钱数额，该计数器的设定值应能根据找回（或退出）的钱自动设定。

④ 售货机的工作电压为交流 220V，各个驱动机构的工作电压为直流 24V，各个指示灯的工作电压为直流 6.3V。

4．设计报告要求

参照 8.3.1 节。

8.3.3　注塑机的 PLC 控制

1．任务描述

注塑机用于热塑料加工，是典型的顺序动作装置，它借助 8 个电磁阀 YV1～YV8，完成闭模、射台前进、注射、保压、预塑、射台后退、开模、顶针前进、顶针后退和复位等操作工序，其中注射和保压工序需要一定的时间延时。

2．控制任务和要求

① 按照图 8-25 所示的注塑机工艺流程图完成顺序控制。

② 注塑机工作时有通电指示（不通过 PLC）。

③ PLC 工作时有运行指示。

④ 在进行开模工序、闭模工序时有工作状态指示。

⑤ 在原点时有位置指示。

3．设计方案提示

因为本设计课题是典型的顺序控制问题，可以采用多种方式完成控制。

① 采用置位/复位指令和定时器指令。

② 采用移位寄存器指令和定时器指令。

③ 采用步进指令和定时器指令。

4．设计报告要求

参照 8.3.1 节。

8.3.4　污水净化处理系统的 PLC 控制

1．任务描述

在冶金企业中，有大量的工业用水用于冷却，为此每天消耗大量的水资源。由于用过的冷却水中含有大量的氧化铁杂质，不宜多次循环使用。为保护环境、节约用水，需要对含有氧化铁杂质的污水进行净化处理。

（1）系统组成

为简单起见，本系统由 2 台磁滤器，10 只电磁阀和连接管道组成的 2 台机组组成。系统组成示意图如图 8-26 所示。

（2）工艺流程

污水净化处理可分为两道工序，以 1 号机组为例，其工艺流程图如图 8-27 所示。

① 滤水工序。打开进水阀和出水阀，污水流经磁滤器时，如果磁滤器的线圈一直通电，则污水中的氧化铁杂质会附着在磁滤器的磁铁上，使水箱中流出的是净化水。

② 反洗工序。滤水一段时间后，必须清洗附着在磁铁上的氧化铁杂质。这时只要切断磁滤器线圈的电源，关闭进水阀和出水阀，打开排污阀和空气压缩阀，让压缩空气强行把水箱中的水打入磁滤器中，冲洗磁铁，去掉附着的氧化铁杂质，使冲洗后的污水流入污水池，进行二次处理。

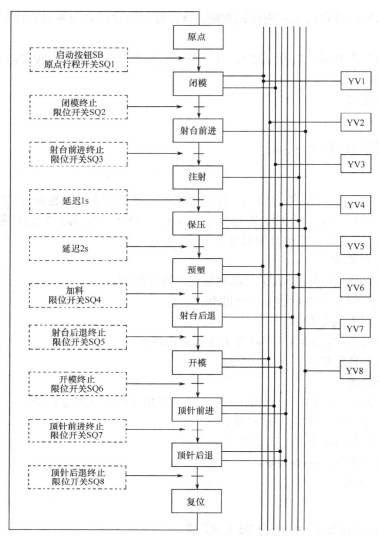

图 8-25　注塑机的工艺流程图

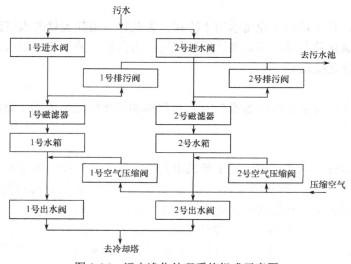

图 8-26　污水净化处理系统组成示意图

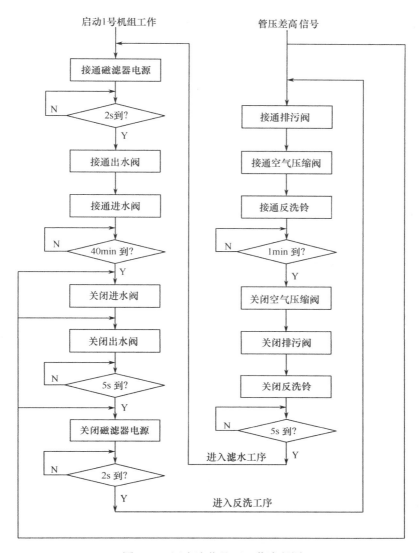

图 8-27　污水净化处理工艺流程图

2．控制任务和要求

① 两台机组的滤水工序，可单独进行，也可同时进行。而反洗工序只允许单台机组进行工作，一台机组反洗时，另一台必须等待。两台机组同时要求反洗时，1 号机组优先。

② 为保证滤水工序的正常进行，在每台机组的管道上均安装了压差检测仪表，只要出现了"管压差高"信号，则应立即停止滤水工序，自动进入反洗工序。

③ 为增强系统的可靠性，将每台机组的磁滤器及各个电磁阀线圈的接通信号反馈到 PLC 的输入端，一旦某一输出信号不正常，要立即停止系统工作，这样可避免发生事故。

④ 接触器输出故障检测及报警。

3．设计方案提示

① 两台机组的滤水工序可单独进行，要求有独立的启动/停止按钮。

②"管压差高"检测和反洗铃在每台机组上均单独配置。

③ 所谓将每台机组的磁滤器及各个电磁阀线圈的接通信号反馈到 PLC 的输入端，是考虑到由接触器控制这些线圈，当接触器线圈通电时，其动合触点应闭合，动断触点应断开；反之

亦然。如果接触器线圈通电时，其动合触点不能闭合，或者动断触点不能断开，可能发生事故。顺序控制部分如图 8-28 所示。

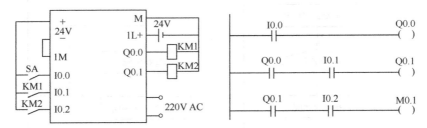

图 8-28　输出反馈信号

4．设计报告要求

参照 8.3.1 节。

8.3.5　花式喷泉的 PLC 控制

1．任务描述

在游人和居民经常光顾的场所，如公园、广场、旅游景点及一些知名建筑前，经常会修建一些喷泉供人们休闲、观赏。这些喷泉按一定的规律改变喷水式样。如果与五颜六色的灯光相配合，在和谐优雅的音乐中，更使人心旷神怡、流连忘返。

某广场的喷泉如图 8-29 所示。

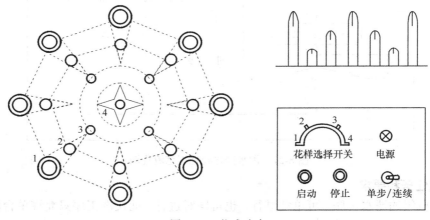

图 8-29　花式喷泉

在图 8-29 中，4 号为中间喷头，3 号为内环状喷头，2 号为一次外环形状喷头，1 号为外环形状喷头。

2．控制任务和要求

（1）按下启动按钮，喷泉控制装置开始工作，按下停止按钮，喷泉控制装置停止工作。

（2）喷泉的工作方式由花样选择开关和单步/连续开关决定。

（3）当单步/连续开关在单步位置时，喷泉只能按照花样选择开关设定的方式，运行一个循环。

（4）花样选择开关用于选择喷泉的喷水花样，现考虑 4 种喷水花样。

① 花样选择开关在位置 1 时，按下启动按钮后，4 号喷头喷水，延时 2s 后，3 号喷头喷水，再延时 2s 后，2 号喷头喷水，又延时 2s 后，1 号喷头喷水。18s 后，如果为单步工作方式，则停下来；如果为连续工作方式，则继续循环下去。

② 花样选择开关在位置 2 时，按下启动按钮后，1 号喷头喷水，延时 2s 后，2 号喷头喷水，再延时 2s 后，3 号喷头喷水，又延时 2s 后，4 号喷头喷水。30s 后，如果为单步工作方式，则停下来；如果为连续工作方式，则继续循环下去。

③ 花样选择开关在位置 3 时，按下启动按钮后，1 号、3 号喷头同时喷水，延时 3s 后，2 号、4 号喷头喷水，1 号、3 号喷头停止喷水。如此交替运行 15s 后，4 组喷头全喷水，30s 后，如果为单步工作方式，则停下来；如果为连续工作方式，则继续循环下去。

④ 花样选择开关在位置 4 时，按下启动按钮后，按照 1—2—3—4 的顺序，依次间隔 2s 喷水，然后一起喷水。30s 后，按照 1—2—3—4 的顺序，分别延时 2s，依次停止喷水。再经 1s 延时，按照 4—3—2—1 的顺序，依次间隔 2s 喷水，然后一起喷水。30s 后停止。如果为单步工作方式，则停下来；如果为连续工作方式，则继续循环下去。

3．设计方案提示

① 根据花样选择开关的位置信号，采用跳转指令编程。

② 在每个跳转程序段内，采用定时器指令实现顺序控制。

4．设计报告要求

参照 8.3.1 节。

8.3.6 脉冲除尘器的 PLC 控制

1．任务描述

水泥厂在生产过程中可产生大量的水泥粉尘，不但造成了空气污染，还严重地影响了操作工人的身心健康。为了防止污染，改善现场的作业环境，可通过布袋式脉冲除尘器回收水泥粉尘。

某水泥厂的球磨车间建有 5 个除尘室，每个除尘室安装了 1 台脉冲除尘器，每台脉冲除尘器有 2 个脉冲电磁阀（A 阀和 B 阀）和 1 个提升电磁阀。在提升电磁阀工作期间，脉冲电磁阀才能工作。

2．控制任务和要求

（1）各个除尘器的电磁阀的控制时序

为使收尘系统阻力变化范围小，一般采用均匀间隔清灰的工作方式，即采用定时控制方式，各个除尘器的电磁阀的控制时序如图 8-30 所示。

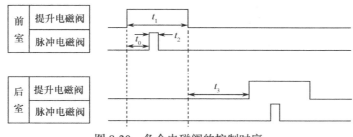

图 8-30　各个电磁阀的控制时序

t_0：脉冲电磁阀的启动延时，一般取固定值 2s。

t_1：提升电磁阀的工作时间，一般取 4～10s。

t_2：脉冲电磁阀的喷吹时间，一般取 0.1～0.15s。

t_3：室间隔时间，一般取 10～20s。

（2）各个除尘器的工作顺序

考虑到灰斗里绞刀负荷的均衡性、喷吹的有效性及减少清灰时的排放量，一般采用错开清灰的方式。各个脉冲电磁阀的工作顺序是：

$$1A \to 3A \to 5A \to 2A \to 4A \to 1B \to 3B \to 5B \to 2B \to 4B \to 1A \to \cdots$$

（3）系统的工作方式

为检修和维护方便，每个电磁阀应有自动/手动两种工作方式，正常工作时采用自动方式，检修维护时工作在手动方式。

① 在各个电磁阀工作期间，应有指示灯指示。

② 由于生产的水泥标号的变换或其他原因，需要经常改变定时时间 t_1、t_2、t_3，如果每次都用编程器来修改程序是非常不方便的。因此，需要在 PLC 机外通过拨码开关由操作者随时进行修改或设定。

3. 设计方案提示

① 在电磁阀的自动工作方式下，各个电磁阀处于顺序循环控制过程中。

② 如果某个电磁阀工作在手动方式下，则不能影响其他电磁阀的正常工作。

③ 为节省输出点，可将电磁阀线圈与指示灯并联。

④ 因为有 3 个时间参数需要修改，可用 3 只拨码开关（分为高位、中位和低位）。高位拨码开关作为时间参数（t_1、t_2、t_3）选择开关，中位和低位的拨码开关作为时间设定开关。

⑤ 操作面板及说明。

操作面板如图 8-31 所示。

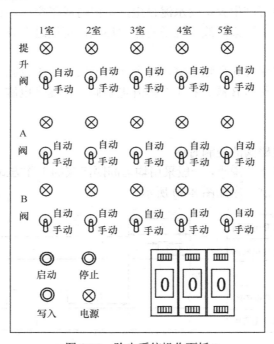

图 8-31　除尘系统操作面板

以 1 室 A 阀的 t_2 为例，设定时间为 0.13s，操作步骤如下：

● 按下停止按钮；

● 将 1 室 A 阀的自动/手动开关扳到手动位置；

● 将高位拨码开关拨到 2，中位拨码开关拨到 1，低位拨码开关拨到 3；

● 按下写入按钮；

- 将 3 只拨码开关都拨到 0；
- 按下启动按钮，系统重新运行。

4．设计报告要求

参照 8.3.1 节。

8.3.7 水塔水位的 PLC 控制

1．任务描述

在自来水供水系统中，为解决高层建筑的供水问题，修建了一些水塔。

某水塔高 51m，正常水位变化 2.5m，为保证水塔的正常水位，需要用水泵为其供水。水泵房有 5 台泵用异步电动机，交流 380V，22kW。正常运行时，4 台电动机运转，1 台电动机备用。

2．控制任务和要求

① 因电动机功率较大，为减少启动电流，电动机采用定子串电阻降压启动，并要错开启动时间（间隔时间为 5s）。

② 为防止某一台电动机因长期闲置而产生锈蚀，备用电动机可通过预置开关预先随意设置。如果未设置备用电动机组号，则系统默认为 5 号电动机组为备用。

③ 每台电动机都有手动和自动两种控制状态。在自动控制状态时，不论设置哪一台电动机作为备用，其余的 4 台电动机都要按顺序逐台启动。

④ 在自动控制状态下，如果由于故障使某台电动机组停车，而水塔水位又未达到高水位时，备用电动机组自动降压启动；同时对发生故障的电动机组根据故障性质发出停机报警信号，提请维护人员及时排除故障。当水塔水位达到高水位时，高液位传感器发出停机信号，各个电动机组停止运行。当水塔水位低于低水位时，低液位传感器自动发出开机信号，系统自动按顺序降压启动。

⑤ 因水泵房距离水塔较远，每台电动机都有就地操作按钮和远程操作按钮。

⑥ 每台电动机都有运行状态指示灯（运行、备用和故障）。

⑦ 液位传感器要有位置状态指示灯。

3．设计方案提示

在自动控制状态下，系统的流程图如图 8-32 所示。

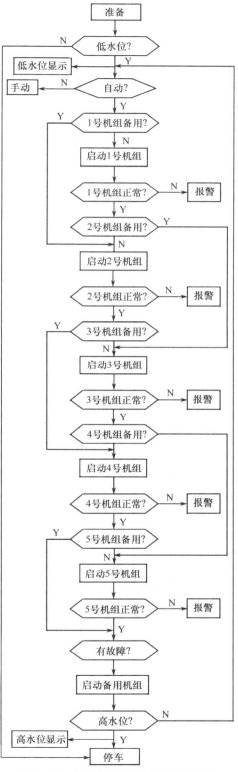

图 8-32　水塔水位控制系统的流程图

4．设计报告要求

参照 8.3.1 节。

8.3.8　包装生产线的 PLC 控制

1．任务描述

某包装生产线的示意图如图 8-33 所示。

包装物品由传送带 1 随时运来，运送时间不固定，因此包装物品的间隔是不确定的，有的包装距离较远，有的包装则靠在一起。在传送带 1 的电动机轴上安装一个旋转编码器 E6A，电动机转动 1 圈，旋转编码器发出 1 个脉冲。每个包装物品的宽度是 4 个脉冲，当光电检测器 SP1 检测到包装物品，且旋转编码器发出 4 个脉冲时，表示有 1 个包装物品通过传送带 1 到传送带 2。这样就可以通过对旋转编码器发出的脉冲数的计数，实现对包装物品的准确计数。

2．控制任务和要求

① 按下启动按钮 SB1 后，传送带 1 和传送带 2 运转，传送包装物品到传送带 2。

② 当传送带 2 上有 3 个物品后，挡板电动机 M1 正转，驱动挡板上升，阻止后面的包装物品继续运送到传送带 2 上。

③ 当挡板上升到位，上限位开关 SQ3 动作，挡板停止上升，推动器电动机 M2 正转，将 3 个包装物品向前推出。

④ 当推动器到达前限位开关，SQ2 动作，推动器停止向前，推动器电动机 M2 反转，驱动推动器后退。

⑤ 当推动器后退到位时，后限位开关 SQ1 动作，推动器停止后退，推动器电动机 M2 停转。此时挡板电动机 M1 反转，驱动挡板下降。

⑥ 当挡板下降到位，下限位开关 SQ4 动作，挡板回到初始位置。

3．设计方案提示

① 本课题比较简单，只要按照如图 8-34 所示的控制时序图设计即可。

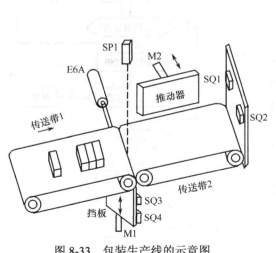

图 8-33　包装生产线的示意图

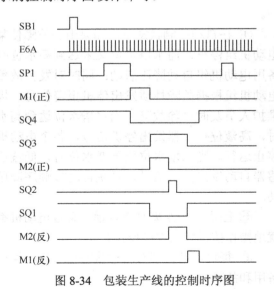

图 8-34　包装生产线的控制时序图

② 用于记录包装物品数量（旋转编码器发出脉冲数）的计数器的工作条件和复位条件。

4．设计报告要求

参照 8.3.1 节。

8.3.9 装卸料小车多方式运行的 PLC 控制

1．任务描述

在生产现场，尤其在一些自动化生产线上，经常会遇到一台送料车在生产线上，根据请求多地点随机卸料，或者是装料车多地点随机收集成（废）品。在数控加工中心取刀机构的取刀控制，也是如此。

某车间有 5 个工作台，装卸料小车往返于各个工作台之间，根据请求在某个工作台卸料。每个工作台有 1 个位置开关（分别为 SQ1～SQ5，小车压上时为 ON）和 1 个呼叫按钮（分别为SB1～SB5）。装卸料小车有 3 种运行状态：左行（电动机正转）、右行（电动机反转）和停车。装卸料小车示意图如图 8-35 所示。

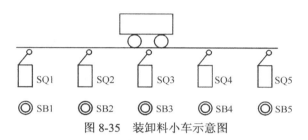

图 8-35 装卸料小车示意图

2．控制任务和要求

① 假设小车的初始位置是停在 m（$m=1～5$）号工作台，此时 SQm 为 ON。

② 假设 n（$n=1～5$）号工作台呼叫，如果：

● $m>n$，小车左行到呼叫工作台停车；

● $m<n$，小车右行到呼叫工作台停车；

● $m=n$，小车不动。

③ 小车的停车位置应有指示灯指示。

3．设计方案提示

① 本课题的逻辑关系比较复杂，必须考虑到所有的可能，可借助于输出与输入的关系表，分别列出小车左行和小车右行的条件。

② 呼叫按钮给出的可能是短信号，当小车在运动工程中还未到达某个停车位置时，呼叫信号可能已消失，要对呼叫信号进行记忆。

③ 在实际应用中，如果工作台的数量较多，比如说 10 个、20 个，将出现所谓的指令"组合爆炸"现象，即指令条数与工作台的数量以阶乘的关系增加。可以考虑结合传送指令、比较指令、编码指令、译码指令等，使程序简化。

4．设计报告要求

参照 8.3.1 节。

8.3.10 五层电梯的 PLC 控制

1．任务描述

在现代社会中，电梯的使用非常普遍。随着 PLC 控制技术的普及，大大提高了控制系统的可靠性，减少了控制装置的体积。

某五层电梯的示意图如图 8-36 所示。

2．控制任务和一般要求

① 当轿厢停在 1F（1楼）或 2F、3F、4F，如果 5F 有呼叫，则轿厢上升到 5F。

② 当轿厢停在 2F（1楼）或 3F、4F、5F，如果 1F 有呼叫，则轿厢下降到 1F。

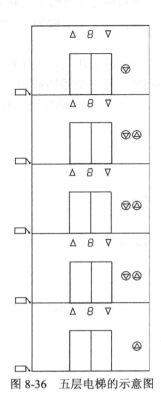

图 8-36　五层电梯的示意图

③ 当轿厢停在 1F（1楼），2F、3F、4F、5F 均有人呼叫，则先到 2F，停 8s 后继续上升，每层均停 8s，直至 5F。

④ 当轿厢停在 5F（5楼），1F、2F、3F、4F 均有人呼叫，则先到 4F，停 8s 后继续下降，每层均停 8s，直至 1F。

⑤ 在轿厢运行途中，如果有多个呼叫，则优先响应与当前运行方向相同的就近楼层，对反方向的呼叫进行记忆，待轿厢返回时就近停车。

⑥ 在各个楼层之间的运行时间应少于 10s，否则认为发生故障，应发出报警信号。

⑦ 电梯的运行方向指示。

⑧ 用数码管显示轿厢所在的楼层。

⑨ 在轿厢运行期间不能开门。

⑩ 轿厢不关门不允许运行。

3．设计方案提示

① 一台实际的电梯控制是很复杂的，涉及的内容很多，需要的输入/输出点数也很多，一般是通过教学用的模型电梯来完成设计课题。前面所提的要求只是一般要求，可根据模型电梯的具体功能，增删控制任务。

② 如果模型电梯所用的电动机是直流电动机，要在 PLC 的输出接口电路中完成直流电源极性的切换。

③ 数码管所显示的楼层，在每层楼都是相同的，也可以用点亮对应位置的指示灯的方法指示轿厢所在的楼层。

④ 在模型电梯上进行调试，及时发现问题，改正错误。

4．设计报告要求

参照 8.3.1 节。

8.3.11　变频调速恒压供水系统中的 PLC 控制

1．任务描述

变频调速恒压供水设备是 20 世纪 80 年代发展起来的一种新型的机电一体化供水设备，具有高效节能、压力恒定、运行安全可靠、管理简单等特点，可以直接取代水塔或高位水箱，有效地解决了高层楼宇用水及夏天水压过低的问题。

某小区的变频调速恒压供水系统有 3 个贮水池，3 台水泵（2 台主水泵和 1 台小水泵），采用部分流量调节方法，即 3 台水泵中，只有 1 台水泵在变频调速器的控制下做变速运行，其余的水泵做恒速运行。当设备启动后，PLC 首先接通变频接触器 KM0，给变频器供电，对小水泵电动机 M0 做软启动及调速运行。当用户用水量大于小水泵的最大供水量时，PLC 切断接触器 KM0，接通接触器 KM1，在变频器的输出端将小水泵电动机 M0 切除，而接通主水泵电动机

M1，使其软启动并调速运行。当用户用水量大于主水泵 M1 的最大供水量时，PLC 切换接触器 KM1 到 KM2，使 M1 运行在工频下，然后将变频器的输出端通过接触器 KM2 接通另一台主水泵电动机 M2，使 M2 软启动并调速运行。系统的组成示意图如图 8-37 所示。

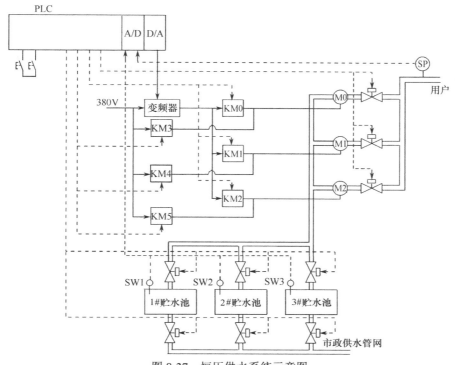

图 8-37　恒压供水系统示意图

2. 控制任务和要求

① 通过安装在水泵出水管上的压力传感器 SP，把供水管网的压力信号变成电信号，经过信号处理，送到 PLC 的 A/D 模板，变换为 V_P，与 PLC 的设定压力 V_S 比较后进行数字 PID 运算。如果运算结果 ΔV（$=V_S-V_P$）>0，经过 PLC 的 D/A 模板，产生控制信号 V_f 送到变频器，控制变频器的输出频率，进而控制水泵电动机的转数，使供水管网的压力与设定压力一致。

② 若每台主泵在工频下的流量为 Q_k，在调频时的流量为 Q_f，最低调频流量为 Q_t，则有 $Q_k>Q_f>Q_t$。当用户的用水量 Q_u 增大时，当 $Q_f=Q_k$ 时，PLC 发出开泵信号 S_k，将当前运行的水泵由变频状态切换到工频状态，使新启动的水泵通过变频器工作在变频状态下。反之，当用户用水量减少时，当 $Q_f=Q_t$ 时，PLC 发出停泵信号 S_t，使先启动的运行在工频状态下的水泵停止工作。依此类推，循环控制。在自动运行过程中，主水泵始终是软启动，先启动先停止，使每台水泵的平均工作时间相同。

③ 为保证系统的安全可靠运行，防止水泵倒转时用变频器软启动容易损坏变频器，当 PLC 发出停泵信号的同时，也将对应水泵出口的电磁阀关闭，启动水泵时再把对应的电磁阀打开。

④ 自动完成主水泵和小水泵供水系统的切换。当小流量供水时，PLC 启动小水泵供水，自动切断主水泵供水；当大流量供水时，PLC 启动主水泵供水，自动切断小水泵供水。

⑤ 完成贮水池供水及水位控制。当系统启动时，PLC 先关闭所有贮水池的进水电磁阀及 2#、3#贮水池的出水电磁阀，从 1#贮水池开始，将 1#贮水池的水位（由安装在水池上的浮球水位计检测）与设定的低水位值比较。如果检测到水位与低水位设定值相等，则关闭 1#贮水池的出水电磁阀，发出 1#贮水池的缺水报警信号，同时打开 2#贮水池的出水电磁阀并对其水位进行

监控。依此类推，循环控制 3 个贮水池对生活区的供水。

⑥ 完成贮水池的定时灌水。每天的 23：00 时，在市政供水管网的低峰期，PLC 依次读出每个贮水池的水位并与设定的高水位值比较，若低于设定的高水位值，则打开相应贮水池的进水电磁阀进行灌水，直到贮水池水位与设定的高水位值相等时，关闭进水电磁阀。

3．设计方案提示

① 本课题涉及模拟量控制，假定供水压力的设定值恒定，贮水池的低水位和高水位设定值恒定，则需要 2 路模拟量输入（1 路用于检测用户管网压力，1 路用于循环检测贮水池的水位）和 1 路模拟量输出（变频器的频率设定值）。

② 假定 PID 的控制参数为：$K_C= 0.6$，$T_s= 0.3s$，$T_I =5min$，$T_D =10min$。

③ 假定小水泵的最大供水量为系统额定供水量的 20%，主水泵为 50%。

4．设计报告要求

参照 8.3.1 节。

附录 A STEP 7 语句表指令一览表

指令分类	助记符	说 明
+	整数运算指令	加上一个 0~255 间的整数常数
=	位逻辑指令	赋值
）	位逻辑指令	嵌套闭合
+AR1	累加器指令	AR1 加累加器 1 至地址寄存器 1
+AR2	累加器指令	AR2 加累加器 1 至地址寄存器 2
+D	整数运算指令	操作数为双整数（32 位），将累加器 1 和累加器 2 内容相加，结果存于累加器 1
－ D	整数运算指令	操作数为双整数（32 位），将累加器 2 的内容减去累加器 1，结果存于累加器 1
*D	整数运算指令	操作数为双整数（32 位），将累加器 1 和累加器 2 内容相乘，结果存于累加器 1
/D	整数运算指令	操作数为双整数（32 位），将累加器 2 的内容除以累加器 1，结果存于累加器 1
? D	比较指令	操作数为双整数（32 位），比较的逻辑关系有；==，<>，>，<，>=，<=
+I	整数运算指令	操作数为整数（16 位），将累加器 1 和累加器 2 内容相加，结果存于累加器 1
－ I	整数运算指令	操作数为整数（16 位），将累加器 2 的内容减去累加器 1，结果存于累加器 1
*I	整数运算指令	操作数为整数（16 位），将累加器 1 和累加器 2 内容相乘，结果存于累加器 1
/I	整数运算指令	操作数为整数（16 位），将累加器 2 的内容除以累加器 1，结果存于累加器 1
? I	比较指令	操作数为整数（16 位），比较的逻辑关系有；==，<>，>，<，>=，<=
+R	浮点运算指令	操作数为浮点数（32 位），将累加器 1 和累加器 2 内容相加，结果存于累加器 1
－ R	浮点运算指令	操作数为浮点数（32 位），将累加器 2 的内容减去累加器 1，结果存于累加器 1
*R	浮点运算指令	操作数为浮点数（32 位），将累加器 1 和累加器 2 内容相乘，结果存于累加器 1
/R	浮点运算指令	操作数为浮点数（32 位），将累加器 2 的内容除以累加器 1，结果存于累加器 1
? R	比较指令	比较两个浮点数（32 位），比较的逻辑关系有；==，<>，>，<，>=，<=
A	位逻辑指令	"与"
A（	位逻辑指令	"与"操作嵌套开始
ABS	浮点运算指令	浮点数取绝对值（32 位，IEEE-FP），操作数和结果均在累加器 1 中
ACOS	浮点运算指令	浮点数反余弦运算（32 位），结果为弧度值，操作数和结果均在累加器 1 中
AD	字逻辑指令	双字"与"（32 位）
AN	位逻辑指令	"与非"
AN（	位逻辑指令	"与非"操作嵌套开始
ASIN	浮点运算指令	浮点数反正弦运算（32 位），结果为弧度值，操作数和结果均在累加器 1 中
ATAN	浮点运算指令	浮点数反正切运算（32 位），结果为弧度值，操作数和结果均在累加器 1 中
AW	字逻辑指令字	两个字进行"与"运算（16 位）
BE	程序控制指令	块结束
BEC	程序控制指令	条件块结束
BEU	程序控制指令	无条件块结束
BLD	程序控制指令	程序显示指令（空）

指令分类	助记符	说　明
BTD	转换指令	将 7 位 BCD 码转换成双整数（32 位），操作数和结果均在累加器 1 中
BTI	转换指令	将 3 位 BCD 码转换为整数（16 位），操作数和结果均在累加器 1 中
CAD	累加器指令	颠倒累加器 1 中 4 字节的顺序
CALL	程序控制指令	块调用、调用多背景块、从库中调用块
CAR	传送指令	交换地址寄存器 1 和地址寄存器 2 的内容
CAW	累加器指令	交换累加器 1 低字中 2 字节的顺序
CC	程序控制指令	条件调用
CD	计数器指令	减计数器
CDB	转换指令	交换共享数据块和背景数据块
CLR	位逻辑指令	RLO 清零（=0）
COS	浮点运算指令	浮点数余弦运算（32 位），对累加器 1 进行操作，操作数应为弧度值
CU	计数器指令	加计数器
DEC	累加器指令	累加器 1 低字的低字节内容减去指令中给出的 8 位常数（0~255）
DTB	转换指令	双整数（32 位）转成 BCD，操作数和结果均在累加器 1 中
DTR	转换指令	双整数（32 位）转成浮点数（32 位，IEEE-FP）
ENT	累加器指令	进入累加器栈
EXP	浮点运算指令	浮点数指数运算（32 位），操作数和结果均在累加器 1 中
FN	位逻辑指令	脉冲下降沿
FP	位逻辑指令	脉冲上升沿
INC	累加器指令	累加器 1 低字的低字节内容加上指令中给出的 8 位常数（0~255）
INVD	转换指令	对双整数求反码（32 位），操作数和结果均在累加器 1 中
INVI	转换指令	对整数求反码（16 位），操作数和结果均在累加器 1 中
ITB	转换指令	整数（16 位）转成 BCD，操作数和结果均在累加器 1 中
ITD	转换指令	整数（16 位）转成双整数（32 位），操作数和结果均在累加器 1 中
JBI	跳转指令	若 BR = 1，则跳转
JC	跳转指令	若 RLO = 1，则跳转
JCB	跳转指令	若 RLO = 1 且 BR = 1，则跳转
JCN	跳转指令	若 RLO = 0，则跳转
JL	跳转指令	跳转到标号
JM	跳转指令	若负，则跳转
JMZ	跳转指令	若负或零，则跳转
JN	跳转指令	若非零，则跳转
JNB	跳转指令	若 RLO = 0 且 BR = 1，则跳转
JNBI	跳转指令	若 BR = 0，则跳转
JO	跳转指令	若 OV = 1，则跳转
JOS	跳转指令	若 OS = 1，则跳转
JP	跳转指令	若正，则跳转
JPZ	跳转指令	若正或零，则跳转

指令分类	助记符	说 明
JU	跳转指令	无条件跳转
JUO	跳转指令	若无效数，则跳转
JZ	跳转指令	若零，则跳转
L	传送指令	装入指令，即将源数据转入累加器 1，源数据可以是字节、字、双字地址单元，也可以是立即数、计数器和定时器号
L STW	传送指令	将状态字装入累加器 1
LAR1	传送指令	将操作数的内容（32 位指针）装入地址寄存器 AR1，操作数可以是累加器 1、指针型常熟（P#）、存储双字（MD）、本地数据双字（LD）、数据双字（DBD）、背景数据双字（DID）、或地址寄存器（AR2）
LAR2	传送指令	将操作数的内容（32 位指针）装入地址寄存器 AR2，指令格式同 LAR1，但操作数不可以为 AR1
LC	传送指令	将计数器或定时器的当前计数值以 BCD 码形式装入累加器 1，操作数只能是计数器或定时器编号
LN	浮点运算指令	对累加器 1 的内容进行自然对数运算（32 位），结果仍放回累加器 1 中
LOOP	循环指令	将累加器 1 低字中的值减 1，如果不为 0，则回到循环体开始标号处继续执行循环过程，否则执行 LOOP 指令后面的指令
MCR（	程序控制指令	将 RLO 存入 MCR 堆栈，开始 MCR
）MCR	程序控制指令	结束 MCR
MCRA	程序控制指令	激活 MCR 区域
MCRD	程序控制指令	去活 MCR 区域
MOD	整数运算指令	双整数形式的除法，其结果为余数（32 位）
NEGD	转换指令	对双整数求补码（32 位），操作数省略，即对累加器 1 进行操作
NEGI	转换指令	对整数求补码（16 位），操作数省略，即对累加器 1 进行操作
NEGR	转换指令	对浮点数求反（32 位，IEEE-FP），操作数省略，即对累加器 1 进行操作
NOP	空操作指令	NOP N 是个空操作指令，起到延缓程序执行周期的作用，N 表示延缓 CPU 扫描周期数（N 只能为 0、1）。一般 NOP 0 用得比较多，主要出现在程序判断跳转处或 LAD 指令块转换 STL 时
NOT	位逻辑指令	将 RLO 位取反
O	位逻辑指令	"或"
O（	位逻辑指令	"或"操作嵌套开始
OD	字逻辑指令	双字"或"（32 位）
ON	位逻辑指令	"或非"
ON（	位逻辑指令	"或非"操作嵌套开始
OPN	数据块调用指令	打开数据块
OW	字逻辑指令	字"或"（16 位）
POP	累加器指令	弹出指令，即将累加器 2 的内容移入累加器 1，累加器 1 原内容丢失
PUSH	累加器指令	压入指令，即将累加器 1 的内容移入累加器 2，累加器 2 原内容丢失
R	位逻辑指令	复位，可将某一逻辑位"复位"（置 0），也可以将定时器、计数器当前值清零
RLD	移位指令	双字循环左移（32 位），在累加器 1 中完成

指令分类	助记符	说　明
RLDA	移位指令	通过 CC1 累加器 1 循环左移（32 位），在累加器 1 中完成
RND	转换指令	四舍五入取整
RND -	转换指令	向下舍入为双整数
RND+	转换指令	向上舍入为双整数
RRD	移位指令	双字循环右移（32 位）
RRDA	移位指令	通过 CC1 累加器 1 循环右移（32 位）
S	位逻辑指令	置位，操作数可以为位地址（如 M1.0），也可以是计数器编号，用于设定计数器的初始值
SAVE	位逻辑指令	把 RLO 存入 BR 寄存器
SD	定时器指令	延时接通定时器
SE	定时器指令	延时脉冲定时器
SET	位逻辑指令	置 RLO 位
SF	定时器指令	延时断开定时器
SIN	浮点运算指令	浮点数正弦运算（32 位），对累加器 1 进行操作，操作数应为弧度值
SLD	移位指令	双字左移（32 位），在累加器 1 中完成
SLW	移位指令	字左移（16 位），在累加器 1 中完成
SP	定时器指令	脉冲定时器
SQR	浮点运算指令	浮点数平方运算（32 位），操作数和结果均在累加器 1 中
SQRT	浮点运算指令	浮点数平方根运算（32 位），操作数和结果均在累加器 1 中
SRD	移位指令	双字右移（32 位），在累加器 1 里完成
SRW	移位指令	字右移（16 位），在累加器 1 里完成
SS	定时器指令	保持型延时接通定时器
SSD	移位指令	移位有符号双整数（32 位）
SSI	移位指令	移位有符号整数（16 位）
T	传送指令	将累加器 1 中的内容写入目的存储区
T STW	传送指令	将累加器 1 中的内容传送到状态字
TAK	累加器指令	累加器 1 与累加器 2 的内容进行互换
TAN	浮点运算指令	浮点数正切运算（32 位），对累加器 1 进行操作，操作数应为弧度值
TAR1	传送指令	将地址寄存器 1 中的内容传送给被寻址的操作数，如省略，即为累加器 1
TAR2	传送指令	将地址寄存器 2 中的内容传送给被寻址的操作数，如省略，即为累加器 1
TRUNC	转换指令	截尾取整
UC	程序控制指令	无条件调用
X	位逻辑指令	"异或"
X（	位逻辑指令	"异或"操作嵌套开始
XN	位逻辑指令	"异或非"
XN（	位逻辑指令	"异或非"操作嵌套开始
XOD	字逻辑指令	双字"异或"（32 位）
XOW	字逻辑指令	字"异或"（16 位）

附录 B　实验指导书

实验 1　STEP-7 编程软件的熟悉及基本指令练习

【实验目的】

（1）熟悉 S7-300 PLC 编程软件 STEP-7 的编程环境及使用方法。

（2）掌握 S7-300 PLC 的硬件组态及多种组态方法和步骤。

（3）学习并掌握基本逻辑指令中 A、AN、O、ON、=及 S、R 指令的应用。

（4）逐步熟悉 S7-300 PLC 程序调试、监控方法，并独立完成程序的运行。

【实验内容】

1．项目创建

STEP 7 可以安装在编程设备或 PC 上，安装成功后，将在 Windows 桌面上出现 SIMATIC Manager（SIMATIC 管理器）图标，双击该图标后，激活 STEP 7 助手，出现如图 B-1 所示的界面。

在创建项目的过程中，可以单击"Next"按钮，按照项目助手的提示一步一步地完成 CPU 型号的设定、组织块 OB 的选择、编程语言的选择和项目名称的确定。注意：CPU 型号设定必须完全和系统实际 CPU 型号完全一致。同时还需要确定项目名称，如图 B-2 所示。至此，创建项目的设定工作结束，单击 Make 按钮，完成项目的基本框架创建工作。

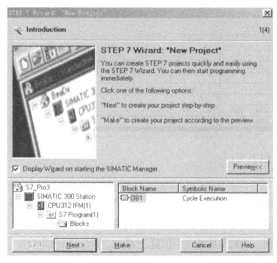

图 B-1　STEP 7 助手界面

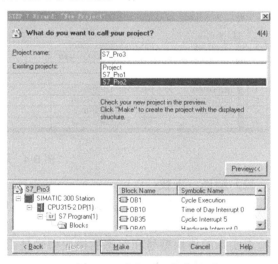

图 B-2　确定项目名称界面

2．系统硬件组态

（1）组态中央机架

某个 S7-300 系统硬件配置如下：CPU315-2 DP，SM321-1，SM322-1，SM334，SM342。这些硬件可以通过 STEP 7 进行组态，然后下载到 PLC 的存储器中。组态过程如下：

①　打开 S7_Pro3 项目窗口，单击 SIMATIC 300 Station 文件夹，双击 Hardware 符号，如图 B-3 所示，进入硬件组态界面，如图 B-4 所示。

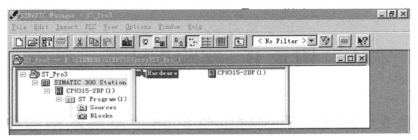

图 B-3　进入 STEP 7 硬件组态界面

② 在图 B-4 中，左上窗口表示带有插槽号的机架组态，在 Hardware Catalog 窗口中查找所需要的模板，根据 Hardware Catalog 窗口下部提示的硬件模板订货号确定需要（双击）配置的硬件模板，注意：软件组态必须完全匹配系统硬件设置及硬件模板订货号。下部窗口表示 MPI 地址和 I/O 地址的组态。

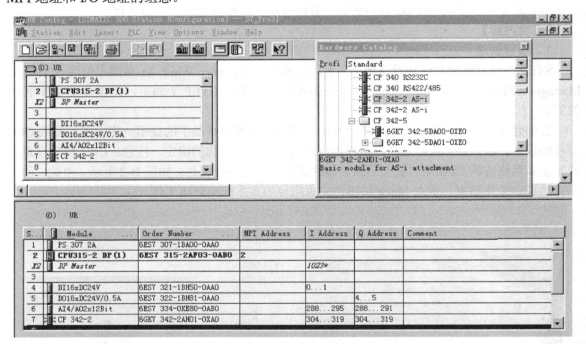

图 B-4　硬件组态窗口

（2）编译、下载

组态结束后，单击存储并编译（Save and Compile）按钮。如果组态过程正确无误，则 CPU 的运行指示灯（RUN）亮，否则 CPU 的故障指示灯（SF）亮，检查硬件组态步骤的内容，仔细检查实际的模块型号和组态的模块型号是否相符，修改后继续重复下载，直到正确为止。

3．编制梯形图程序

（1）梯形图（LAD）界面

在 STEP 7 中，S7 系列 PLC 常用的编程语言有：LAD（梯形图）、STL（语句表）、FBD（功能块图）等。当编程语言选择为 LAD 时，在编程环境中，选择主菜单 Insert→Program Elements 选项，则编辑环境的左侧出现了指令树窗口，右侧出现了用户程序窗口。在指令树窗口中涵盖了 S7-300 的所有常用梯形图指令，用户可以采用双击或拖曳的方式应用到用户程序的需要处，如图 B-5 所示。其他两种常用的编程语言不提供指令帮助。

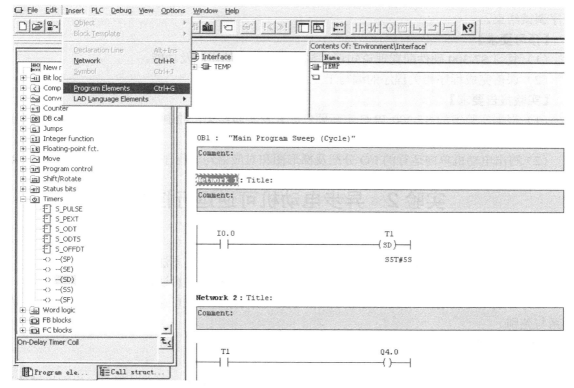

图 B-5　S7-300 PLC 的 STEP 7 编程环境界面

（2）电动机启动/停止控制要求

电动机单向运行的启动/停止控制是最基本、最常用的控制。按下启动按钮，电动机启动运行，按下停止按钮，电动机停车。同时用绿色指示灯 HL1 和红色指示灯 HL2 监控电动机运行和停止状况。

（3）I/O 分配

电动机单向运行的启动/停止控制编程元件的地址分配见表 B-1。

表 B-1　电动机启动/停止控制

编程元件	I/O 端子	电路器件	作用	编程元件	I/O 端子	电路器件	作用
输入继电器	I0.0	SB1	启动按钮	输出继电器	Q4.0	KM	电动机接触器
	I0.1	SB2	停止按钮		Q4.1	HL1	绿色指示灯
	I0.2	FR	热继电器		Q4.2	HL2	红色指示灯

（4）在 OB1 中创建程序

程序自己完成。

4．编译并下载

单击工具条的"编译"按钮或"全部编译"按钮，编译输入的程序并下载程序文件到 PLC。

5．程序调试、运行

① 观察 PLC 上的 Q4.2 的 LED 是否亮，此时应处于点亮状态，表明电动机处于停止状态。

② 按下启动按钮 SB1，观察电动机是否启动运行。如果电动机能够启动运行，则启动程序正确。同时观察 PLC 上 Q4.1 运行指示灯是否亮起。

③ 按下停止按钮 SB2，观察电动机是否能够停车。如果电动机能够停车，则启动程序正确。

④ 再次按下启动按钮 SB1，如果系统能够重新启动运行，并能在按下停止按钮后停车，则

程序调试结束。

【预习要求】
（1）复习 S7-300 硬件配置理论知识，掌握相关指令的用法及功能。
（2）课前完成程序相关程序的编写工作。

【实验报告要求】
（1）根据实验室的 S7-300 PLC 实际硬件配置及实验结果，绘制出 S7-300 系统的硬件配置图，标注出各模块的实际型号、地址分配等确切信息。
（2）写出电动机单向运行的 I/O 分配及梯形图和对应语句表程序，并写出调试过程及体会。

实验 2　异步电动机可逆运行控制

【实验目的】
（1）掌握三相鼠笼式异步电动机可逆运行的工作原理、接线方法及操作方法。
（2）掌握自锁、互锁电路的作用，加深对电气控制线路的理解认识。
（3）分别采用继电器-接触器线路方式和 PLC 控制方式完成可逆运行控制，体会两者间的联系与差别。

【实验内容】
（1）采用继电器-接触器线路实现三相异步电动机可逆控制

概述：所谓可逆控制，就是可同时控制电动机的正转或反转。生产过程中，生产机械的运动部件往往要求能进行正、反两个方向的运动，这就要求拖动其运动的电动机能做正、反向旋转。由电动机原理可知，电动机电源的相序决定了电动机的旋转方向，即将接至电动机的三相电源进线中的任意两相对调，即可改变电动机的旋转方向。与可逆运行相关的电路分别有"正-停-反"、"正-反-停"和"往复运动"。三个线路的主电路完全相同，只在控制线路中有细微差别。其中"正-停-反"、"正-反-停"控制线路如图 B-6 所示。

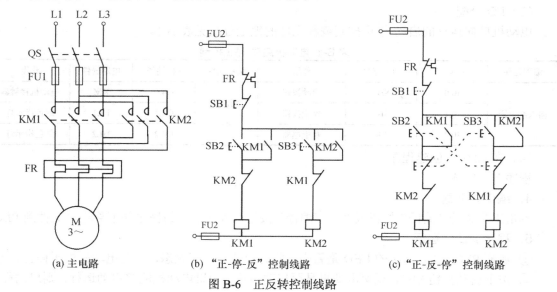

(a) 主电路　　　　(b) "正-停-反"控制线路　　　　(c) "正-反-停"控制线路

图 B-6　正反转控制线路

步骤：首先按图 B-6（a）、（b）完成"正-停-反"主电路、控制电路的接线，接线时，先接主电路，再接控制电路。经仔细检查后，先合上控制线路的电源，观察接触器工作是否正常，完好时再合上主电路电源，按启动按钮，进行正反转及停车实验。完全正确后断电，按照图 B-6（c）修改控制线路，实现"正-反-停"控制。

（2）采用 PLC 实现三相异步电动机可逆控制

概述：PLC 是取代继电器-接触器控制线路的一种新型工业控制装置，是工业控制用计算机。采用编程的方式取代了原有的硬接线方式，但能够取代的只有控制线路，原有的主电路基本全部保留。其控制线路的取代在 PLC 上表现为"输入/输出接线（I/O 分配）"和"PLC 程序"两部分。但须注意，PLC 控制线路的接触器线圈额定电压均为 220V，原继电器-接触器线路的接触器额定电压为 380V 时，需更换主电路的接触器。

步骤：首先按照图 B-7 完成 I/O 接线，然后在 STEP 7 编程环境中绘制梯形图程序，利用编程环境的监控功能，调试运行。只有在 PLC 程序完全正确运行时，合上主电路电源，按启动按钮，进行正反转及停车实验。

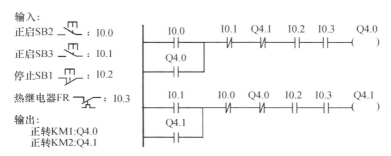

图 B-7　电动机正反转直接切换的 PLC 控制线路

【预习要求】

（1）绘制出几种正反转的控制线路图，并分析、体会之间的差别。

（2）对应写出几种正反转的 PLC 控制程序，并体会与继电器-接触器线路间的联系及区别。

【实验报告要求】

（1）思考自锁电路及互锁电路的作用及应用。

（2）如果将接触器互锁改成按钮互锁电路（即正反转间无停止按钮也可运行的电路），画出其电路，说明其优点及其最大的缺点。

（3）整理运行后的梯形图程序，写出该程序的调试步骤和观测结果。

实验 3　异步电动机 Y-△降压启动控制

【实验目的】

（1）掌握三相鼠笼式异步电动机 Y-△降压启动控制线路的工作原理及连接方法。

（2）熟悉实验线路的故障分析及排除故障的方法。

（3）掌握基本的 S7-300 PLC 指令控制，完成 Y-△降压启动梯形图程序并调试运行。

【实验内容】

（1）采用继电器-接触器线路实现三相异步电动机 Y-△降压启动

概述：对于正常运行时电动机定子绕组接成三角形的三相鼠笼式异步电动机，启动时均可采用 Y-△启动。在启动时将电动机定子绕组接成 Y 形，电动机以额定电压的 $1/\sqrt{3}$、电流降为全压启动电流的 1/3 启动，待电动机转速接近额定转速时，再将定子绕组改接成△形，电动机承受额定电压进入正常运转。这种降压启动方法，只适用于轻载或空载下启动。

步骤：首先按图 B-8 分别完成主电路、控制电路的接线，接线时，先接主电路，再接控制电路。经仔细检查后，先合上控制线路的电源，观察接触器工作是否正常，完好时再合上主电路电源，按启动按钮，进行 Y-△降压启动及停车实验。

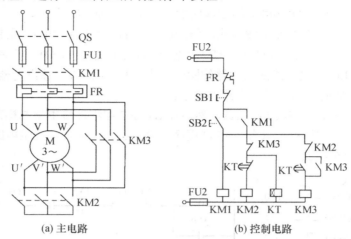

(a) 主电路   (b) 控制电路

图 B-8　Y-△启动控制电路

（2）采用 PLC 实现三相异步电动机 Y-△降压启动

根据 Y-△降压启动控制要求，编写 I/O 分配，如表 B-2 所示，完成 PLC 程序的编写。进入 OB1 输入控制程序，可分别采用不同种类的定时器完成程序的编辑、调试运行。

表 B-2　Y-△降压启动 I/O 分配

编程元件	I/O 端子	电路器件	作用	编程元件	I/O 端子	电路器件	作用
输入继电器	I0.0	SB1	启动按钮	输出继电器	Q4.0	KM1	电源接触器
	I0.1	SB2	停止按钮		Q4.1	KM2	Y 接触器
	I0.2	FR	热继电器		Q4.2	KM3	△接接触器

【预习要求】

（1）掌握 S7-300 五种定时器的基本功能，以便灵活应用于顺序程序的控制。

（2）编写 Y-△降压启动的 PLC 程序，并通过选择不同定时器完成控制要求，来体会 S7-300 五种定时器间的功能区别。

【实验报告要求】

（1）整理运行后的 PLC 的 I/O 分配及梯形图程序，写出该程序的调试步骤和观测结果。

（2）对比继电器-接触器控制与 PLC 控制，体会并总结两者间的联系与区别。

实验 4　异步电动机反接制动控制

【实验目的】

（1）了解速度继电器的结构、工作原理及使用方法。

（2）掌握三相鼠笼式异步电动机反接制动控制线路的工作原理及连接方法。

（3）掌握基本的 S7-300 PLC 指令控制，完成反接制动控制梯形图程序并调试运行。

【实验内容】

（1）采用继电器-接触器线路实现三相异步电动机反接制动控制

概述：由于机械惯性的作用，电动机从切断电源到完全停止旋转，总要经过一段时间，不能满足迅速停车的要求，应对电动机采取有效的制动控制，使其能迅速停机、定位。图 B-9 所示为三相鼠笼式异步电动机单向反接制动线路，制动时通过改变电动机三相电源相序，使电动机定子的旋转磁场与转子旋转方向相反，从而利用产生的制动转矩使电动机的转速迅速下降，可分别通过以速度或时间为原则切断制动电源，达到快速停车的目的。

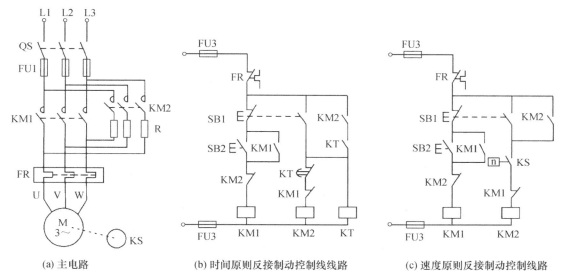

图 B-9　三相异步电动机单向反接制动线路

步骤：分别以时间、速度为原则完成制动控制线路的主电路、控制电路的接线，接线时，先接主电路，再接控制电路。经仔细检查后，先合上控制线路的电源，观察接触器、时间继电器或速度继电器工作是否正常，完好时再合上主电路电源，按启动按钮 SB2，电动机稳定运行后，按下停止按钮 SB1，完成制动控制。观察制动的整个全过程及各个接触器、继电器的工作状态。

（2）采用 PLC 实现三相异步电动机单向反接制动

根据单向反接制动控制要求，编写 I/O 分配，完成 PLC 程序的编写。进入 OB1 输入控制程序，可分别以时间为原则、速度为原则完成程序的编辑、调试运行。

【预习要求】

（1）了解速度继电器的基本功能及使用方法。

（2）编写出三相异步电动机单向反接制动的 PLC 程序，并通过选择不同定时器完成控制要求，来体会 S7-300 五种定时器间的功能区别。

【实验报告要求】

（1）整理运行后的 PLC 的 I/O 分配及梯形图程序，写出该程序的调试步骤和观测结果。

（2）对比继电器-接触器控制与 PLC 控制，体会并总结两者间的联系与区别。

（3）设计一个用断电延时时间继电器控制的三相异步电动机单向反接制动控制线路及 PLC 程序。

实验 5　定时器、计数器功能实验

【实验目的】

（1）掌握 S7-300 五种定时器的正确编程方法，并用编程软件对其运行状态进行监控。

（2）掌握计数器的正确编程方法，并学会定时器和计数器扩展方法，用编程软件对其运行状态进行监控。

（3）能够灵活地将定时器和计数器应用于顺序控制程序中。

【实验内容】

（1）控制三台电动机依次延时 5s 顺序启动，逆序延时 5s 停车。

（2）利用定时器与定时器、定时器与计数器配合完成长定时电路设计。

S7-300 PLC 中定时器最长定时时间不到 3h，经常无法达到长延时控制要求。设计一个 PLC 定时控制程序，使得当 I0.0 有效时经过 2 小时 10 分 20 秒，输出 Q4.0 置位，并实时显示"小时：分钟：秒"数值。在实验中设法缩短定时时间（编程方法不变），以便在实验过程中尽快验证程序的正确性。

（3）自动药片装瓶机控制

① 控制要求：

● 按下按钮 S1、S2 或 S3，可选择每瓶装入 3 片、5 片或 7 片，通过指示灯 H1、H2 或 H3 表示当前每瓶的装药量。当选定要装入瓶中的药片数量后，按下系统开关，电动机 M 驱动皮带机运转，延时 5s 后，皮带机上的药瓶到达装瓶的位置，皮带机停止运转。

● 当电磁阀 Y 打开装有药片装置后，通过光电传感器 B1，对进入药瓶的药片进行记数。当药瓶的药片达到预先选定的数量后，电磁阀 Y 关闭，皮带机重新自动启动，使药片装瓶过程自动连续地运行。

● 如果当前的装药过程正在运行时，需要改变药片装入数量（例如由 7 片改为 5 片），则只有在当前药瓶装满后，从下一个药瓶开始装入改变后的数量。如果在装药的过程中断开系统开关，则在当前药瓶装满后，系统停止运行。

② I/O 地址分配表见表 B-3，其他编程元件的地址分配表见表 B-4。

表 B-3　自动药片装瓶 I/O 地址分配表

编程元件	I/O 端子	电路器件	作用	编程元件	I/O 端子	电路器件	作用
	I0.1	ON	系统开关		Q4.1	M	皮带机驱动
	I0.3	S1	每瓶装 3 片按钮		Q4.2	Y	电磁阀
输入	I0.4	S2	每瓶装 5 片按钮	输出	Q4.3	H1	3 片指示灯
	I0.5	S3	每瓶装 7 片按钮		Q4.4	H2	5 片指示灯
	I0.6	B1	光电传感器		Q4.5	H3	7 片指示灯

表 B-4　其他编程元件的地址分配表

编程元件	地址	符号	作用	编程元件	地址	符号	作用
	M40.0	M0	状态标志		M50.3	PM5	5 片锁存
	M40.1	M1	状态标志	辅助	M50.4	PN7	7 片标志
	M40.2	M2	状态标志	继电器	M50.5	PM7	7 片锁存
	M40.3	M3	状态标志		M60.0	MY	启动标志
辅助	M40.4	M4	状态标志		M60.7	MX	初始化脉冲标志
继电器	M40.5	M5	状态标志		C1	C3	计数器
	M50.0	PN3	3 片标志	计数器	C2	C5	计数器
	M50.1	PM3	3 片锁存		C3	C7	计数器
	M50.2	PN5	5 片标志	定时器	T1	T1	到达装瓶位置

③ 梯形图参考控制程序如图 B-10 所示。

OB1 : Title:

Network 1：信号预处理

```
     M60.0                              M60.7
──────┤/├───────┬──────────────────────( )────────
                │
                │                        M60.6
                └──────────────────────( )────────
```

Network 2：装3片选择

```
      I0.3        I0.4        I0.5        M50.0
──────┤ ├────────┤/├─────────┤/├─────────( )────────
```

Network 3：装3片记忆

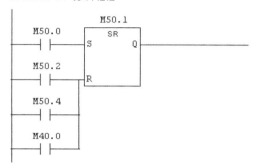

Network 4：装5片选择

```
      I0.3        I0.4        I0.5        M50.2
──────┤/├────────┤ ├─────────┤/├─────────( )────────
```

Network 5：装5片记忆

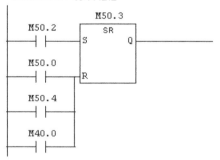

Network 6：装7片选择

Network 7: 装7片记忆

```
                    M50.5
    M50.4            SR
    ─┤├─          S       Q ──────────────────────
    M50.0
    ─┤├──────────R
    M50.2
    ─┤├─
    M40.0
    ─┤├─
```

Network 8: 状态0

```
                    M40.0
    M60.7            SR
    ─┤├─          S       Q ──────────────────────
    M40.2    I0.1
    ─┤├─────┤/├──
    M40.1
    ─┤├──────────R
```

Network 9: 状态1

```
                    M40.1
    M40.0    I0.1    SR
    ─┤├─────┤├───  S       Q ──────────────
    M40.3    C1
    ─┤├─────┤/├──
    M40.4    C2
    ─┤├─────┤/├──
    M40.5    C3
    ─┤├─────┤/├──
    M40.2
    ─┤├──────────R
```

Network 10: 状态2

```
                    M40.2
    M40.1    T1      SR
    ─┤├─────┤├───  S       Q ──────────────
    M40.0
    ─┤├──────────R
    M40.3
    ─┤├─
    M40.4
    ─┤├─
    M40.5
    ─┤├─
```

Network 11：状态3

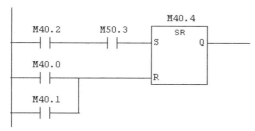

Network 12：状态4

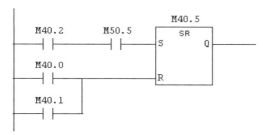

Network 13：状态5

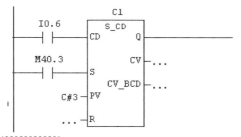

Network 14：装3片记数

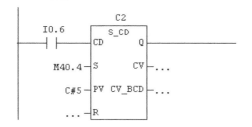

Network 15：装5片记数

Network 16: 装7片计数

```
        I0.6              C3
       ┤ ├            ┌─S_CD─┐
                      │CD   Q│
                      │      │
        M40.5────────┤S   CV├...
                      │      │
        C#7──────────┤PV CV_BCD├...
                      │      │
        ...──────────┤R     │
                      └──────┘
```

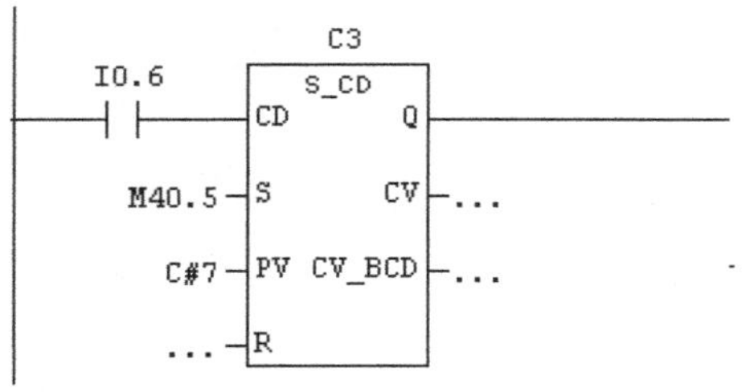

Network 17: 皮带机驱动

```
        M40.1                    T1
       ┤ ├────┬────────────────(SD)───┤
              │
              │                  S5T#5S
              │
              │                   Q4.1
              └─────────────────( )───┤
```

Network 18: 打开电磁阀

```
        M40.3                        Q4.2
       ┤ ├───┬─────────────────────( )───┤
             │
        M40.4│
       ┤ ├───┤
             │
        M40.5│
       ┤ ├───┘
```

Network 19: 装3片显示

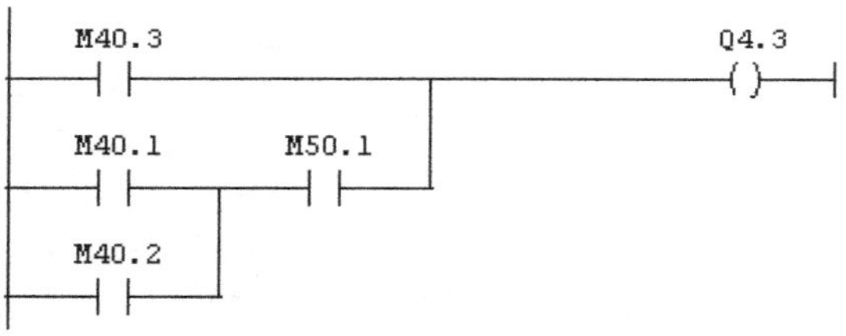

```
        M40.3                        Q4.3
       ┤ ├──────────┬───────────────( )───┤
                    │
        M40.1  M50.1│
       ┤ ├────┤ ├───┤
                    │
        M40.2       │
       ┤ ├──────────┘
```

Network 20: 装5片显示

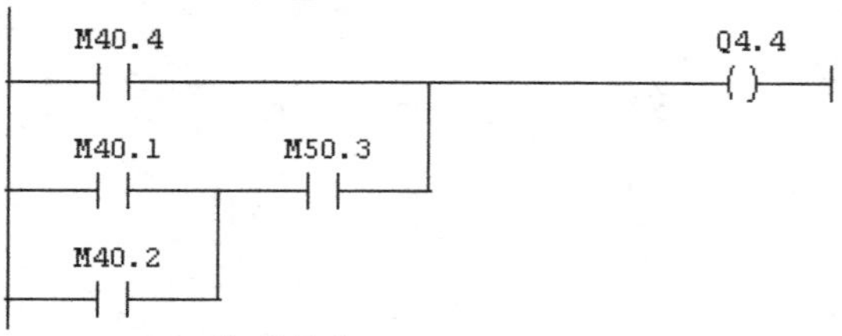

```
        M40.4                        Q4.4
       ┤ ├──────────┬───────────────( )───┤
                    │
        M40.1  M50.3│
       ┤ ├────┤ ├───┤
                    │
        M40.2       │
       ┤ ├──────────┘
```

Network 21: 装7片显示

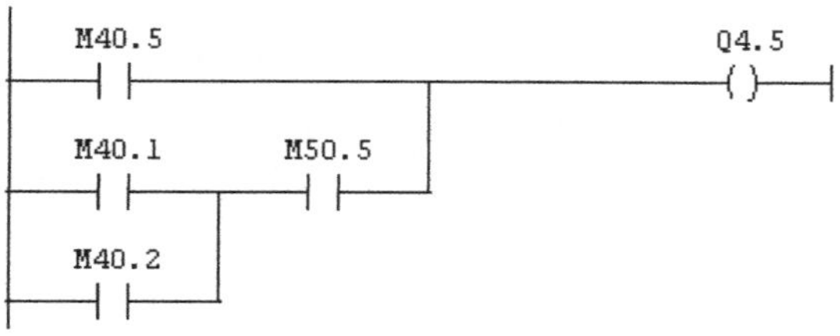

```
        M40.5                        Q4.5
       ┤ ├──────────┬───────────────( )───┤
                    │
        M40.1  M50.5│
       ┤ ├────┤ ├───┤
                    │
        M40.2       │
       ┤ ├──────────┘
```

图 B-10　药片装瓶机参考控制程序

【预习要求】

（1）复习 S7-300 PLC 的 5 种定时器、3 种计数器的对应功能及各设定值的实际意义。

（2）按照要求完成实验内容程序的编写过程，写出程序的梯形图及语句表格式。

【实验报告要求】

（1）按要求分别画出 5 种定时器的基本动态时序图。

（2）整理运行后的 PLC 的 I/O 分配及梯形图程序，写出程序的调试步骤和观测结果。在实验过程中能否实现，写明碰到的问题及解决途径。

实验 6 移位指令练习

【实验目的】

（1）掌握 S7-300 的移位及循环移位指令的基本功能及使用方法，并用编程软件对其运行状态进行监控。

（2）能够用移位指令编写简单的流水灯控制程序。

（3）能够将移位指令应用于步进控制程序中，用于控制整个工作步间的推进。

【实验内容】

（1）应用移位指令控制流水灯

控制要求：完成流水灯的控制，按下启动开关后，8 个流水灯依次闪亮，每盏灯均亮 1s，当最后一盏灯亮 1s 后，反方向依次点亮，循环下去，直至按下停止按钮为止。

步骤：根据控制要求，对应的 I/O 分配为：输入分配：启动开关 I0.0，停止按钮：I0.1；输出分配 Q4.0~Q4.7，控制 8 盏灯。参考梯形图程序如图 B-11 所示，按照参考程序将程序输入到编程环境，调试运行，观察运行结果，分析看是否可以按照控制要求编写出不同的控制程序，完成程序在线调试运行。

（2）利用移位指令编辑步进程序框架

试设计一个料车自动循环装卸料控制系统，如图 B-12 所示，控制要求如下：

① 初始状态：小车在起始位置时，压下 SQ1；

② 启动：按下启动按钮 SB1，小车在起始位置装料，10s 后向右运动，至 SQ2 处停止，开始卸料，5s 后卸料结束，小车返回起始位置，再用 10s 的时间装料，然后向右运动到 SQ3 处卸料，5s 后再返回到起始位置……完成自动循环送料，直到有复位信号输入。

【预习要求】

（1）复习 S7-300 PLC 的各种移位指令和循环移位指令的基本功能及使用方法。

（2）按照要求完成实验内容（2）程序的编写过程，写出程序的 I/O 分配表及梯形图程序。

（3）仿照图 B-11 编写 16 个流水灯的循环控制程序。

【实验报告要求】

（1）整理运行后的 PLC 的 I/O 分配及梯形图程序，写出程序的调试步骤和观测结果。

（2）独立编写的流水灯循环程序在实验过程中能否实现，写明碰到的问题及解决途径。

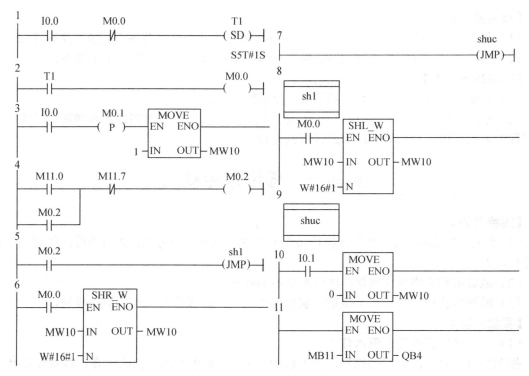

图 B-11　流水灯参考控制程序

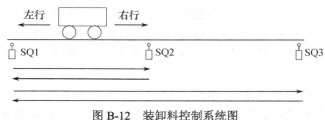

图 B-12　装卸料控制系统图

实验 7　数据处理指令练习

【实验目的】

（1）掌握 S7-300 的传送、转换、比较、算术运算、循环、累加器操作等数据处理类指令的基本功能及使用方法。

（2）上述数据处理类指令均在累加器内完成，了解累加器在指令执行过程中的作用及变化。采用语句表指令编程可使程序更简洁，程序可以写在一个网络中，程序运行速度也是梯形图语言无法比拟的。

（3）能够灵活应用语句表语言编写数据处理类相关控制程序。

【实验内容】

（1）将两组拨码开关数值实时相加输出到输出数码管上显示

控制要求：实验装置上有 4 个拨码开关，将前面两个拨码（IB0）开关的数据和后面两个拨码（IB2）开关数据实时相加，并将结果显示在数码管上（QW4）。

概述：拨码开关经常用于数据的输入装置，一个拨码开关设置的数据为 0~9 间的 BCD 码，每个拨码开关占用半字节。输出数码管也与人们常打交道，所以显示的也为 BCD 码。由于输入和输出均要求为 BCD 码格式，而程序内部所有的算术运算均为整数格式（二进制格式），所以在算术运算前后，均需要进行 BCD 码与整数间的转换。

步骤：独自完成程序的编写、输入、下载及调试运行，随意拨动拨码开关，观测数码管显示数值是否正确，如果结果有误，分析问题所在并改正。分别采用梯形图语言和语句表语言完成控制方式，均采用最简短的形式，分析优缺点。

（2）算术运算指令练习

控制要求：MD10＝$\sin 60° - \cos 60°$，分别用 LAD 和 STL 编程语言编写运算程序。

概述：S7-300 PLC 的算术运算指令分为整数运算和浮点数运算，两种运算指令的存储空间大小不同，浮点运算存储空间需要 4 字节。所有的三角函数均为浮点数运算指令，而且操作数为弧度，而不是角度值。这部分的指令均在累加器内完成，用语句表格式编程更方便。

步骤：参考本书 4.5.3 节的例 4-16，完成程序的编写、调试运行，观察实验结果。在 View→Details→Modify 窗口输入要监控的地址，即可监测运行结果是否正确。注意：无论是程序指令还是监控的数据格式，均应为浮点数格式。

（3）循环及跳转指令练习

控制要求：用 LOOP 指令完成 1!+2!+…+10!，并将结果存放在 MD10 中。

概述：S7-300 PLC 的指令系统与 C 语言有很多相似之处，除了可编写顺序结构程序，还可以编写循环结构和分支结构。S7-300 PLC 的循环指令核心思想与 C 语言的 While( )循环非常相似。

步骤：参考本书 4.8.1 节的例 4-24，完成程序的编写、调试运行，观察实验结果。在 View→Details→Modify 窗口输入要监控的地址，即可监测运行结果是否正确。

【预习要求】

（1）复习 S7-300 PLC 的数据处理类指令的基本功能及累加器在执行过程中的重要作用。

（2）按照要求完成以上实验内容的程序的编写，写出程序的梯形图及语句表格式。

【实验报告要求】

（1）整理运行后的 PLC 的控制程序，写出程序的调试步骤和观测结果。在实验过程中能否实现，写明碰到的问题及解决途径。

（2）通过梯形图程序和语句表程序的对比，总结利弊。

实验 8 结构化编程应用

【实验目的】

（1）通过编写简单的结构化程序，掌握 S7-300 的结构化程序的基本编程步骤及方法。

（2）学会采用结构化编程，编辑通用的指令块，用于控制相似或相同的部件，通过参数说明控制差异的编程思路及方法。

（3）为编辑大型的较复杂的 PLC 控制程序打下基础。

【实验内容】

（1）验证本书例 7-1，控制要求、步骤详见本书 7.2 节相关内容。

（2）采用结构化编程方式控制三段传送带的启动和停止，系统图及控制要求详见本书第 7 章课后习题 4。

提示：仿照例 7-1 编写出传送带的通用控制功能块，三段传送带赋以不同的控制参数，即可完成控制要求。注意：通用的功能块一定采用变量声明表中的变量来生成程序，而不能采用物理地址。

步骤：根据控制要求，编写 I/O 分配，完成 PLC 程序的编写。先编辑传送带通用控制功能块 FC1（或 FB1），根据控制需要，编写变量声明表，并用变量声明表中的变量生成应用程序，保存、下载后进入 OB1，输入三段传送带的调用程序，并赋以不同控制参数，保存、下载，完成程序的编辑、调试运行。

【预习要求】

（1）复习 S7-300 PLC 的结构化程序的编程步骤及基本思路。

（2）按照要求完成以上实验内容的程序的编写过程，写出程序的 I/O 分配、变量声明表、功能块程序及主程序，并写出基本的编辑步骤。

【实验报告要求】

（1）整理运行后的 PLC 的控制程序，写出程序的调试步骤和观测结果。在实验过程中能否实现，写明碰到的问题及解决途径。

（2）通过结构化编程和常采用的线性结构及分部式结构的对比，总结各自利弊。

实验 9　S7-300 组织块与中断

【实验目的】

（1）了解 S7-300 PLC 所有的组织块（OB）的基本功能及使用方法。

（2）学习并掌握日期-时间中断的处理过程及编程方法。

（3）学习并掌握循环中断的处理过程及编程方法及应用。

【实验内容】

验证本书例 5-1 日期时间中断，以及例 5-2 循环中断的实验过程及结果。控制要求、步骤详见本书 5.3 节相关内容。

注意：程序调试完成，一定关闭中断，防止一直执行此中断，影响其他程序的调试结果。

【预习要求】

（1）复习 S7-300 PLC 的中断程序的编程步骤及基本思路。

（2）按照要求完成以上实验内容的程序的编写过程，写出主程序及相关中断程序，并写出基本的编辑步骤。

【实验报告要求】

（1）整理运行后的 PLC 的控制程序，写出程序的调试步骤和观测结果。在实验过程中能否实现，写明碰到的问题及解决途径。

（2）通过两种中断的编辑、调试过程，总结 S7-300 中断程序的基本控制思路及编程步骤。

实验 10　现场总线应用

【实验目的】

（1）掌握用 STEP 7 组态 Profibus-DP 主站和从站的方法。

（2）编程完成 Profibus-DP 主站和从站间的数据控制。

（3）掌握 AS-I 总线式分布 I/O 系统的建立方法及访问 AS-I 数字量从站的方法。

【实验内容】

（1）组态 S7-300 站的 Profibus-DP 网络（主站和从站）

控制要求：组态 S7-300 站的 Profibus-DP 网络（主站和从站），编程完成 Profibus-DP 主站和从站间的数据控制，完成"一主多从"的控制。

概述：当现场地点（安装传感器和执行器的地点）较多且距离控制室较远时，为减少大量的接线，可以采用分布式组态，即通过现场总线 Profibus-DP 将 PLC、I/O 模板及现有设备连接起来。

步骤：

① 组态 S7-300 主站。选择支持分布式 I/O（带有 Profibus-DP 接口）的 CPU 模板，如 CPU315-2DP，与安装在控制室中的其他模板构成 S7-300 主站。在 S7-300 站窗口中，右击 DP Master，选择 Insert DP Master System（插入 DP 主站系统），组态 Profibus-DP 主站。

② 组态 Profibus-DP 从站。根据实验室实际配置的 Profibus-DP 从站系统，完成从站组态。

③ 修改 DP 从站地址。根据 DP 从站实际设置的地址来修改 DP 从站地址，注意各从站地址应互不相同。

④ 组态完成，保存下载。S7-300 主站及 Profibus-DP 从站红色灯（SF）亮起，表示组态故障；绿灯亮，表示组态正确。

⑤ 自己编制程序完成 Profibus-DP 主站和从站间的数据控制，可以用主站的输入，控制从站的输出；或用从站的输入，控制主站的输出。

（2）组态 S7-300 的 AS-I 主站 CP343-2，访问 AS-I 从站

概述：AS-I 是一种用来在控制器（主站）和传感器/执行器（从站）之间双向交换信息的总线网络，属于现场总线（Fieldbus）下面底层的监控网络系统。

步骤：

① 用编址器编辑各 AS-I 从站地址，范围为 1～31。

② 用 AS-I 专用电缆连接 AS-I 主站及各从站。

③ 在 PC 上用 STEP 7 编程软件进行 S7-300 的硬件组态，并确定 AS-I 主站模块 CP343-2 的基址（起始地址）。编译并完成硬件下载，组态正确，则机架上的 CPU 模块运行（RUN）指示灯亮。

④ 利用 CP343-2 上的从站地址指示灯计算从站的访问地址，并完成以下控制：利用 AS-I 从站，仿照例 6-5 相关内容，独立编程，完成电动机的正反转控制。注意：AS-I 按照模拟量模块编址，不能直接以位的形式访问。

【预习要求】

（1）复习 S7-300 PLC 的现场总线的基本控制思路。

（2）按照要求完成以上实验内容的程序的编写，以及基本的编辑步骤。

【实验报告要求】

（1）详细记录组态 Profibus-DP 及 AS-I 主站和从站的过程，以及通过主从站的控制说明两种现场总线的意义。

（2）整理运行后的 PLC 的控制程序，写出程序的调试步骤和观测结果。在实验过程中能否实现，写明碰到的问题及解决途径。

参 考 文 献

[1] 汪志锋. 可编程序控制器原理与应用. 西安：电子科技大学出版，2004.

[2] 廖常初. S7-300/400 PLC 应用技术. 北京：机械工业出版社，2005.

[3] 何学俊，张军. 电器控制与 PLC 技术应用（西门子机型）. 北京：中国电力出版社，2009.

[4] 张军，樊爱龙. 电气控制与 S7-300 PLC 原理及应用. 北京：化学工业出版社，2014.

[5] 宋德玉. 可编程序控制器原理及应用系统设计技术. 北京：冶金工业出版社，2002.

[6] 吴中俊，黄永红. 可编程序控制器原理及应用. 北京：机械工业出版社，2003.

[7] 陈在平，赵相宾. 可编程序控制器技术与应用系统设计. 北京：机械工业出版社，2003.

[8] 西门子公司. SIMATIC S7-300 可编程序控制器系统手册. 2002.

[9] 吕景泉. 可编程控制器技术教程. 北京：高等教育出版社，2001.

[10] 胡学林. 可编程控制器教程（基础篇）. 北京：电子工业出版社，2003.

[11] 胡学林. 可编程控制器教程（实训篇）. 北京：电子工业出版社，2004.

[12] 胡学林. 可编程控制器教程（提高篇）. 北京：电子工业出版社，2005.

[13] 刘锴，周海. 深入浅出西门子 S7-300 PLC. 北京：北京航空航天大学出版社，2004.

[14] 郑晟，巩建平，张学. 现代可编程序控制器原理与应用. 北京：科学出版社，2003.